Astrokosmos
Wege zur Astronomie

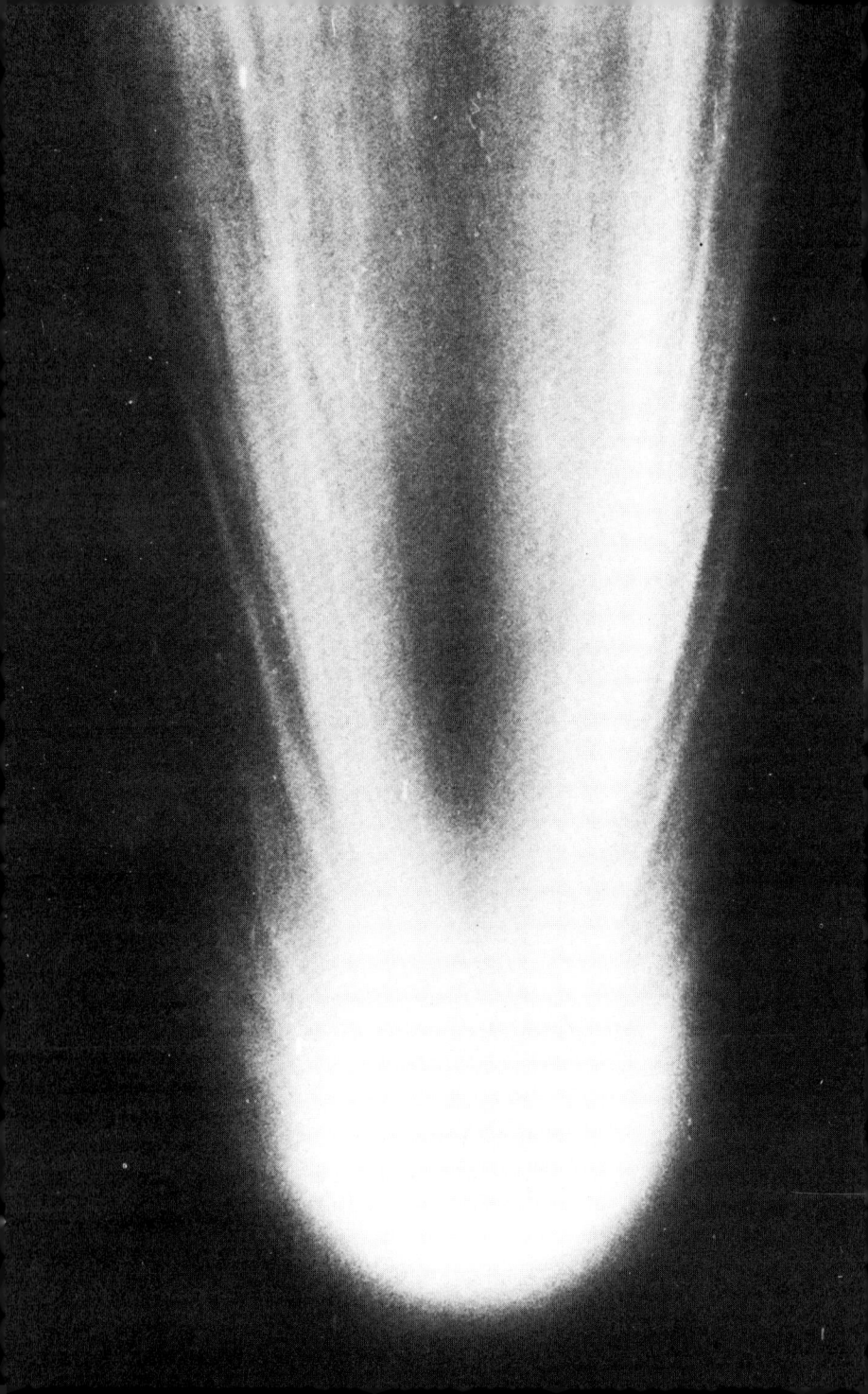

Hermann-Michael Hahn

Zwischen den Planeten

Kometen, Asteroiden, Meteorite

Astrokosmos
Kosmos · Gesellschaft der Naturfreunde
Franckh'sche Verlagshandlung · Stuttgart

Mit 21 Fotos und 20 Zeichnungen von H.-H. Kropf nach Vorlagen des Verfassers

Fotonachweis: Sternwarte Bamberg 2; European Southern Observatory, Garching 14; Germanisches Nationalmuseum Nürnberg 20; Hale Observatories, Pasadena 35; Landessternwarte Heidelberg 41; Boyden Observatory, Südafrikanische Republik 53; New Mexico State University Observatory 71; Archiv Max-Planck-Institut für Aeronomie 77, 95, 99; Joint Observatory for Cometary Research, New Mexico 106; Norikura Corona Station, Japan 111 f.; Dornier, Friedrichshafen 130; D. und B. Roth, Köln 144; Archiv Hahn 155; Field Museum of Natural History, Chicago 163; NASA, Ames Research Center 169; J. Schiller, Köln 175; NASA/Archiv Hahn 187; Argonne National Laboratory, USA 203.

Umschlag von Edgar Dambacher unter Verwendung eines Fotos von P. Stättmeyer. Es zeigt einen der schönsten Kometen der letzten Jahre, den Kometen West, der im Frühjahr 1976 zu sehen war.

S. 2: Bei seinem letzten Besuch 1910 streifte der Schweif des Kometen Halley die Erde. Der »kosmische Vagabund« erregte damals großes öffentliches Interesse.

CIP-Kurztitelaufnahme der Deutschen Bibliothek

Hahn, Hermann-Michael:
Zwischen den Planeten: Kometen, Asteroiden, Meteorite / Hermann-Michael Hahn. [Mit 21 Fotos u. 20 Zeichn. von H.-H. Kropf nach Vorlagen d. Verf.]. – Stuttgart: Franckh, 1984.
 (Astrokosmos)
 ISBN 3-440-05311-3

Franckh'sche Verlagshandlung, W. Keller & Co., Stuttgart/1984
Alle Rechte, insbesondere das Recht der Vervielfältigung, Verbreitung und Übersetzung, vorbehalten. Kein Teil des Werkes darf in irgendeiner Form (durch Fotokopie, Mikrofilm oder ein anderes Verfahren) ohne schriftliche Genehmigung des Verlages reproduziert oder unter Verwendung elektronischer Systeme verarbeitet, vervielfältigt oder verbreitet werden.
© 1984, Franckh'sche Verlagshandlung, W. Keller & Co., Stuttgart
Printed in Germany / Imprimé en Allemagne / L 10ab Hrr / ISBN 3-440-05311-3
Gesamtherstellung: Brönner & Daentler KG, Eichstätt

Zwischen den Planeten

Danksagung 7

Einleitung 9

Kometen 13
Geordnetes Chaos 13
   Die lange Suche 13
   Bewegte Vergangenheit 19
   Vorübergehende Schweife 22
Attraktive Abstoßung 34
   Der Schwerkraft getrotzt 34
   Starkes Licht 40
   Harmlose Katastrophe 47
   Mitreißend 52
Das Kernproblem 56
   Quintessenz 56
   Sandbank kontra Eisberg 60
   Entdeckerruhm 65
   Aus eigener Kraft 69
   Auflösung 73
Zentrale Randerscheinungen 80
   Die Wolke 80
   Störungen 84
   Auswahleffekte 90
Äußerlichkeiten 93
   Erweiterungen 93
   Auswüchse 98
   Rückschlüsse 105
   Tiefflieger 109
Tiefkühltruhen oder Trümmer? 114
   Beweislücken 114
   Planetenlücke 116

Wolkenlücke	119
Treffpunkt Halley	124
Wunsch und Wirklichkeit	124
Europas Chance	128
Die Suche geht weiter	136

Meteore und Meteorite 143
Himmlische Quellen 143
Sternenregen 143
Kometentrümmer 147
Irrläufer 151
Kosmische Geschichtsbücher 153
Treffer 153
»Atomuhren« 157
Altersangaben 161
Erkenntnisse 166
Lagerstätte Antarktis 166
Auf dem Weg zum Leben 168
Geburt aus dem Tod 171

Asteroiden 174
Lückenfüller 174
Späte Entdeckung 174
Fernerkundung 179
Familien 180
Resonanzen 183
Gefahr oder Rettung? 186
Ausreißer 186
Zusammenstöße 189
Kosmischer Bergbau 192
Fließende Grenzen 193
Zertrümmerte Bausteine 196
Planetare Zwerge 196
Monde 198
Ursprung 202

Sachregister 207

Danksagung

»Der Weg zu den Sternen ist beschwerlich«, lautet ein lateinisches Sprichwort. Die gleiche Erfahrung macht, wer ein Sachbuch zu einem Thema schreiben will, das normalerweise nur unter »ferner liefen« behandelt wird – und ein solches Randgruppendasein haben Kometen, Meteorite und Asteroiden auf dem Büchermarkt bislang weitgehend führen müssen.

Entsprechend mühsam war die Material- und Datensammlung zu diesem Buch, aber auch das anschließende (Aus)Sortieren der wirklich wichtigen (und richtigen) Informationen. Mein Dank gilt in diesem Zusammenhang vor allem Klaus Jockers und Julio A. Fernandez vom Max-Planck-Institut für Aeronomie, die durch einen umfangreichen Übersichtsartikel über Natur und Ursprung der Kometen eine Art Strickmuster für den roten Faden einiger Abschnitte aufgezeigt haben. Auch Jürgen Rahe von der Remeis-Sternwarte in Bamberg und Ludwig Biermann aus München haben durch Literaturhinweise und Gespräche beziehungsweise Vortragsmanuskripte meinen Blick für einige wesentliche Punkte des Kometenkapitels geschärft.

Der Robert-Bosch-Stiftung verdanke ich ein Stipendium für eine zweiwöchige Recherchenreise durch die USA, in deren Verlauf ich mit zahlreichen Meteoritenforschern (u. a. Cyril Ponnamperuma, James Lawless, Edward Olsen und Gerry Wasserburg) zusammenkam; bei diesen Gesprächen erhielt ich manche Anregung für das Kapitel »Meteorite«.

Das dritte Kapitel schließlich basiert im wesentlichen auf dem Studium der Originalliteratur (das natürlich auch in den anderen Teilen des Buches seinen Niederschlag gefunden hat), die mir hauptsächlich über die Bibliothek der Astronomischen Institute der Universität Bonn zugänglich war. Dank schulde ich nicht zuletzt auch Martin Miller von der Universität Köln, der mit einem ausgeklügelten Rechnerprogramm die Bahnen der letzten Halley-Sichtbarkeiten rekonstruierte und die Ergebnisse auch gleich ausdruckte, ebenso die Beispiele für Bahnänderungen bei Kometen und die Asteroidenbahnen.

Ohne das geduldige Abwarten des Kosmos-Verlages aber hätte dieses Buch am Ende doch nicht in Ruhe abgeschlossen werden können. Aber es erscheint rechtzeitig, um all jenen, die sich angesichts der bevorstehenden Wiederkehr des Halleyschen Kometen selbst ein Bild von den Objekten »zwischen den Planeten« machen wollen, die gewünschten Informationen zu liefern.

Köln, im November 1983 Hermann-Michael Hahn

Einleitung

Jahrtausende hindurch galt der gestirnte Himmel den Menschen als Symbol des ewig Unveränderlichen: Tag für Tag zog die Licht und Leben spendende Sonne ihre Bahn am Firmament, und Nacht für Nacht konnte man den gleichmäßigen Lauf der Gestirne verfolgen. Zwar stieg die Sonne im Sommer höher über den Horizont als im Winter, zwar standen im Frühjahr andere Sternbilder am Nachthimmel als im Herbst, doch wiederholte sich all dies nach Ablauf eines Jahres mit einer solchen Präzision, daß dieser Zeitabschnitt von etwas mehr als 365 Tagen in nahezu allen frühen Hochkulturen eine besondere Rolle spielte.
Auch der stetig wechselnde Anblick des Mondes – nach der Sonne das auffälligste Objekt am Himmel – unterlag weitgehend festen Regeln: nach jeweils 29 oder 30 Tagen erschien der Mond als schmale Sichel nach Sonnenuntergang am Westhorizont, wuchs rasch zum Halbmond und weiter zum Vollmond, nahm wieder ab und verschwand schließlich als schmale Sichel vor Sonnenaufgang am Osthimmel. Dieser Mondzyklus diente als willkommene Unterteilung des Jahreslaufes, obwohl ein Mondjahr (gleich zwölf Lunationen von Neumond bis Neumond) und ein Sonnenjahr ungleich lang sind.
Neben Sonne und Mond kannte man noch weitere fünf Gestirne, die ihre Position am Himmel unterschiedlich schnell veränderten: die Planeten oder Wandelsterne Merkur, Venus, Mars, Jupiter und Saturn. Ihre Bewegung vor den »an die Himmelssphäre gehefteten« Fixsternen war um einiges komplizierter als die von Sonne und Mond, doch mit zwei oder drei sich überlagernden Perioden je Planet durchaus zu erklären.
Anders als Bewegungen auf der Erde vollzogen sich diese »himmlischen« Bewegungen ohne sichtbaren äußeren Einfluß. Für die Naturphilosophen etwa des klassischen Griechenlands bereitete aber auch dies keine Probleme: Sie gingen ohnehin davon aus, daß die Welt zweigeteilt sei, in einen irdischen und einen himmlischen Bereich, in eine Welt, die bis zum Mond reichte (man wußte, daß der Mond der Erde von allen Himmelskörpern am nächsten stehen mußte), und in die Welt jenseits des Mondes (diesen mit eingeschlossen).

Den irdischen, »heimischen« Bereich nannte man die sublunare Welt, den Himmel dagegen die translunare Welt. Und während auf der Erde alles als aus den vier klassischen »Elementen« Erde, Feuer, Wasser und Luft zusammengesetzt galt, bestanden die himmlischen Objekte aus einer fünften Substanz, der »Quintessenz«, die eben keinerlei Veränderungen unterworfen war.

Um schließlich die Bewegung der Himmelskörper erklären zu können, »besiedelte« man sie mit Göttern. Sie waren es, die den Sonnenwagen Tag für Tag über den Himmel fuhren, den Mond bewegten und die Planeten vor den Fixsternen herziehen ließen.

In diese geordnete Welt – der heute noch gebräuchliche Begriff »Kosmos« stammt von dem griechischen Wort für »Ordnung« – platzten immer wieder unvorhersehbare Himmelsereignisse: Leuchterscheinungen, deren Aussehen sich von dem der »gewöhnlichen« Gestirne auffallend unterschied – Sterne mit teilweise recht langen »Ausläufern«, gerade so, als wären sie behaart. »Haarsterne« wurden sie folglich auch genannt, »Kometen« (nach dem griechischen Wort »kome« für Haar).

Sie tauchten unerwartet am Himmel auf, waren für ein paar Wochen zu sehen, meist nach Sonnenuntergang am Westhorizont oder vor Sonnenaufgang am Osthorizont, und zogen während dieser Zeit ziemlich rasch vor den Sternen her, auf Bahnen, die so gar nicht in das bewährte Ordnungsschema passen wollten. Auch ihre Bewegung konnte nur von den Göttern gesteuert werden, und so war es nur allzu verständlich, Kometen als Sendboten des Himmels zu deuten.

Es liegt im Wesen jeder Naturphilosophie und Religion, die Ordnung mit dem Guten gleichzusetzen, Unordnung oder Chaos aber als böse zu empfinden. Ist es dann noch verwunderlich, daß jene himmlischen Unruhestifter nichts Gutes verheißen konnten, daß es sich bei ihnen um göttliche Warnungen oder gar Strafbringer handeln mußte? Es gab schließlich genügend Unglück in der Welt, das man auf diese Weise bequem auf den Zorn der Götter zurückführen konnte.

Das Bild hat sich längst umgekehrt, vor allem seit der Mitte unseres Jahrhunderts. Der Himmel ist heute – zumindest in den Augen der Astronomen – alles andere als ewig und unveränderlich: Die modernen Forschungszweige der Astronomie haben uns ein »stürmisches Universum« enthüllt, in dem es (nach menschlichen Maßstäben) »drunter und drüber« geht. Der Schrecken der Kometen ist längst einem nüchternen

Verständnis gewichen, das diese »Boten der Götter« als – vielleicht etwas bizarre – Mitglieder des Sonnensystems entlarvt hat, die zumeist aber nach durchaus sehr regelmäßigen Zeitabständen am irdischen Firmament auftauchen.

Einer von ihnen, der legendäre Komet Halley, wird demnächst erneut erscheinen. Die Astronomen erwarten seine Wiederkehr Anfang 1986. Anders als bei seiner letzten Sichtbarkeitsperiode im Jahre 1910 wird der Komet diesmal jedoch kein sehr auffälliges Objekt am nächtlichen Himmel sein. Es steht sogar zu befürchten, daß die meisten Zeitgenossen ihn mit eigenen Augen gar nicht zu Gesicht bekommen, ähnlich wie vor rund 10 Jahren beim groß angekündigten Kometen Kohoutek, der – zumindest für den Beobachter im Dunstkreis der großen Städte – eine riesige Enttäuschung blieb.

Trotzdem wird sich das Augenmerk der Öffentlichkeit auf diesen seltenen Gast richten, der nur etwa alle 76 Jahre einmal seine Bahn über unser Firmament zieht. Vielleicht wird es auch wieder solche Schauermärchen geben wie 1910, als man – weil die Erde nahe am Kometenschweif vorbeiziehen sollte – den »Weltuntergang« prophezeite. Daß selbst im Zeitalter der Mondflüge die Kometenangst noch nicht vollständig ausgerottet ist, konnte man im Zusammenhang mit dem schon erwähnten Kohoutek-Kometen vielfach spüren, und auch der angeblich so gefährliche »Jupitereffekt« war ein Zeichen für den weitverbreiteten halbwissenschaftlichen Aberglauben.

Gewiß sind noch längst nicht alle Details der Kometen vollständig verstanden, noch nicht alle Rätsel gelöst, die sie in sich bergen. Aber das ändert nichts daran, daß die Astronomen heute sehr wohl recht konkrete Vorstellungen über diese Mitglieder des Sonnensystems besitzen. So konkret jedenfalls, daß sie gezielte Fragen an den Kometen Halley haben, die sie mit Hilfe unbemannter Raumsonden beantworten zu können hoffen.

Die große Wandlung begann auch hier um die Mitte unseres Jahrhunderts, als man erkannte, daß der Raum zwischen den Planeten nicht nur nicht leer, sondern – vor allem mit den Möglichkeiten der Weltraumfahrt – auch wissenschaftlicher Erforschung zugänglich ist. Die zahlreichen Erkenntnisse der letzten Jahrzehnte lassen es – vor allem in Hinblick auf das zu erwartende, durch den Kometen Halley geweckte Interesse – angezeigt erscheinen, das Wissen um die Materie zwischen den Planeten

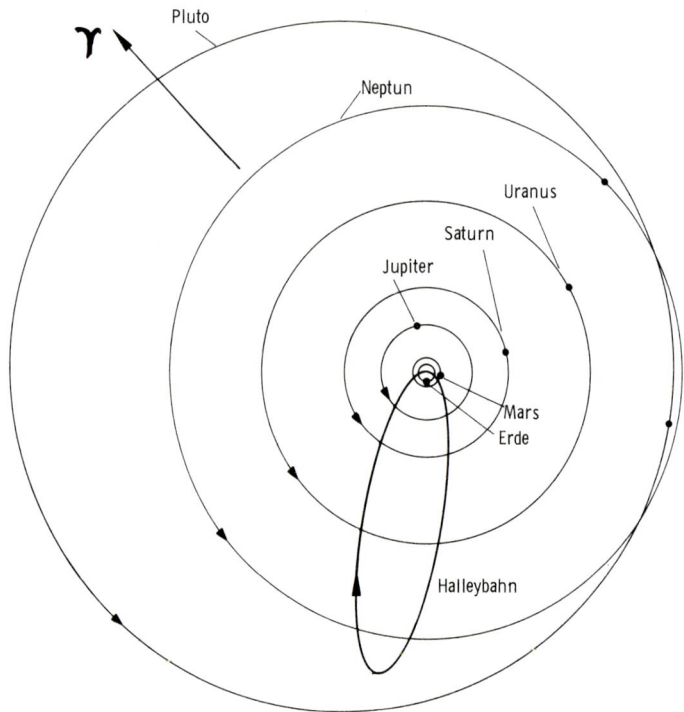

Die Bahn des Kometen Halley hat die Form einer langgestreckten Ellipse, die nach außen bis über die Neptunbahn hinausreicht und nach innen noch die Venusbahn überquert. Markiert sind die Positionen der Planeten zum Zeitpunkt des Periheldurchgangs am 9. 2. 1986.

einer breiten Öffentlichkeit zugänglich zu machen. Dazu gehören übrigens nicht nur die Kometen, sondern auch die Meteore und Meteorite, deren Ursprung sich in den meisten Fällen auf zerfallende Kometen zurückführen läßt, aber auch die Asteroiden oder Kleinplaneten, die – wie die Kometen selbst – Reste jener Anfangsmaterie sein dürften, aus der sich vor etwas mehr als 4,5 Milliarden Jahren das Sonnensystem bildete.

Man darf in diesem Zusammenhang zwar nicht so spektakuläre optische Informationen erwarten wie etwa die faszinierenden Fotos, die uns unbemannte Raumsonden von den Riesenplaneten Jupiter und Saturn zur Erde übermittelt haben; doch ist der wissenschaftliche Gesamtrahmen nicht minder spannend oder von weniger weitreichender Bedeutung für das Verständnis unserer Umwelt als die vorübergehend zu einer Zwangspause verurteilte Untersuchung der Geschwister unserer Erde. Immerhin erhoffen sich die Wissenschaftler vom Studium der Materie zwischen den Planeten – ganz gleich, in welcher Form sie vorliegt, ob als Komet, als Asteroid, als Meteorit oder als Teilchen des Sonnenwindes – Hinweise auf die Vergangenheit des Sonnensystems, die Entstehung des Lebens auf unserem Planeten und die zukünftige Entwicklung von Erde, Sonne und Planeten.

Kometen

Geordnetes Chaos

Die lange Suche

Am 17. November 1977 begann die Suche nach dem Kometen Halley. Damals befand sich das Objekt noch mehr als 19mal so weit von der Sonne entfernt wie die Erde und bewegte sich mit einer Geschwindigkeit von etwas mehr als 6,5 Kilometer pro Sekunde auf das Innere des Sonnensystems zu. Doch obwohl die Astronomen den 5-Meter-Spiegel auf dem Mount Palomar-Observatorium zusammen mit einem elektronischen Bildverstärker einsetzten, konnte der Komet damals auf der 45 Minuten lang belichteten Aufnahme nicht nachgewiesen werden: er war noch zu lichtschwach, seine Helligkeit lag jenseits der Reizschwelle für dieses wohl empfindlichste Teleskop der Erde.
Man kann daraus den Rückschluß ziehen, daß der Komet Halley zu jenem Zeitpunkt lichtschwächer als 25. Größenklasse war. Astronomen

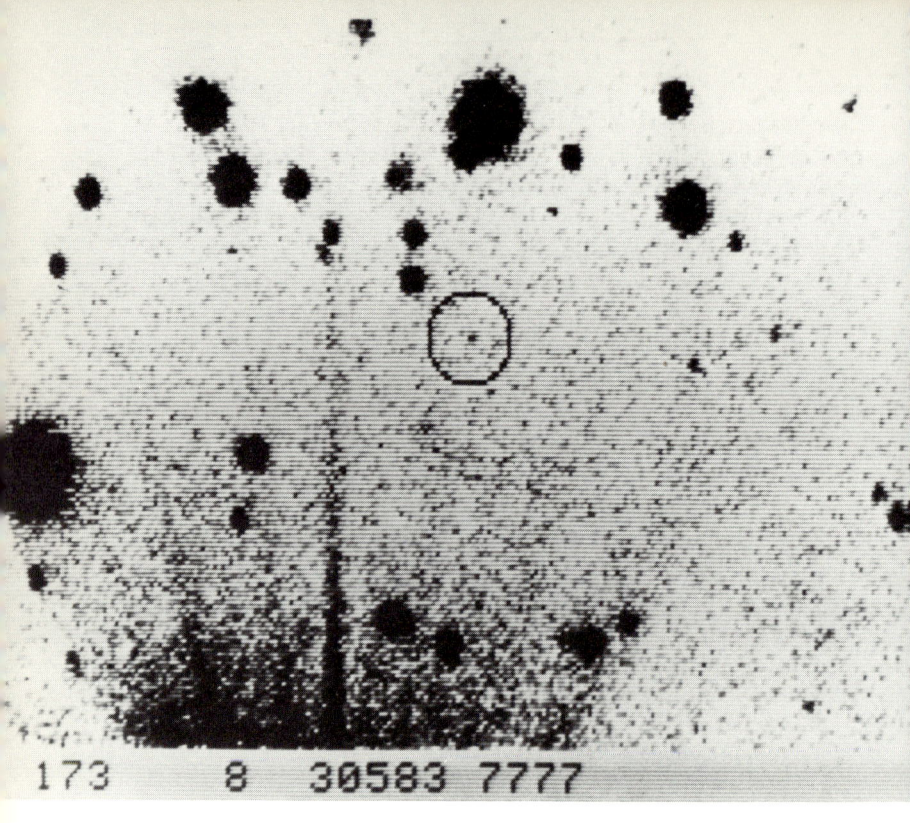

»Entdeckungsfoto« des Kometen Halley vom 16. 10. 1982; die Position des Kometen wich um weniger als 10 Bogensekunden (entsprechend dem Durchmesser des Markierungskreises) von den Vorausberechnungen ab.

geben die Helligkeit eines Himmelsobjektes immer in Größenklassen an, einer logarithmischen Skala, in der die hellsten Sterne, die man mit dem bloßen Auge erkennen kann, etwa erster oder nullter Größenklasse sind, die schwächsten zur sechsten Größenklasse gehören, und ein Größenklassenunterschied von 5 einem Helligkeitsverhältnis von 1 zu 100 entspricht. Halley war Ende 1977 also mindestens hundertmillionenmal lichtschwächer als die schwächsten Sterne, die man – mondscheinlosen Himmel fernab der Großstadt vorausgesetzt – eben noch mit dem bloßen Auge erahnen kann.

Hatte man also viel zu früh mit der Suche begonnen? In gewisser Weise schon, denn vorsichtigen Schätzungen zufolge dürfte Halley Ende 1977 kaum heller als 27. Größenklasse gewesen sein. Diese Schätzungen stützen sich auf das Helligkeitsverhalten des Kometen bei seiner letzten Erscheinung im Jahre 1910. Setzt man eine vergleichbare Entwicklung der Helligkeit für den bevorstehenden Besuch voraus, so hätte man allenfalls für Ende 1980 damit rechnen können, den Kometen mit der verwendeten Instrumentenkombination nachweisen zu können (als die Entfernung zur Sonne bereits auf 14,5 astronomische Einheiten geschrumpft war), doch der Entdeckerruhm ist wohl auch eine dreiviertel Stunde »verlorener« Beobachtungszeit wert, selbst wenn es sich – wie bei Halley – nur um den Ruhm des Wiederentdeckens handelt.

Bei Halleys letztem Besuch konnte der Heidelberger Astronom Max Wolf diesen Ruhm für sich verbuchen. Er hatte das kleine Nebelfleckchen am 11. September 1909 mit dem 72-Zentimeter-Spiegel des Observatoriums auf dem Königstuhl bei einer Belichtungszeit von einer Stunde auf die Fotoplatte bannen können. Nachträglich stellte sich heraus, daß ägyptische Astronomen ihn bereits am 24. August 1909 und Wissenschaftler der berühmten Greenwicher Sternwarte noch zwei Tage vor Wolf fotografiert hatten. Doch bei der Auswertung der Platten war Wolf schneller – es geht halt nichts über »deutsche Gründlichkeit« . . .

Wolf fand damals ein diffuses »Lichtfleckchen« der 14. Größenklasse, das zu jenem Zeitpunkt nur noch 3,4 astronomische Einheiten von der Sonne entfernt war (diese Entfernungseinheit entspricht der großen Bahnhalbachse der Erdbahn, also rund 149,6 Millionen Kilometer). Halley hatte sich immerhin schon bis auf die halbe Strecke zwischen Mars- und Jupiterbahn an die Sonne herangewegt und durchquerte gerade den Gürtel der Kleinplaneten, allerdings knapp 60 Millionen Kilometer unterhalb der Ekliptikebene, in der die Planeten und auch die meisten Asteroiden ihre Bahnen ziehen.

Diesmal hoffte man, Halley schon als zehntausendmal lichtschwächeres Objekt aufspüren zu können, doch die damit verbundenen Probleme waren enorm: kein Sternkatalog verzeichnet die Positionen aller bekannten Lichtpunkte bis herunter zu einer Helligkeit von 25 Größenklassen, und nicht einmal das »Standardkartenwerk«, der fotografische Himmelsatlas der »Palomar Observatory Sky Survey«, reicht so weit hinab. Man mußte also, wenn man Halley identifizieren wollte, ihn an seiner Bewegung erkennen, die er im Zeitraum von einigen Stunden oder Tagen vollführt. Bei helleren Objekten mag dies ja noch angehen (auf diese Weise entdeckte beispielsweise Clyde Tombaugh 1930 den Pluto), aber bei Lichtpunkten knapp oberhalb der Reizschwelle des Empfängers bedeutet der Vergleich zweier noch so winziger Himmelsausschnitte eine »Sträflingsarbeit«, die man heute eigentlich nur noch einer vollautomatischen Plattenmeßmaschine zumuten mag.

Die Aufgabe wurde noch dadurch erschwert, daß Halley sich gegenwärtig vor dem Hintergrund der Milchstraßenebene bewegt, bei etwa 9 Grad galaktischer Breite, so daß die Zahl der sogenannten Feldsterne (jener Lichtpunkte, die mit auf der Fotoplatte abgebildet werden) überdurchschnittlich groß ist.

Zum Glück waren die zu erwartenden Positionen des Kometen mit einer kaum zu überbietenden Genauigkeit bekannt. Donald K. Yeomans vom Jet Propulsion Laboratory in Pasadena (US-Bundesstaat Kalifornien) hat die Bahn des Kometen berechnet. Ausgangspunkt für seine umfangreichen Arbeiten waren 885 Einzelbeobachtungen des Kometen zwischen dem 28. September 1607 und dem 24. Mai 1911. Die erste Beobachtung stammt von Johannes Kepler und wurde noch ohne Fernrohr gemacht, die letzte Position dagegen konnte einer extrem genau vermessenen Himmelsaufnahme des Lowell-Observatory in Flagstaff (US-Bundesstaat Arizona) entnommen werden. Fünfmal hat sich Halley während dieser Zeit bei uns blicken lassen.

Doch so zahlreich die Beobachtungsdaten auch sein mögen – es genügt nicht, die einzelnen Positionen zu einer »starren« Bahn zu verbinden (es würde auch gar nicht gelingen). Da gibt es zum einen Bahnstörungen durch die großen Planeten. Sie wirken mit ihren Anziehungskräften auf den Kometen und beeinträchtigen damit seine Bahn um die Sonne in verschiedenster Weise. Will man die Koordinaten eines Kometen am Himmel vorausberechnen, müssen diese Bahnstörungen mitberücksichtigt werden, und das heißt, man muß die Positionen der Planeten selbst und die Wirkungen ihrer Kräfte berechnen. Weil sich Planeten und Komet ständig weiterbewegen, muß eine solche Störungsrechnung für möglichst kurze Zeitintervalle immer wieder aufs neue durchgeführt werden. Yeomans arbeitete mit Halbtagsschritten.

Doch nicht einmal dieses Verfahren reicht aus, um die Bahn eines Kometen hinreichend genau vorausbestimmen zu können. Kometen

bewegen sich nämlich – wie wir noch sehen werden – nicht »antriebslos« durch das Sonnensystem, sie verhalten sich nicht wie »anständige« Kepler-Objekte, deren Bahnen man aufgrund der von Johannes Kepler gefundenen Gesetze allein mit Hilfe der wirksamen Gravitationskräfte berechnen kann.
Vielmehr verliert ein Komet bei seiner Annäherung an die Sonne Gas, und dieses »Abdampfen« bewirkt eine Art Rückstoß, der nicht ohne Folgen auf die Bahn bleiben kann. Immerhin führten diese »nichtgravitativen« Einflüsse dazu, daß der Komet Halley 1910 mit einer Verspätung von drei Tagen gegenüber den Vorausberechnungen durch den sonnennächsten Punkt seiner Bahn zog. Yeomans hat zusammen mit anderen Kometenforschern versucht, auch diese, nicht durch die Anziehungskräfte anderer Himmelskörper erklärbaren Bahnstörungen modellmäßig zu erfassen und in seinen Rechnungen zu berücksichtigen.
An falschen Koordinaten konnte es also eigentlich nicht gelegen haben, daß selbst im Dezember 1981 ein weiterer Versuch, den Kometen mit dem 5-Meter-Spiegel auf dem Mount Palomar aufzustöbern, fehlschlug. Vielmehr blieb Halley offenbar schon in einer Sonnenentfernung von knapp 13 astronomischen Einheiten um mehr als eine Größenklasse hinter den Helligkeitsschätzungen zurück.
Vielleicht hat man seinen Durchmesser überschätzt, möglicherweise aber auch eine falsche Vorstellung von seiner Zusammensetzung und damit vom Rückstrahlvermögen seiner Oberfläche entwickelt. Beide Größen – Durchmesser des Kometen und die sogenannte Albedo (der prozentuale Anteil des reflektierten Sonnenlichtes) – bestimmen im wesentlichen die Helligkeit eines Kometen in so großer Sonnenentfernung.
Am 16. Oktober 1982 schließlich fanden die beiden amerikanischen Astronomen David C. Jewitt und Edward Danielson den Halleyschen Kometen wieder. Im Brennpunkt des 5-Meter-Spiegels hatten sie eine Kamera plaziert, die für den Einsatz am 2,4-Meter-Weltraum-Teleskop erprobt werden sollte – ein elektronisches Detektorsystem, das die ankommenden Lichtteilchen gewissermaßen »Stück für Stück« zählt.
Ein solches »Charge Coupled Device« (CCD) bietet gegenüber der herkömmlichen Fotoplatte den Vorteil einer extremen Linearität: Während in der Filmemulsion helle Lichtquellen sehr bald breit auseinanderlaufende Flecken hinterlassen und so das winzige Kometenbildchen

zudecken können, zeichnet ein CCD ziemlich »scharf begrenzte« Sternbildchen, deren Größe weitgehend von der Luftunruhe bestimmt wird. Vor allem vor dem Hintergrund der Milchstraße ist ein solches Gerät von besonderem Nutzen, weil die zahlreichen Feldsterne die Gefahr der Überdeckung des Kometenbildchens vergrößern.

Die Ausmessung der Aufnahme zeigte, daß die Kometenposition nicht wesentlich von den Voraussagen Yeomans' abwich: Halley befand sich lediglich etwa 9 Bogensekunden westlich der erwarteten Stelle am Himmel. Er scheint damit seiner »Sollposition« ein wenig voraus zu sein, so daß er etwa 2 bis 3 Stunden früher als von Yeomans vorausgesagt durch den sonnennächsten Bahnpunkt ziehen wird.

Eine Auswertung dieser und weiterer Aufnahmen aus dem Winter 1982/83 zeigte aber auch, daß der Komet wirklich um mehr als eine Größenklasse lichtschwächer war als angenommen. Die gegenüber den Schätzungen um den Faktor 2,5 zu geringe Helligkeit des Halley-Kometen erzwingt daher eine Revision der Werte, die Yeomans seinen Schätzungen zugrunde gelegt hat: Entweder ist der Kometenkern kleiner als angenommen – statt 5 Kilometer Durchmesser nur 3 Kilometer – oder das Reflexionsvermögen ist geringer – statt 0,5 nur etwa 0,2.

Beides bliebe für die Helligkeit des Kometen bei seiner Annäherung an die Sonne Anfang 1986 nicht ohne Konsequenzen. Ist der Kometenkern kleiner als vermutet, so wird er weniger Materie verlieren und entsprechend weniger hell erscheinen; ist sein Reflexionsvermögen geringer als angenommen, so enthält der Kometenkern nur noch wenig Gasanteile, und auch dies führt zu einer gegenüber den bisherigen Voraussagen reduzierten Helligkeit des Objektes. Und weil darüber hinaus die Bahnverhältnisse von Komet und Erde 1986 so schlecht wie nie in den letzten 2000 Jahren sind und einen Beobachter auf der Nordhalbkugel unseres Planeten stark benachteiligen, wird der Halleysche Komet für uns möglicherweise eine ähnliche Enttäuschung werden wie der Komet Kohoutek Anfang 1974.

Natürlich hat nicht allein der Entdeckerruhm die Wissenschaftler beflügelt, den Kometen Halley so früh wie möglich aufzustöbern. Je früher man ihn in den Tiefen des Planetensystems entdeckt und kontinuierlich verfolgen kann, desto genauer läßt sich seine Bahn durch den sonnennahen Bereich vorausberechnen, und das ist diesmal von entscheidender Bedeutung. Zum ersten Mal soll nämlich 1986 ein Komet aus nächster

Nähe erforscht werden: Halley wird Besuch von der Erde erhalten. Gleich fünf Sonden sollen ihm entgegenfliegen, zwei sowjetische, zwei japanische und eine europäische. Dieser europäische Instrumententräger ist die wohl aufwendigste Mission und soll sich dem Kometenkern bis auf 500 Kilometer nähern. Dabei muß die Relativgeschwindigkeit zwischen Sonde und Komet aus raumflugtechnischen Gründen bei rund 70 Kilometer pro Sekunde liegen. Man kann sich vorstellen, wie verheerend sich da eine Fehlberechnung der Kometenbahn auswirkt: Kommt der Komet eine Minute zu früh oder zu spät am vorausberechneten Treffpunkt an, dann werden aus den angestrebten einigen hundert Kilometern Distanz gleich einige tausend Kilometer – eine Ungenauigkeit von drei Tagen wie 1910 würde gar das ganze Unternehmen zu einem Fehlschlag werden lassen.

Bewegte Vergangenheit

Es hat in den letzten 150 Jahren aufsehenerregendere Kometen gegeben als Halley, solche mit längeren Schweifen und faszinierenderem Aussehen. Trotzdem genießt der Halleysche Komet in der Öffentlichkeit ein so großes Ansehen, daß Brian Marsden, von dem wir in diesem Buch noch öfter hören werden, einmal gesagt hat: »Für den Mann auf der Straße besteht das Sonnensystem aus dem Mars, den Ringen des Saturn und Halleys Komet.«

Die Gründe für diese allgemeine Wertschätzung liegen auf der Hand: am Beispiel dieses Kometen konnte der englische Astronom Edmund Halley Ende des 17. Jahrhunderts zeigen, daß die vordem so furchterregenden Vagabunden des Himmels durchaus treue Begleiter der Sonne sind, die sich den Gesetzen der Himmelsmechanik unterwerfen und allen Erwartungen zum Trotz der kosmischen Ordnung anpassen. Wie treu gerade dieser nach dem »Entzauberer« der Kometen benannte Vertreter seiner Klasse ist, zeigt die Tabelle S. 20, die alle Erscheinungen des Halleyschen Kometen während der letzten 2225 Jahre auflistet. Das Datum benennt jeweils den Tag, an dem der Komet durch den sonnennächsten Punkt seiner Bahn, das sogenannte Perihel, wanderte. Für Bahnrechnungen ist dieser »Periheldurchgangszeitpunkt« eine wichtige Eingangsgröße.

25. Mai	240 v. Chr.	27. Sep.	530	26. Okt.	1301
13. Okt.	164	15. Mrz.	607	11. Nov.	1378
6. Aug.	87	3. Okt.	684	10. Jun.	1456
11. Okt.	12	21. Mai	760	26. Aug.	1531
26. Jan.	66 n. Chr.	28. Feb.	837	27. Okt.	1607
22. Mrz.	141	19. Jul.	912	15. Sep.	1682
18. Mai	218	6. Sep.	989	13. Mrz.	1759
20. Apr.	295	21. Mrz.	1066	16. Nov.	1835
16. Feb.	374	19. Apr.	1145	20. Apr.	1910
28. Jun.	451	29. Sep.	1222		

Illustration eines mittelalterlichen »Flugblatts«, das aus Anlaß der Erscheinung eines großen Kometen im Herbst 1577 veröffentlicht wurde.

Während man aus dem Jahre 164 v. Chr. keinen Hinweis auf die Erscheinung des Kometen kennt und die chinesischen Aufzeichnungen aus dem Jahre 240 v. Chr. nicht unumstritten sind, liegt von den letzten 27 Passagen des Halley-Kometen jeweils mindestens eine Beobachtungsmeldung vor.
1979 veröffentlichte der chinesische Astronom Y. C. Chang im angesehenen britischen Wissenschaftsjournal Nature die Ergebnisse seiner Arbeit, in der er die früheren Halley-Bahnen berechnet und alten chinesischen Aufzeichnungen über Kometenbeobachtungen gegenübergestellt hatte. Chang will nicht ausschließen, daß ein Hinweis im »Buch des Prinzen Wuai-Nan« auf eine Erscheinung des Kometen im Winter 1058/57 v. Chr. hindeutet. Damals – das kann man aus diesem Bericht herauslesen – stand ein Komet am Himmel, der heller als die Venus leuchtete, und genau dies glaubt Chang aus seinen Berechnungen ebenfalls ableiten zu können. Wenn Changs Rechenprogramm richtig ist, würde dies bedeuten, daß Halley die Sonne seit mindestens 3000 Jahren annähernd auf seiner heutigen Bahn umrundet und in dieser Zeit schon 40mal durch das Perihel gezogen ist. Wir werden noch sehen, daß auch Kometen nur eine begrenzte Lebensdauer haben können, wenn sie erst einmal in den Bannkreis der Sonne geraten sind – Changs Berechnungen machen gewissermaßen aus einem »vitalen Mittdreißiger« einen etwas »gesetzteren Endvierziger«, und dies kann natürlich nicht ohne Auswirkungen auf die zu erwartenden Aktivitäten des Kometen bei seiner bevorstehenden Annäherung an die Sonne bleiben. Vielleicht liegt Halley deshalb mit seiner Helligkeit gegenwärtig noch unter den Vorhersagen? Steuert am Ende ein »über Nacht« gealterter Komet auf die Sonne zu?
Donald Yeomans glaubt nicht so recht an die ausreichende Genauigkeit des Rechenprogramms seines chinesischen Kollegen. Er fand nämlich bei seinen eigenen Untersuchungen heraus, daß Halley bei seinem Erscheinen im Jahre 837 ziemlich nahe an der Erde vorbeizog – in einem Abstand von nur 6 Millionen Kilometern oder knapp 16facher Mondentfernung. Damals muß die Erde die Bahn des Kometen ziemlich beeinflußt haben, und um diese Störungen genau genug berechnen zu können, muß man den wirklichen Abstand doch schon recht exakt kennen, besser jedenfalls, als er sich aus der Rückrechnung bis zu diesem Zeitpunkt ergibt. Zwar ist der Komet Halley auch in den 12 belegten Passagen vor 837 nach einer mittleren Zeitspanne von jeweils 77 Jahren wieder am Himmel

aufgetaucht (die mittlere Periode während der anschließenden 15 Umläufe liegt bei 76,6 Jahren), so daß die Bahnveränderungen bei diesem nahen Vorübergang des Halleyschen Kometen an der Erde so gravierend nicht gewesen sein können – damit der Komet aber wirklich im Winter 1058/57 vor unserer Zeitrechnung von den Chinesen beobachtet werden konnte, hätte seine Umlaufzeit im letzten vorchristlichen Jahrtausend nur wenig mehr als 74 Jahre betragen dürfen. Es hat zwar in der über 2000 Jahre hindurch unbestrittenen Beobachtungszeit des Kometen mehrere Umläufe gegeben, die weniger als 75 Jahre dauerten, so z. B. zwischen 1607 und 1682 oder auch zwischen 1835 und 1910, doch bilden sie die Ausnahme.

Erstaunlicherweise kommt aber Donald Yeomans zu einem ähnlichen Ergebnis, wenn er über das Jahr 837 hinaus zurückrechnet, nur – »sein« Komet hätte bereits im Jahre 1059 v. Chr. am Himmel erscheinen müssen.

Es wird sich vermutlich nicht klären lassen, welcher von beiden Bahnrechnern das bessere Programm besitzt. Es ist vielleicht aber auch belanglos, ob Halley seit mindestens 2000 oder 3000 Jahren die Sonne auf seiner jetzigen Bahn umrundet. Wichtig ist nur, daß er bei seiner bevorstehenden Wiederkehr noch »jung« genug ist, um das breite Spektrum kometarischer Erscheinungsformen zu entwickeln, das man sich von ihm erhofft und deretwegen man ihm mit einer Kometensonde zu Leibe rücken will. Diese Erscheinungsformen wollen wir im nächsten Kapitel etwas genauer kennenlernen.

Vorübergehende Schweife

Kometen sind Haar- oder Schweifsterne, wie der Name sagt. Aber längst nicht jeder Komet entwickelt einen auffälligen Schweif, und selbst jene, die ihrem Namen gerecht werden, tun dies nur für jeweils eine kurze Zeitspanne während ihres Umlaufes um die Sonne.

Die Schweife haben mit ihrem zum Teil sehr wechselhaften Aussehen sicherlich sehr viel zur Schreckenswirkung beigetragen, die die Kometen früher besaßen. Durch diese Schweife unterscheiden sich die Kometen von allen übrigen Himmelskörpern, die man mit dem bloßen Auge erkennen kann. Während jene nur als Lichtpunkte oder allenfalls kreis-

runde Scheiben erscheinen, bekommen Kometen durch ihre Schweife eine längliche Form, die bedrohlich an Flammen, Schwerter oder auch Knüppel erinnert.
Dabei spielt vor allem die scheinbare Länge der Schweife eine Rolle, das heißt, die Schweiflänge, die man am irdischen Firmament beobachten kann. Sie hängt natürlich von der wirklichen linearen Ausdehnung des Kometenschweifes ab, von seiner Entfernung zur Erde und seiner räumlichen Ausrichtung relativ zu unserem Planeten. Am 11. April 837 beispielsweise, als (nach den Berechnungen Yeomans') Halley in einem Abstand von knapp 6 Millionen Kilometer Entfernung an der Erde vorbeizog, erstreckte sich sein Schweif buchstäblich über den halben Himmel (Schweiflänge 93 Grad); im Jahr 1910 dagegen konnte man Ende Mai, als der Komet etwa gleich weit von der Sonne entfernt war wie zum Zeitpunkt des nahen Erdvorübergangs 1073 Jahre vorher, nur eine Schweiflänge von etwa 30 Grad messen. Sicher, Halley hatte die Sonne in der Zwischenzeit 14mal umrundet und war dabei um einiges »gealtert«, so daß die lineare Schweifausdehnung 1910 auch wirklich geringer gewesen sein mag als 837, doch ist der Unterschied vor allem auf die viel größere Distanz zwischen Komet und Erde und den anderen Blickwinkel zurückzuführen.
Kometenschweife haben meist eine Länge von einigen Millionen Kilometern, können aber auch etliche zehn Millionen Kilometer lang werden. Ihr Ausmaß hängt unter anderem vom sich stetig verändernden Sonnenabstand ab. Während der Annäherung an den sonnennächsten Bahnpunkt wächst ein Kometenschweif allmählich heran und wird nach dem Periheldurchgang wieder langsam kleiner. Schon Isaac Newton hat in diesem Zusammenhang darauf hingewiesen, daß ein Schweif bei gleicher Entfernung zur Sonne nach dem Periheldurchgang in der Regel länger ist als vor dem Periheldurchgang.

S. 24–30: Die Bahnen des Kometen Halley vor dem Fixsternhintergrund während der Sichtbarkeitsperioden 1531/32, 1607/08, 1682/83, 1758/59, 1835/36, 1910 und 1986. In den Jahren 1531, 1607 und 1682 hat der Komet jeweils eine sehr ähnliche Bahn durchwandert, was Edmund Halley veranlaßt haben dürfte, die Identität dieser drei Erscheinungen zu überprüfen.

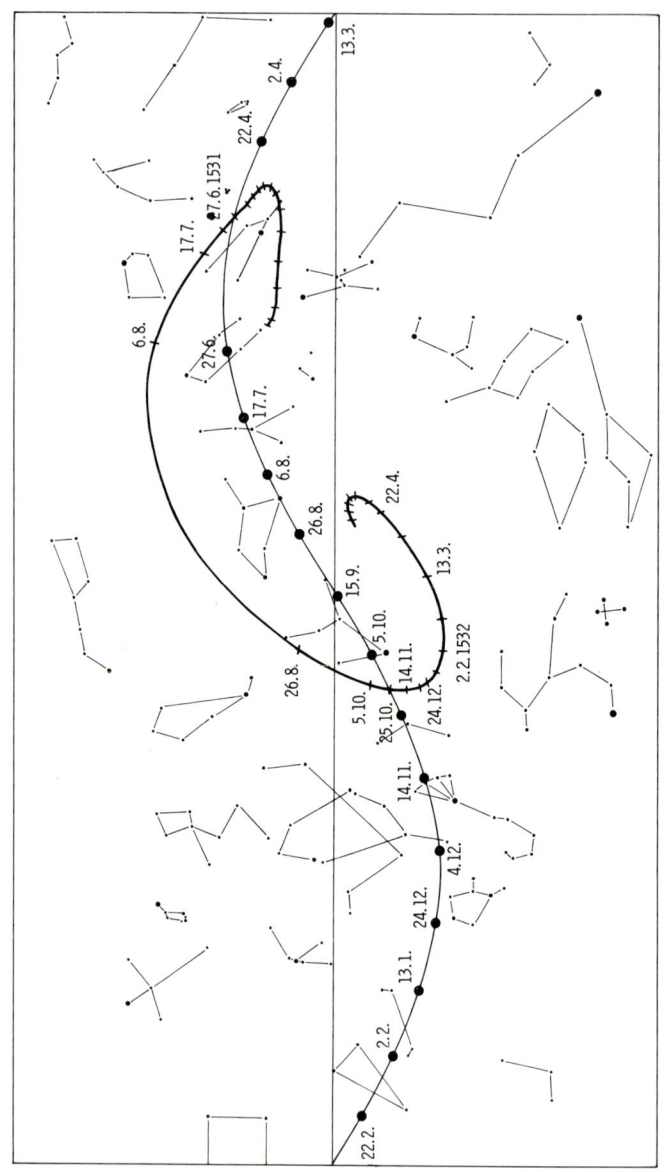

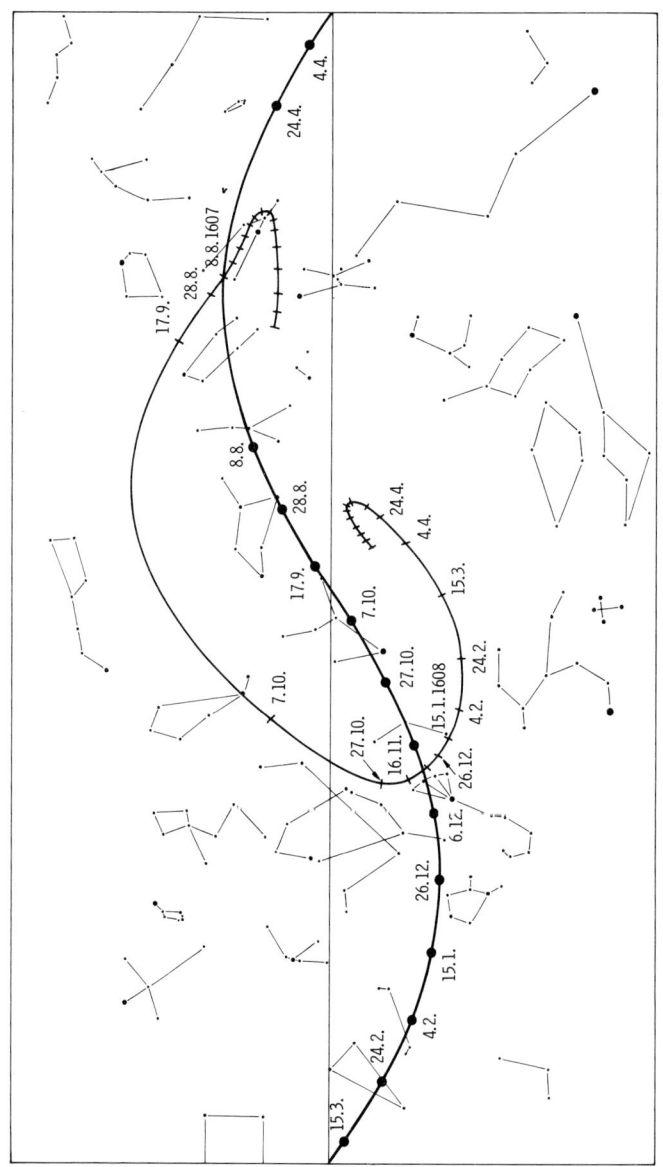

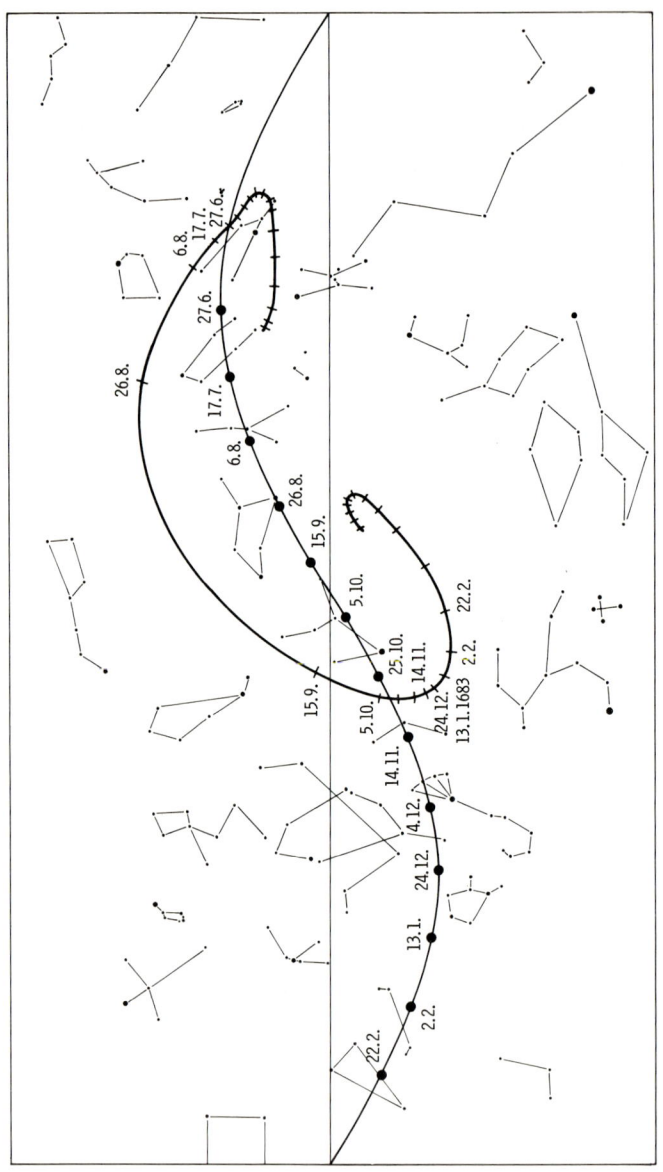

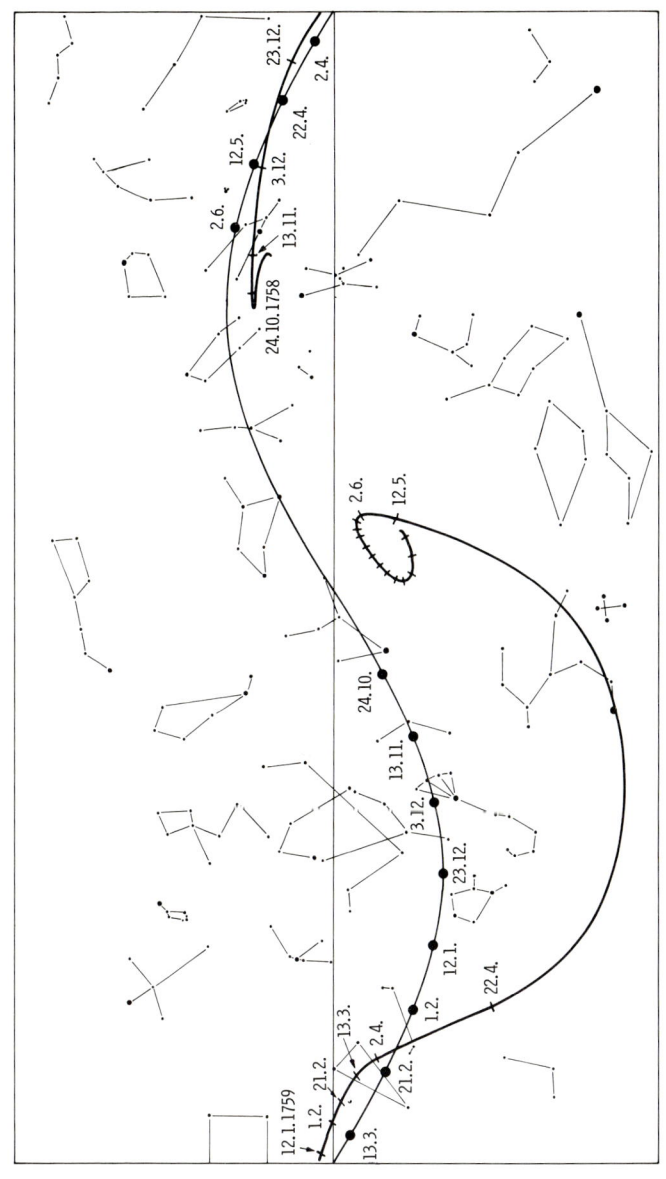

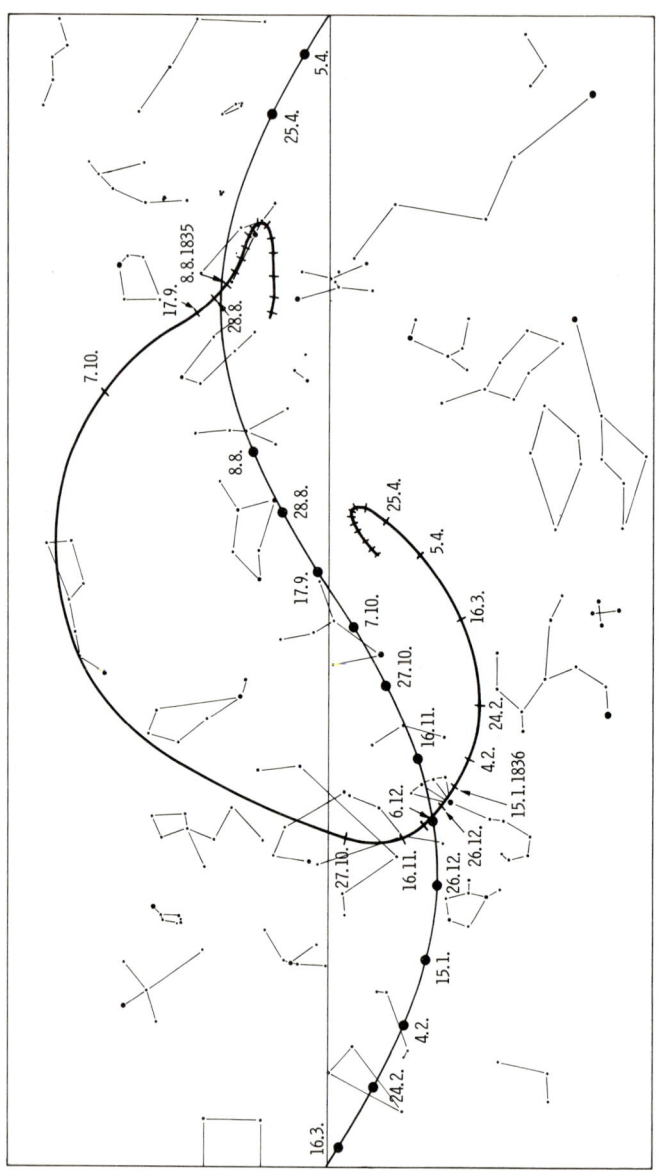

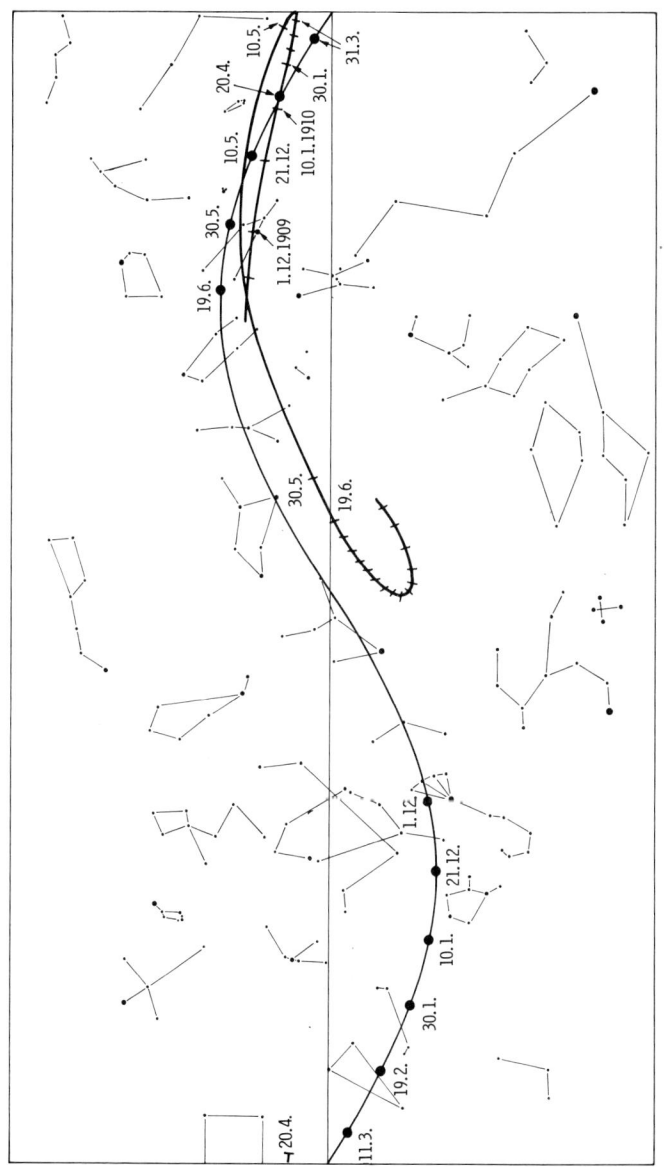

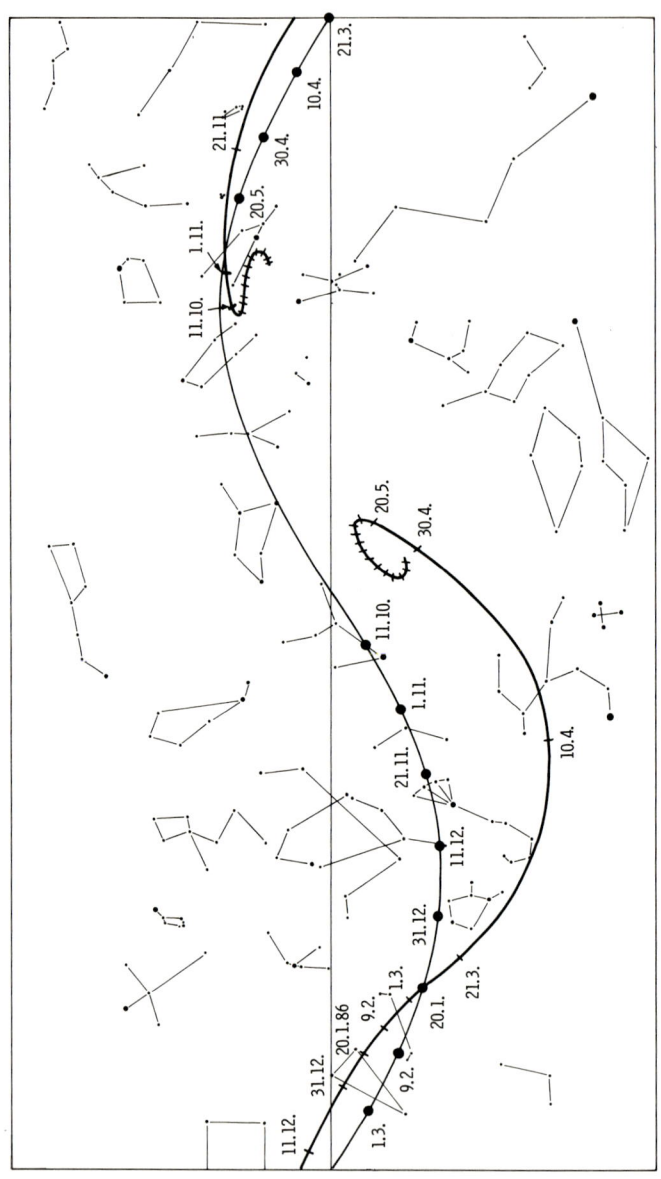

Als die Erde im Mai 1910 ziemlich nahe am Schweif des Halleyschen Kometen vorbeizog, möglicherweise sogar durch ihn hindurchwanderte, hatte dieser eine Länge von etwa 35 Millionen Kilometern. Den Rekord hält wohl der Komet des Jahres 1680, dessen Schweif vorübergehend bis zu 300 Millionen Kilometer lang gewesen sein soll (dies entspricht gerade dem Durchmesser der Erdbahn). Ursache dafür war sicherlich nicht zuletzt der äußerst geringe Perihelabstand von weniger als 1 Million Kilometer zum Sonnenmittelpunkt: das Objekt zog am 18. Dezember 1680 knapp 235 000 Kilometer über der Sonnenoberfläche dahin.

Regelmäßige Bahnen

Dieser eindrucksvolle Komet, der aufgrund günstiger Bahnverhältnisse annähernd vier Monate lang am irdischen Firmament zu beobachten war, hat Edmund Halley offenbar so in seinen Bann geschlagen, daß er sich fortan der Beobachtung und Berechnung dieser seltsamen Himmelsobjekte widmete. Halley weilte zu jener Zeit in Paris und besorgte sich sogleich Beobachtungsdaten von Domenico Cassini, dem Direktor der erst wenige Jahre zuvor gegründeten Pariser Sternwarte. Er wollte endlich herausfinden, auf welchen Bahnen sich diese Weltenbummler durch das Sonnensystem bewegten.

Es bedurfte allerdings jahrelanger Rechnereien und der Unterstützung durch die Ideen Newtons, ehe Halley im Jahre 1705 seine entscheidende Voraussage über die Wiederkehr eines Kometen für 1758 veröffentlichte. Newton hatte schon sehr bald nach dem Periheldurchgang des Kometen von 1680 erkannt, daß sich dieses Objekt nicht auf einer geraden Linie durch das Sonnensystem bewegen könne, wie 70 Jahre zuvor von Kepler angenommen worden war: der Komet mußte seine Flugrichtung umgekehrt haben, wenn man ihn schon nach so kurzer Zeit wieder von der Sonne wegeilen sehen konnte. Zu jenem Zeitpunkt verstaubten Manuskript und Zeichnungen zu den »Philosophiae naturalis principia mathematica« schon seit annähernd 15 Jahren unveröffentlicht in Newtons Arbeitszimmer, doch ihr Inhalt war ihm natürlich gegenwärtig. So schloß er aus den Beobachtungen des Kometen, daß dieser sich auf einer Parabelbahn um die Sonne bewegen müsse oder zumindest auf einer sehr langgestreckten Ellipsenbahn, überließ es dann aber Halley, den mathematischen »Beweis« für diese Annahme zu erbringen.

Halley gab sich damit allerdings nicht zufrieden. Er mochte nicht glauben, daß Kometen nur einmal in Sonnennähe gelangen und dann auf Nimmerwiedersehen in den Tiefen des Alls verschwinden – zumal diese »Tiefen« zu jenem Zeitpunkt noch sehr unvollkommen ausgelotet waren. Dies mochte sich möglicherweise ändern, wenn es gelingen sollte zu zeigen, daß auch die Kometen die Sonne auf »geschlossenen« Bahnen umrunden, daß sie also von draußen zurückkehren. Aus der Umlaufzeit eines solchen periodischen Kometen sollte man dann über das dritte Keplersche Gesetz auf die große Bahnhalbachse schließen können und damit wissen, wie weit sich das Objekt von der Sonne entfernt hat. Der Abstand zu den nächsten Fixsternen mußte dann natürlich um einiges größer sein, da man ansonsten Einflüsse ihrer Massenanziehung auf die Kometenbahnen würde erkennen können.

Um irgendwelche Beziehungen zwischen den einzelnen damals bekannten Kometen nachweisen zu können, versuchte Halley, ihre Bahnen möglichst genau zu bestimmen. Er ging von der (richtigen) Annahme aus, daß sich eine solche Kometenbahn während eines Umlaufes nicht allzusehr verändert, daß also weitgehende Ähnlichkeiten nicht zufällig sein konnten, sondern auf ein und denselben Kometen hindeuteten.

Seine ersten »Vergleiche« blieben jedoch wenig erfolgreich, wohl nicht zuletzt deshalb, weil aus früheren Jahrhunderten natürlich keine sehr präzisen Beobachtungsdaten vorlagen. So meinte Halley beispielsweise, die Kometen der Jahre 1532 und 1661 seien identisch gewesen, und sagte eine Wiederkehr des Objektes für 1790 voraus. Ein Blick auf die Bahndaten, die Halley mühsam aus den Aufzeichnungen vergangener Jahrhunderte errechnet hatte, scheint diesen Verdacht zu bestätigen:

| | Länge des | | Bahnneigung | Perihel- |
	Perihels	aufst. Knotens		distanz in AE
Komet 1532	111°7'	80°27'	32°36'	0,509
Komet 1661	115°59'	82°30'	32°36'	0,4485

Vor allem die übereinstimmende Bahnneigung, die normalerweise den geringsten Störungen unterworfen ist, dürfte Halley dazu verleitet haben, hinter beiden Erscheinungen den gleichen Kometen zu vermuten. Die – vermutlich genaueren – Bahnelemente des IAU-Katalogs kometarer Bahnen lassen die Unterschiede zwischen beiden Objekten dagegen deutlicher hervortreten: Die Perihellängen weichen zwar nur noch um 1,67 Grad statt um 4,9 Grad voneinander ab, doch dafür wächst der Unterschied zwischen den Längen der aufsteigenden Knoten von 2,05 Grad auf 7,25 Grad, und auch die Bahnneigungen differieren danach um fast ein halbes Grad. Die Kombination all dieser Abweichungen zusammen und der »Fehler« der Periheldistanzen läßt sich durch die Bahnstörung eines großen Planeten nicht erklären, zumal die Bahnneigung keine Begegnung mit Jupiter oder Saturn zuläßt; auch die nicht-gravitativen Kräfte reichen nicht aus, um eine Kometenbahn während nur eines Umlaufes derart zu verändern.

Mehr Glück hatte Halley dagegen mit den drei Kometenerscheinungen der Jahre 1531, 1607 und 1682. Zwar stimmten auch hier die Elemente nicht genau überein, und vor allem die zeitlichen Abstände zwischen den einzelnen Periheldurchgängen, die Umlaufzeiten also, wichen um mehr als ein Jahr voneinander ab, doch ließ sich dies schon eher mit den Einflüssen der äußeren Planeten begründen.

In seiner Schrift »A Synopsis of the Astronomy of Comets«, die 1705 vorgelegt wurde und 1706 in Band 24 der »Transactions of the Royal Society« in London erschien, legte Halley das Ergebnis seiner umfangreichen Rechnungen offen und schrieb dann zu diesem Kometen: »Immerhin veranlassen mich verschiedene Umstände zu glauben, daß der Komet, den Apian im Jahre 1531 beobachtete, derselbe war, den Kepler und Longomontanus im Jahre 1607 beschrieben und den ich dann selbst im Jahre 1682 wiederkehren sah und beobachtete. . . Deshalb denke ich, daß ich es wagen darf, vorauszusagen, daß er im Jahre 1758 wiederkehren wird. Und wenn er demgemäß wiederkehrt, haben wir keinen Grund, daran zu zweifeln, daß die übrigen ebenfalls zurückkehren.«

Edmund Halley konnte die Erfüllung seiner Voraussage natürlich nicht mehr erleben – nur wenigen Menschen ist es vergönnt, diesen Kometen bewußt zweimal zu sehen. Aber andere Astronomen erwarteten die angekündigte Rückkehr des Weltenbummlers mit Spannung. Doch das Jahr 1758 neigte sich schon seinem Ende zu, und noch immer war der Komet nicht aufgetaucht. Nicht einmal Charles Messier, der später insgesamt 13 neue Kometen entdecken sollte, hatte den erwarteten

Nebelfleck wiedergefunden. Sollte Halley sich am Ende doch geirrt haben?

Am Abend des 25. Dezember 1758 schließlich stieß Johann Georg Palitzsch, ein Bauer und Amateurastronom in der Nähe von Dresden, im Sternbild Fische auf das langgesuchte Objekt. Palitzsch benutzte ein selbstgebautes Spiegelteleskop mit 17,5 Zentimeter Öffnung; der Komet dürfte damals eine Helligkeit der 7. Größenklasse besessen haben.

Bei dieser ersten vorausgesagten Wiederkehr des Kometen, der inzwischen nach seinem »Berechner« Halleyscher Komet genannt wurde, lag seine Bahn relativ zur Erde äußerst ungünstig. Palitzsch hatte den Kometen in einer Sonnenentfernung von etwa 1,6 Astronomischen Einheiten aufgestöbert, zu einem Zeitpunkt, als er noch etwas mehr als eine Astronomische Einheit von der Erde entfernt war. Doch obwohl sich der Komet der Sonne weiter näherte, entfernte er sich zusehends von der Erde. Beim Durchgang durch das Perihel schließlich befand sich Halley nahezu hinter der Sonne. Zwar liefen Kometenbahn und Erdbahn anschließend wieder aufeinander zu, kam Halley Ende April 1759 sogar bis auf rund 20 Millionen Kilometer an die Erde heran (so nahe, wie seither nicht mehr), doch stand er zu jenem Zeitpunkt bei einer Deklination von minus 68 Grad (im Sternbild Südliches Dreieck), war also von Mitteleuropa aus nicht zu beobachten. Entsprechend dürftig sind die Berichte über den Halleyschen Kometen während dieser Erscheinung.

Attraktive Abstoßung

Der Schwerkraft getrotzt

Obwohl Edmund Halley »seinen« Kometen als ordentliches und treues Mitglied des Sonnensystems entlarvt hatte, gaben die Kometenschweife weiterhin Anlaß zu wissenschaftlicher Verwunderung: ganz gleich, an

Beim Kometen Mrkos (1957 V) konnten die beiden Schweiftypen klar unterschieden werden: links der leicht gebogene, diffuse Staubschweif, rechts der langgestreckte, schmale Plasmaschweif.

welcher Stelle des Himmels der Komet steht, in welchem Bahnpunkt er sich gerade befindet – sein Schweif ist immer nahezu direkt von der Sonne weggerichtet. Während seiner Annäherung an den Zentralstern des Planetensystems zieht ein Komet seinen Schweif also gewissermaßen wie eine Schleppe hinter sich her, um ihn dann, auf dem Weg nach draußen, vor sich her zu schieben.

Dieses ungewöhnliche Verhalten der Kometenschweife war schon im alten China bemerkt worden. In der Neuzeit wies Peter Bienewitz, genannt Apianus, anläßlich der Erscheinung des Halleyschen Kometen 1531 erstmals auf diese Besonderheit hin.

Man kann sich vorstellen, wie vorläufig der Sieg der Newtonschen Himmelsmechanik erschienen sein muß, mit deren Hilfe Halley die Bahn des Kometen berechnen konnte, wenn gleichzeitig offenkundig war, daß die Kometenschweife nicht bloß der Anziehungskraft der Sonne unterworfen sein konnten. Würden die Schweife nämlich allein der Schwerkraft gehorchen, dann sollten sie entweder immer hinter dem Kometen oder immer vor ihm auf seiner Bahn einherziehen.

Schon Johannes Kepler, der mit seinen Planetengesetzen Wegbereiter für die Gravitationstheorie Isaac Newtons war, hatte die Vermutung geäußert, daß der Lichtdruck der Sonne die Kometenschweife ständig in die zur Sonne entgegengesetzte Richtung davontrieb. Seine Überlegung wurde mangels besserer Erklärungsmöglichkeiten lange Zeit hindurch beibehalten.

Als der Komet Halley 1835 wieder in Sonnennähe gelangte, begegnete ihm die Erde auf seinem nach innen führenden Teil seiner Bahn. Dabei kamen sich die beiden Himmelskörper Mitte Oktober bis auf etwa 30 Millionen Kilometer nahe.

Zu jener Zeit arbeitete in Königsberg der berühmte Astronom Friedrich Wilhelm Bessel. Er hatte sich schon zu Beginn des 19. Jahrhunderts, als Lehrling in einem Bremer Handelshaus, in seiner Freizeit mit Astronomie, Mathematik und Nautik beschäftigt und dabei unter anderem eine Bahnbestimmung des Halleyschen Kometen angestellt. Jetzt – mehr als 30 Jahre später – bekam er das Objekt mit eigenen Augen zu sehen.

Bessel beobachtete den Kometen erstmals am Morgen des 25. August unweit des offenen Sternhaufens M35 in den Zwillingen. Der Komet bewegte sich damals noch jenseits der Marsbahn auf die Sonne zu. Die Entfernung zur Erde betrug mehr als 260 Millionen Kilometer. Drei

Wochen später, am 14. September 1835, schrieb Bessel in das Beobachtungsbuch: »Der Komet erscheint sehr blaß, weil der Mond den Himmel aufhellt und Dunst die Sicht trübt«. Wieder einer Woche später konnte Bessel bereits die Andeutung eines Schweifes erkennen; mittlerweile hatte sich der Komet der Sonne bis auf 180 Millionen Kilometer genähert, während die Erde ihm gewissermaßen »entgegengelaufen« war und die Distanz bereits auf 123 Millionen Kilometer verringert hatte.

Am 2. Oktober 1835 – der Komet war inzwischen im Grenzbereich der Sternbilder Zwillinge und Fuhrmann nach Nordosten gewandert – hatte die Helligkeit des Kometen so weit zugenommen, daß Bessel seine bisherigen Beobachtungen mit einer stärkeren Vergrößerung fortsetzen konnte – sie wurde von 90- auf 180-fach verdoppelt. Bei flächenhaften Objekten wie Mond, Planeten oder auch Kometen nimmt die Helligkeit des Fernrohrbildchens nämlich mit wachsender Vergrößerung ab: das aufgefangene Licht wird auf eine größere Fläche im austretenden Strahlengang verteilt. Jeder, der schon einmal einen leuchtenden Gasnebel im Fernrohr beobachtet hat, kennt diesen Effekt; man wählt am besten die kleinstmögliche Vergrößerung des Teleskopes oder benutzt sogar einen lichtstarken Feldstecher. Ähnlich gehen auch die »Kometensucher« vor, Amateurastronomen, die Nacht für Nacht den Himmel nach neuen Kometen absuchen.

In den nächsten Tagen stieg die Helligkeit des Kometen rasch noch weiter an, da er sowohl näher an die Sonne herankam als auch der Abstand zwischen Komet und Erde noch weiter schrumpfte – bis auf gut 28 Millionen Kilometer am 12. Oktober 1835. Halley stand in jenen Tagen als Objekt der ersten Größenklasse am Himmel und zog seine Bahn mit einer ungewöhnlichen Geschwindigkeit durch das Sternbild Großer Bär: Vorübergehend schien er annähernd so schnell wie der Mond, verschob seine Position vor den Fixsternen von Tag zu Tag um bis zu 12 Grad; man konnte seine Wanderung im Fernrohr schon nach wenigen Minuten erkennen, mit dem bloßen Auge binnen einer Stunde (während dieser

---

S. 38/39: Zeichnungen der inneren Koma des Kometen Halley von Friedrich Wilhelm Bessel aus dem Jahre 1835. Die beiden unteren Bildreihen auf S. 38 entstanden in einem Zeitraum von wenig mehr als acht Stunden; sie zeigen deutlich die Änderung der Ausströmrichtung der Kometengase, die auf eine Rotation des Kometenkerns zurückgeführt wird.

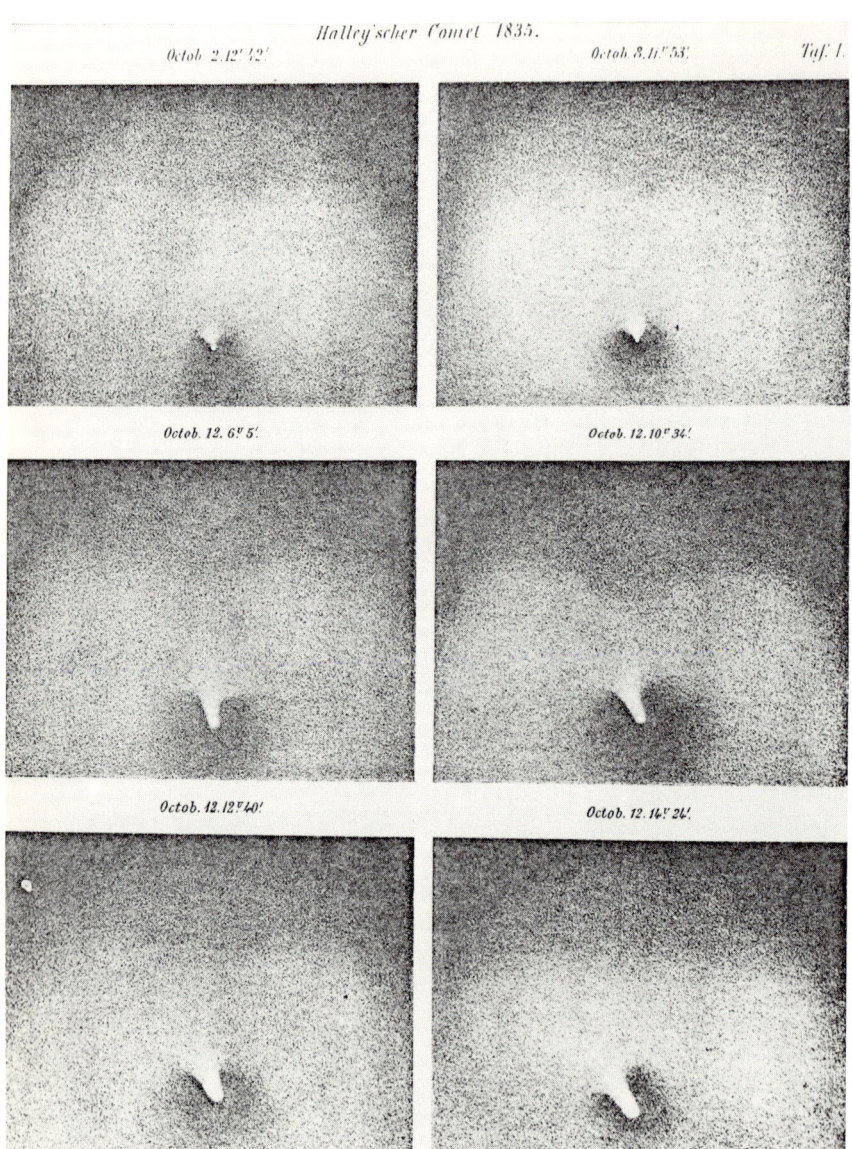

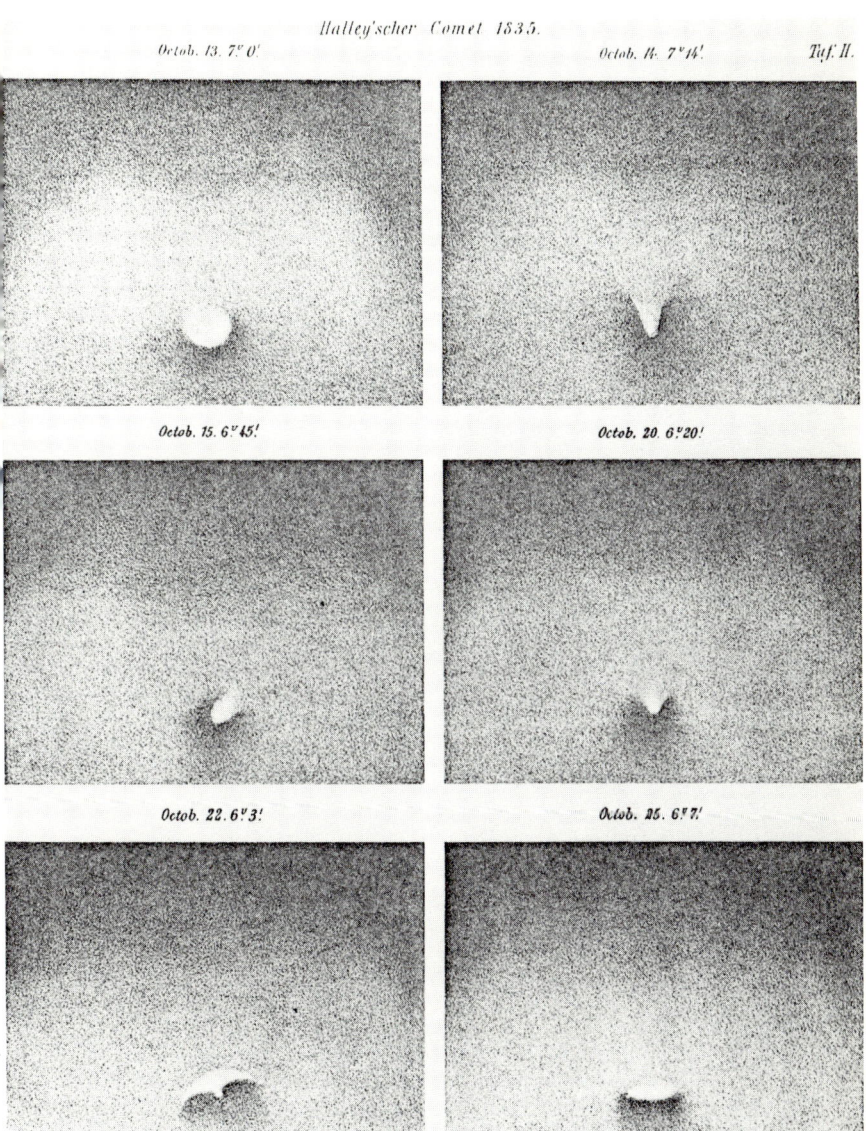

Zeit legte er immerhin einen Winkel zurück, der dem scheinbaren Vollmonddurchmesser entspricht). Fast während der gesamten ersten Oktoberhälfte konnte der Komet von Königsberg aus die ganze Nacht hindurch beobachtet werden: seine Bahn führte ihn so weit nördlich durch die Sternbilder, daß er zirkumpolar wurde, das heißt, auch in seiner Tiefststellung über dem Nordhorizont sichtbar blieb. In dieser Zeit gelang Bessel eine Reihe von interessanten Beobachtungen, die mehr als einhundert Jahre später helfen sollten, das ungewöhnliche Verhalten eines Kometen auf seiner Bahn zu erklären, nämlich die schon erwähnten Abweichungen von den Positionen, die man aufgrund der Störwirkung durch die Anziehungskräfte der Planeten allein errechnet hatte.

Bessel sah, daß der Kometenkopf, die »Spitze« des Kometen also, nahe dem Zentrum ungleichmäßig hell war. Schon einige Jahrzehnte vor ihm hatten Beobachter die Vermutung geäußert, der sich anschließende Kometenschweif könne nur durch Ausströmungen aus dem eigentlichen Kometenkörper entstehen. Diesen Kometenkörper aber konnte auch Bessel mit seinem Fernrohr nicht erkennen – er sah nur einen hellen, nicht weiter auflösbaren Punkt, von dem ein heller Strahl ausging. Mal zeigte dieser Strahl genau in Richtung Sonne, dann wieder war er ein wenig nach rechts oder links abgelenkt. Bessel leitete daraus die Vermutung ab, daß der Kometenkern (wie er den winzigen, vermutlich einzig festen Teil der Kometenerscheinung nannte) ein bißchen hin und her pendelt.

Starkes Licht

Während diesem »Pendeln« des Kometenkerns damals weniger Beachtung geschenkt wurde, stellte die Beobachtung der annähernd in Richtung Sonne austretenden Gasströme eine Herausforderung an die Wis-

---

Gegenschweife wie hier beim Kometen Arend-Roland (1957 III) weisen nur scheinbar in Richtung Sonne; es handelt sich um Staubmaterie, die schon Wochen vorher den Kometenkern verlassen hat, gegenüber diesem in der Bahnbewegung zurückgeblieben ist und dann für ein paar Tage nahezu von der Kante aus betrachtet das auftreffende Sonnenlicht stark genug reflektiert, um sichtbar zu werden.

senschaft dar. Ganz gleich, wie groß die Austrittsgeschwindigkeit der Gase relativ zur Bahngeschwindigkeit des Kometen sein mochte – sie führte auf dem einwärts gerichteten Teil der Kometenbahn zu einer Beschleunigung der Gase, auf dem auswärts gerichteten Bahnteil dagegen zu einer Abbremsung (bezogen auf die Bewegung des Kometen um die Sonne). Blieben die so freigesetzten Gasmassen einzig dem Gravitationseinfluß der Sonne unterworfen, so müßte sich der daraus entstehende Kometenschweif ganz anders verhalten als beobachtet: er wäre an keiner Stelle nahezu radial von der Sonne weggerichtet, sondern schiene zunächst hinter dem Kometen zurückzubleiben, würde dann in der Nähe des Periheldurchgangs mit einem »Überholmanöver« auf der »Innenbahn« beginnen und sich schließlich auf dem nach außen gerichteten Bahnteil spiralförmig um den Kometenkern wickeln.

Johannes Kepler hatte zwar bereits die Vermutung geäußert, der Kometenschweif werde durch den Druck des Sonnenlichtes nach außen gepreßt, doch würde die Kraft ausreichen, um auch die zum Teil nach innen gerichtete Bewegung der Gasteilchen umkehren zu können? Wollte man diese Frage auch quantitativ beantworten, so mußte zunächst etwas über Größe und Masse der Kometenschweif-Materie in Erfahrung gebracht werden.

Die Astronomen sind bei ihrer Untersuchung himmlischer Objekte auf die Informationen angewiesen, die ihnen zumeist in verschlüsselter Form durch die Strahlung übermittelt werden. Daran hat auch die Entwicklung der Raumfahrt bislang wenig zu ändern vermocht, denn die Wissenschaftler besitzen gegenwärtig allenfalls knapp 500 Kilogramm Materie von einem einzigen anderen Himmelskörper – jene Proben, die Apollo-Astronauten und unbemannte sowjetische Sonden vom Mond zur Erde zurückgebracht haben.

Zwar konnte man den Bereich der beobachtbaren Strahlung in den letzten Jahrzehnten dank der Möglichkeiten der Weltraumfahrt über das lange Zeit hindurch allein aufgenommene sichtbare Licht und den in den 40er Jahren hinzugekommenen Radiofrequenzbereich auf nahezu alle Teile der elektromagnetischen Strahlung ausdehnen, doch ist zur Analyse und anschließenden Deutung der Messungen immer auch ein zumindest ungefähres Verständnis der theoretischen Zusammenhänge erforderlich. Zu Bessels Zeiten mußten sich die Sternforscher daher auf die möglichst exakten Messungen von Positionen und deren Veränderungen beschränken, weil die Verfahren zur qualitativen oder gar quantitativen Analyse der in der Strahlung enthaltenen Informationen noch gar nicht entwickelt worden waren.

Erst knapp 30 Jahre nach Bessels Beobachtungen am Halleyschen Kometen gelang dem italienischen Astronomen und Direktor der Sternwarte von Florenz, Giovanni Battista Donati, ein entscheidender Schritt auf dem Weg zur Erklärung des Phänomens Komet. Einige Jahre zuvor hatten Robert Wilhelm Bunsen und Gustav Robert Kirchhoff die Bedeutung der Spektralanalyse als Methode zur Identifizierung der chemischen Elemente erkannt: jede Atomsorte sendet im angeregten Zustand Strahlung ganz bestimmter, charakteristischer Wellenlängen aus beziehungsweise verschluckt Strahlung eben dieser Wellenlängen.

Für die Astronomen bedeutete diese Spektralanalyse eine unerwartete Ausweitung ihrer Beobachtungs- und Untersuchungsmöglichkeiten. Immerhin hatte Joseph von Fraunhofer bereits um 1815 im Spektrum der Sonne zahlreiche dunkle Linien registriert und vermessen, mit diesen Beobachtungen jedoch wenig anfangen können. Jetzt fiel es den Astronomen wie Schuppen von den Augen: die dunklen Linien waren gewissermaßen Fingerabdrücke der chemischen Elemente; aus ihrer Analyse konnte man etwas über die Zusammensetzung der Sterne erfahren.

Donati wandte diese Methode als erster erfolgreich bei einem Kometen an und fand, daß der breite, in aller Regel leicht geschwungene Schweif lediglich das Sonnenlicht reflektierte: sein Spektrum war ein bloßes Abbild des Sonnenspektrums, ein kontinuierlich verlaufendes Farbband ähnlich einem Regenbogen (in dem man beim großen Kometen von 1881 auch erstmals einige Fraunhofer-Linien erkennen konnte). Demgegenüber mußten Teile des Kometenkopfes und die Materie im Bereich der bei zahlreichen Kometen zusätzlich beobachteten schmalen, geradlinig verlaufenden Schweife auch selbst Licht aussenden: hier sah man nämlich helle, leuchtende Spektrallinien beziehungsweise schmale Bänder. Anhand dieser spektralen Unterschiede konnte Donati zeigen, daß die beiden Schweiftypen offenbar hinsichtlich ihrer Zusammensetzung voneinander abweichen mußten. Darüber hinaus war das Auftreten der beiden Schweife von der Sonnenentfernung des jeweiligen Kometen abhängig: während in geringerer Distanz sowohl das »Eigenleuchten« der kometaren Materie als auch das reflektierte Sonnenlicht beobachtet werden konnten, leuchteten weiter entfernte Kometen nur noch im

reflektierten Sonnenlicht. Die Nähe zur Sonne mußte demnach den entscheidenden Anstoß zur Aussendung eigener Strahlung geben.
Die Beobachtungen Donatis wurden vier Jahre später von dem englischen Astronomen Sir William Huggins an einem anderen Kometen wiederholt und bestätigt. Huggins, der sich zu jener Zeit bereits einen Namen als erfahrener Beobachter von Sternspektren gemacht hatte, konnte die von Donati angegebenen »Bänder« auch identifizieren: es mußte sich um Strahlung handeln, die von einem Kohlenstoffmolekül herrührte.
Die schmalen, geradlinig von der Sonne weggerichteten Schweife schienen also aus Gasteilchen zu bestehen, die durch eine geheimnisvolle Kraft zum Leuchten angeregt wurden. Die bloße Temperatur der Gase konnte die dazu notwendige Energie wohl kaum bereitstellen, denn die Temperatur der Kometengase war sicher nicht wesentlich größer als die der sonnenbeschienenen irdischen Atmosphäre, und unsere Lufthülle leuchtet ja auch nicht selbst. Erst ganz allmählich setzte sich die Auffassung durch, daß die vom Sonnenlicht selbst übertragene Energie das Kometenleuchten anregt. Man kann nämlich die Photonen als winzige Energiepakete verstehen, die durch den Weltraum rasen, wobei die jeweilige Energie von der Wellenlänge des Lichtes abhängt. Treffen Photonen der richtigen Energie auf ein Gasteilchen, so können sie dieses in Schwingung oder Rotation versetzen: das Molekül wird angeregt. Dieser Zustand hält aber in aller Regel nicht sehr lange an. Er endet, wenn die »überschüssige« Energie in Form eines oder mehrerer Photonen wieder abgegeben wird, d. h. das Molekül »aufleuchtet«.
In den vierziger Jahren konnte der amerikanische Wissenschaftler Pol Swings verblüffend einfach beweisen, daß diese »Resonanzfluoreszenz« für das Eigenleuchten der Kometen verantwortlich ist. Das Sonnenspektrum ist bekanntlich kein unstrukturiertes »Farbband«, sondern enthält eine Vielzahl dunkler Linien; in diesen engen Wellenlängenbereichen gibt es entsprechend weit weniger Energiepakete und damit weniger Anregungsmöglichkeiten als rechts und links daneben.
Ein Komet, der sich nun auf die Sonne zu oder von ihr wegbewegt, verändert dabei natürlich seine Geschwindigkeit relativ zur Sonne, so daß er aufgrund des Doppler-Effektes ein leicht »verschobenes« Sonnen- und damit Energiespektrum auffängt: stürzt er auf die Sonne zu, so wird er immer schneller und »sieht« ein immer energiereicheres Licht, und auf

dem Weg nach draußen erscheint ihm das Sonnenspektrum rotverschoben. Durch diese Verschiebung rutschen gelegentlich auch dunkle Fraunhofer-Linien in die für das Resonanzleuchten einzelner Molekülsorten wichtigen Wellenlängenbereiche, und läßt dann die Anregung plötzlich nach, erleidet der Komet einen vorübergehenden Helligkeitsabfall, gerade so, wie wenn eine Wolke das auf eine Sonnenzellenfläche treffende Licht vorübergehend abblockt und während dieser Zeit dann weniger Strom produziert wird.
Dieser »Swings-Effekt« macht sich allerdings nur im Bereich der Koma und des Gasschweifes bemerkbar. Demgegenüber enthält der etwas gekrümmte, zumeist breitere Schweif »inaktives« Material, nicht angeregte Gasteilchen vielleicht oder Staub. Der Verdacht, daß solchermaßen feste Materie in einem Kometen enthalten sein mußte und sich von ihm lösen konnte, wurde etwa zur gleichen Zeit von ganz anderer Seite erhärtet: anhand detaillierter Bahnvergleiche hatte man herausgefunden, daß zwischen Kometen und dem Auftreten von Sternschnuppenschwärmen oder sogenannten Meteorströmen offenbar ein Zusammenhang bestehen mußte. Wenn aber Staubkörner und Gesteinsbrocken zu den Auflösungsprodukten eines Kometen gehörten, dann sollten sie diesen längs des Schweifes verlassen müssen.
Aufgrund dieser Beobachtungen und Überlegungen war bereits vor rund einhundert Jahren klar, daß ein Komet Gas und Staub enthält und Teile dieser Materie durch die Schweife an den umgebenden Weltraum verliert. Offen blieb aber nach wie vor die Frage, welche Kraft die auffälligen Kometenschweife immer von der Sonne wegdrückt: der Lichtdruck des Sonnenlichtes, wie Kepler vermutet hatte, oder eine magnetische Abstoßung, die Isaac Newton einmal als mögliche Ursache angegeben hatte? Der deutsche Astronom Friedrich Zöller steuerte noch eine dritte Hypothese zur Auswahl bei: er nahm an, daß eine gleichnamige elektrische Aufladung von Sonne und Kometenschweifteilchen für die Ausrichtung der Kometenschweife verantwortlich sei; gleichnamige elektrische Ladungen stoßen sich bekanntlich ab.
Eine Revolution im Bereich der theoretischen Physik schien zunächst eine Lösung des Problems zu ermöglichen. Im Jahre 1864 hatte der schottische Physiker James Clerk Maxwell einen ersten Schritt auf dem Weg zu einer einheitlichen Beschreibung der in der Natur wirksamen Kräfte vollzogen (eine Aufgabe, an der die theoretischen Physiker noch

heute herumdoktern). Es war Maxwell gelungen, elektrische und magnetische Kraft mit einem gemeinsamen mathematischen Modell zu beschreiben und die Entstehung von Licht und anderer Strahlung als Folge elektromagnetischer Wechselwirkungen zu erklären. Damit schien der seinerzeit zwischen Newton und Huygens entbrannte Streit über die Natur des Lichtes endgültig zugunsten der von dem niederländischen Physiker aufgestellten Wellentheorie entschieden. Die Maxwellschen Gleichungen erlaubten aber auch erstmals eine quantitative Berechnung jener Kraft, die das Sonnenlicht auf winzige Teilchen im freien Raum ausüben mußte. Würde sie ausreichen, um Gas- und Staubteilchen der Kometenschweife von der Sonne wegzutreiben? Sollte am Ende Kepler mit seiner Vermutung recht behalten, daß der Lichtdruck für die Ausrichtung der Schweife verantwortlich ist?

Mitten in diese Überlegungen und Berechnungen hinein platzten die Ergebnisse sorgfältiger Analysen von Kometenschweifen, die der Direktor der Sternwarte Pulkowo bei Leningrad, das damals noch St. Petersburg hieß, vorlegte: Fjodor Bredichin hatte Form und Bahnverhalten zahlreicher Schweife aus der Zeit zwischen 1472 und 1901 untersucht, um herauszufinden, wieviel stärker die abstoßende Kraft im Vergleich zur Anziehungskraft der Sonne sei. Dabei kam er zu dem Ergebnis, daß die Materie in den dünnen, geraden Typ-I-Schweifen etwa 18mal stärker abgestoßen als angezogen wurde, während dieses Verhältnis bei den breiten, gebogenen Typ-II-Schweifen nur zwischen 0,5 und 2 lag. Offenbar mußten die Typ-II-Schweifteilchen massereicher sein als die Partikel in den Typ-I-Schweifen, so daß sie dem nach außen gerichteten Lichtdruck einen größeren Eigenimpuls entgegensetzen konnten.

Nun hängt aber die Anziehungskraft von der Masse eines Teilchens ab und damit (bei gleicher mittlerer Dichte verschieden großer Teilchen) von der dritten Potenz der Partikelgröße; die Masse eines Teilchens ist bekanntlich das Produkt aus Dichte und Volumen, wobei dieses mit der dritten Potenz des Teilchenradius wächst. Demgegenüber hängt die Wirkung des Lichtdrucks von der Fläche ab, die das Teilchen den ankommenden Strahlen entgegenhält, und diese Fläche ist proportional zum Quadrat des Teilchenradius. Verknüpft man beide Beziehungen, so zeigt sich, daß das Verhältnis von anziehender Gravitation und abstoßendem Lichtdruck über einen weiten Bereich hauptsächlich vom Durchmesser der Partikel bestimmt wird: je größer sie sind, desto mehr Fläche kann zwar den Lichtdruck auffangen, doch das Volumen und damit die Masse des Teilchens steigt noch viel stärker und läßt so die Gravitation die Oberhand gewinnen. Umgekehrt erfahren kleinere Teilchen aufgrund des »günstigeren« Verhältnisses von Oberfläche zu Masse eine stärkere Abstoßung, die erst dann verschwindet, wenn die Schweifpartikel so klein werden, daß der Lichtdruck nicht mehr »greifen« kann.

Eine quantitative Analyse des Problems durch den deutschen Astronomen Karl Schwarzschild führte Anfang unseres Jahrhunderts zunächst zu dem befriedigenden Ergebnis, daß die abstoßende Wirkung des Lichtdrucks bei einem Partikeldurchmesser von etwa einem Tausendstel Millimeter die wirksame Anziehungskraft gerade aufhebt und bei noch kleineren Teilchen schließlich bis auf das 18fache der Sonnenanziehung ansteigen kann. Nur, diese maximale Abstoßung wird schon bei einem Teilchenradius von einem Zehntausendstel Millimeter erreicht, und Gasmoleküle sind, wie die neuentwickelten Atommodelle zeigten, um Größenordnungen kleiner. Für die Staubschweife mochte der Strahlungsdruck des Sonnenlichtes also genügen, um die ständig von der Sonne wegzeigende Ausrichtung zu erklären. Für die dünnen, geraden Gasschweife dagegen mußte man weiterhin nach einer ausreichend starken abstoßenden Kraft suchen.

Harmlose Katastrophe

Mittlerweile war der Halleysche Komet längst durch den sonnenfernsten Punkt seiner Bahn jenseits des Neptun gewandert und schickte sich an, erneut durch den Innenbezirk des Sonnensystems zu rasen. Seit seinem letzten Besuch hatten die Astronomen zwar eine Vielzahl von Kometenbeobachtungen anstellen können (zwischen 1835 und 1910 wurden mehr Kometen verfolgt als vor 1835 überhaupt, was natürlich vor allem auf die gezielte Suche und den Einsatz immer größerer Fernrohre zurückzuführen ist) und eine Menge an sachlichen Informationen zusammengetragen, doch war dieses Wissen offenbar noch nicht bis zu den astronomischen Laien vorgedrungen. Jedenfalls versetzte die Ankündigung, die Erde würde diesmal womöglich durch den Schweif des Halleyschen Kometen hindurchziehen, weite Bevölkerungskreise in Angst und Schrecken.

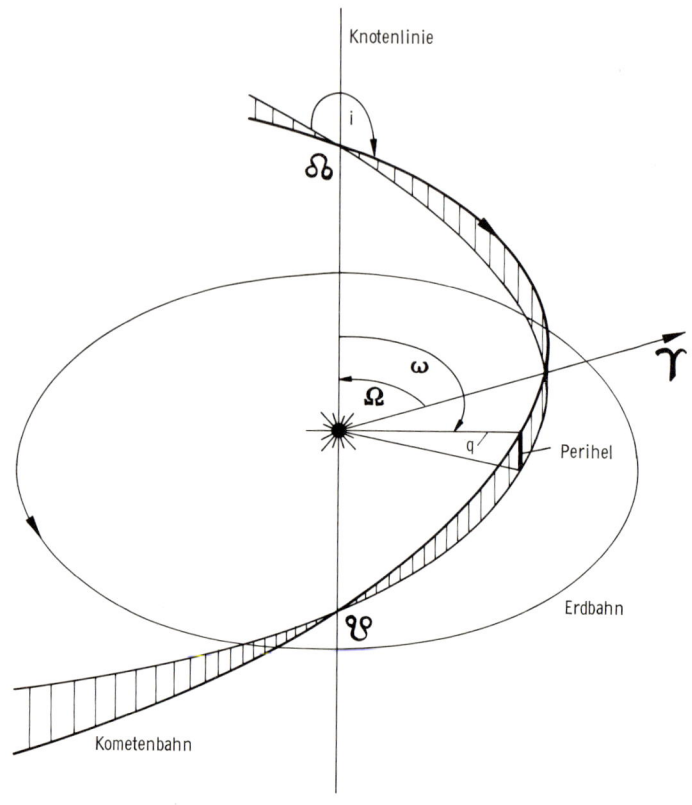

Pseudoräumliche Darstellung der Halleybahn im sonnennahen Teil. Bezeichnet sind die Bahnelemente Ω (Länge des aufsteigenden Knotens, gemessen vom Frühlingspunkt ♈ in östlicher Richtung), i (Bahnneigung, gemessen gegen die Erdbahnebene), ω (Länge des Perihels, gemessen vom aufsteigenden Knoten in Richtung Kometenbewegung) und q (Periheldistanz, angegeben in Astronomischen Einheiten).

Verschlimmert wurde die Situation noch durch eine Meldung, die von der Yerkes-Sternwarte der Universität Chicago kam. Dort war 1897 das damals größte Fernrohr aufgestellt worden, ein Refraktor mit einer Objektivöffnung von 1,02 m und einer Brennweite von 19,97 m. An

dieser Sternwarte hat man unter anderem auch den Kometen Morehouse beobachtet, der im Herbst 1908 entdeckt wurde und bis zum Mai 1909 verfolgt werden konnte. Im Spektrum dieses Kometen nun erkannten die Astronomen Spuren der Kohlenstoff-Stickstoff-Verbindung Cyan, einem zweiatomigen Molekül; vom wissenschaftlichen Standpunkt her war dessen Existenz im Kometenschweif nicht sonderlich erwähnenswert, da man schon vorher einige zwei- und mehratomige Moleküle gefunden hatte. Das Problem war lediglich, daß Cyan zusammen mit Wasserstoff eine äußerst giftige Verbindung eingeht, Cyanwasserstoff, besser bekannt unter dem Namen Blausäure. Kein Wunder, daß diese Meldung des Yerkes-Observatoriums für manchen Scharlatan eine willkommene Bereicherung im Arsenal der Hiobsbotschaften darstellte, mit denen man ein florierendes Geschäft mit der Angst machen konnte.
Jetzt half keine nüchterne Diskussion wissenschaftlicher Erkenntnisse mehr, so sehr die Astronomen auch versuchten, die sich anbahnende Hysterie abzuwenden. Erfolglos blieb der Hinweis darauf, daß die Erde schon mehrfach durch einen Kometenschweif hindurchgezogen war (zuletzt Ende Juni 1861), ohne dabei irgendwelchen Schaden genommen zu haben. Und auch das Argument, die Materie in einem Kometenschweif sei so dünn verteilt, daß bei einem Durchgang durch diese Region lediglich vielleicht 50 bis 100 Tonnen Schweifmaterie aufgefangen werden, blieb wirkungslos; dabei stellt Cyan nicht einmal den Löwenanteil dieser Masse, sondern nur Bruchteile eines Prozentes.
Die Angst vor dem Kometen trieb seltsame Blüten. So wurden in den USA während der ersten Monate des Jahres 1910 mehr Teleskope verkauft als in den vorausgegangenen 45 Jahren seit Ende des amerikanischen Bürgerkrieges. Jeder wollte offenbar den Kometen herannahen sehen – wenn die Fernrohre auch noch für sonstige astronomische Beobachtungen genutzt wurden, war dies vielleicht gar nicht einmal die unsinnigste Investition. Daneben wurden aber auch wertlose Kometentabletten angeboten, die angeblich gegen schädliche Ausdünstungen und sonstige Folgen schützen sollten. Wenn schon die hochgiftige Blausäure ausblieb, so wurde argumentiert, sollte zumindest der Stickstoff der Erdatmosphäre durch die Einwirkung der Kometenschweif-Materie mit dem Sauerstoff zu Stickoxydul reagieren; hinter dieser Bezeichnung verbirgt sich das wohlbekannte Lachgas, das seit der Mitte des vorigen Jahrhunderts als Betäubungsmittel eingesetzt wird. Dieses Lachgas

würde die Erdenbewohner zunächst in einen Zustand ausgeprägter Heiterkeit überführen, so daß sie die Ausweglosigkeit ihrer Lage – das völlige Verschwinden des Luftsauerstoffs zum Atmen – gar nicht mehr ernst nehmen konnten und schließlich von einer Überdosis dieses Betäubungsmittels und gleichzeitiger Atemnot dahingerafft würden.

Auch in unserem Land blieben die Menschen von solchen Gerüchten nicht verschont, und so wuchs die Spannung, je näher der vorausberechnete Termin rückte: in der Nacht vom 18. auf den 19. Mai sollte das unheilbringende Ereignis stattfinden. Trotzdem enthalten die Zeitungen jener Tage wenig Berichte über »Kurzschlußreaktionen« verängstigter Bürger, die gerne in Erinnerung an jenes Ereignis »gehandelt« werden. Die Meldungen beschränken sich im wesentlichen auf Informationen über geplante Ballonaufstiege und deren (wetterbedingte) Mißerfolge sowie auf Verlautbarungen großer Sternwarten.

Wohl mehr, um den vermeintlichen Sensationshunger der Leserschaft zu befriedigen, griffen die Redakteure der Kölnischen Zeitung zum Beispiel auf Berichte von Korrespondenten aus dem Ausland zurück – eine Methode, die immer gerne dann angewandt wird, wenn irgend etwas herausgehoben werden soll, die Inlandsmeldungen aber »nichts hergeben«. So findet man am 20. Mai 1910 eine Beschreibung der Pariser Zustände, in der unter anderem von einer Dame berichtet wird, die sich die Luftreifen ihres Autos ins Haus bringen ließ, um genügend Atemluftvorräte zu besitzen. Aus Madrid werden karnevalistische Umzüge gemeldet (hier sah man die angeblich drohende Gefahr wohl mehr von der humorvollen Seite, was sicher nicht mit der Entstehung von Lachgas in der Erdatmosphäre zusammenhing). Drei Selbstmorde wurden mit dem Kometen in Verbindung gebracht.

Dabei konnte jeder den Kometen mit seinem Schweif förmlich herannahen sehen: Mitte April war er am Morgenhimmel aufgetaucht, nachdem er zuvor von der Erde aus gesehen hinter der Sonne hergezogen war; zu diesem Zeitpunkt hatte seine Helligkeit bereits die dritte Größenklasse unterschritten und nahm weiter zu. Am 10. Mai, rund eine Woche vor der prophezeiten Katastrophe, ging Halley immerhin rund zwei Stunden vor Sonnenaufgang im Osten auf, und sein Schweif hatte bereits eine beachtliche Länge erreicht.

Danach verlief alles rasend schnell. Die Sichtbarkeitsdauer des Kometen nahm rapide ab, gleichzeitig stieg die Helligkeit des Objektes an und wuchs die Schweiflänge. Am Morgen des 18. Mai sah man schließlich nur noch den Schweif am aufgehellten Dämmerungshimmel (seine Länge wurde zuletzt auf mehr als 120 Grad geschätzt), da der Komet bereits zu nahe an die Sonne herangerückt war, um noch erkannt werden zu können.

Im Verlaufe des Tages ereignete sich nichts Ungewöhnliches, wenn man von einem Erdbeben in den französischen Pyrenäen absieht, das aber sicher nicht auf die Begegnung mit dem Halleyschen Kometen zurückzuführen ist. Zwar hatten die Astronomen errechnet, daß der Kometenkern genau zwischen Erde und Sonne hindurchziehen müsse, doch hielten sie vergeblich nach einem dunklen, über die Sonnenscheibe wandernden Punkt Ausschau. Daraus konnte man später ableiten, daß der eigentliche, vermutlich feste Kometenkörper kaum größer als vielleicht zehn oder zwanzig Kilometer sein konnte – einen größeren Brocken nämlich hätte man schon auffinden müssen. Daneben wurde aber auch keine merkliche Helligkeitsabnahme des Sonnenlichtes registriert, die auf eine Lichtabschwächung durch die Komagase oder im Bereich des Kometenschweifes hätte erklärt werden können.

In den Nachtstunden konnten einige Aufhellungen in der hohen Erdatmosphäre beobachtet werden, die in ihrem Aussehen ein wenig an Polarlichter erinnerten, aber die Katastrophe blieb aus. Wer am nächsten Morgen leicht betäubt aufwachte, war sicher nicht ein Opfer der »Lachgas-Reaktion« innerhalb der Erdatmosphäre geworden, sondern hatte am Abend zuvor zu tief ins Glas geschaut, sei es nun vor lauter Verzweiflung oder um sich Mut für den Weltuntergang anzutrinken.

Daß der ganze Spuk wirklich vorbei war, konnten Frühaufsteher mit eigenen Augen sehen: da, wo sich tags zuvor noch der Schweif des Halleyschen Kometen weit in den morgendlichen Dämmerungshimmel erstreckt hatte, herrschte wieder Finsternis, leuchteten nur noch die wenigen helleren Sterne blaß im Wettstreit mit dem Morgengrauen. Und wem das noch nicht ausreichte, der konnte sich am Abend des 19. Mai davon überzeugen, daß der Komet samt Schweif auf die andere Seite der Sonne gewechselt war, nun also (von der Erde aus gesehen) links von ihr stand und sich zunehmend von ihr entfernte.

Der Komet und die Erde waren sich an jenem 18. Mai 1910 bis auf rund 22,5 Millionen Kilometer nahe gekommen – kosmisch gesehen eine winzige Distanz, doch groß genug, um Gefahren jedweder Art abzuwenden; schließlich war Halley damals immer noch rund 60mal weiter entfernt als der Mond. Der Komet ist im Laufe seiner rekonstruierbaren Geschichte unserem Planeten mehrfach enger auf den Pelz gerückt, zum Beispiel im April 1759 bis auf 20 Millionen Kilometer oder gar am 11. April 837, als er in nur 6 Millionen Kilometer Entfernung die Erde passierte. Doch bei keiner seiner Erscheinungen dürfte Halley soviel Aufsehen erregt haben wie 1910. Da mutet es fast schon wie eine Strafe für den Aberglauben unserer Vorfahren an, daß der Komet bei seiner bevorstehenden Wiederkehr alles andere als ein spektakuläres Comeback liefern, sondern sich eher wie ein kamerascheuer, sensibler Gaststar durch die Kulissen der »kleinen Weltbühne« am irdischen Firmament mogeln wird.

Mitreißend

Im Frühsommer des Jahres 1911, mehr als ein Jahr nach dem Durchgang der Erde durch den Kometenschweif, verlor man Halley in einer Distanz von 5,3 Astronomischen Einheiten oder 793 Millionen Kilometern, knapp jenseits der Jupiterbahn, aus den Augen. Für viele Zeitgenossen war diese Passage zu einer »unheimlichen Begegnung der dritten Art« geworden, doch die Astronomen hatten dabei immer noch keine wirklich befriedigende Erklärung dafür gefunden, warum der Gasschweif eines Kometen stets von der Sonne weggerichtet ist. Der Lichtdruck konnte dafür nicht ausreichen, denn Gasmoleküle stellten sich als zu winzig heraus, um genügend Angriffsfläche zu bieten.
Die Entwicklung der Quantenmechanik in den 20er Jahren machte die Diskrepanz zwischen beobachteter und berechenbarer Abstoßung sogar noch deutlicher. Anhand der Spektren hatte man nämlich inzwischen herausgefunden, daß die dünnen, geraden Typ-I-Schweife aus elektrisch geladenen Molekülen beziehungsweise Atomen bestehen, aus sogenannten Ionen; dahinter verbergen sich Atom- oder Molekülreste, die eines oder mehrerer Elektronen beraubt sind, so daß die elektrisch positive Ladung des Atomkerns durch die verbliebenen Elektronen nach außen nicht mehr vollständig ausgeglichen wird. Solche Ionen erfahren durch den Lichtdruck eine noch geringere Beschleunigung als neutrale Gasteilchen, so daß die Ausrichtung dieser Kometenschweife rätselhaft blieb.

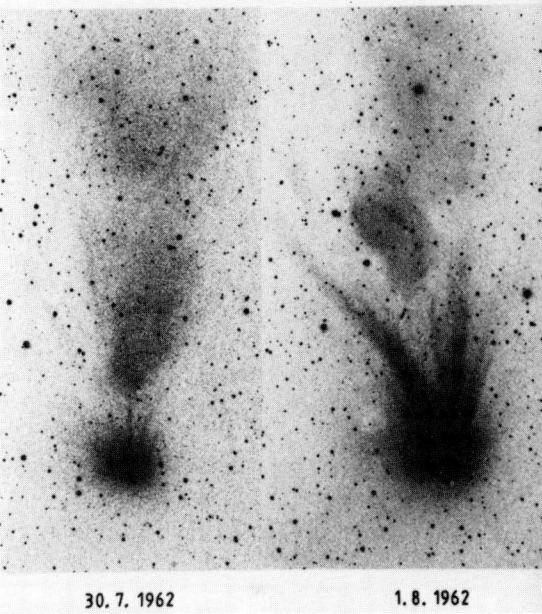

Der Komet Humason (1962 VIII) bot ein eindrucksvolles Beispiel für eine Schweifablösung, wie sie beim Wechsel des Kometen von einem Magnetfeldsektor des Sonnenwindes in einen anderen auftritt.

Erst 1943 kam wieder etwas Bewegung in die verfahrene Situation. In diesem Jahr veröffentlichte der deutsche Astronom Cuno Hoffmeister seine Untersuchungen über die exakte Ausrichtung der Typ-I-Schweife zahlreicher Kometen. Ihm war aufgefallen, daß diese Schweife nicht genau radial von der Sonne wegzeigten, sondern immer ein wenig aus dieser Richtung ausgelenkt erschienen. Die quantitative Analyse dieser Auslenkung führte Hoffmeister zu der Erkenntnis, daß offenbar die Bewegung des Kometen quer zur Sonnenrichtung eine besondere Rolle spielte: je größer dieser seitwärts gerichtete Anteil der Bahngeschwindigkeit war, desto stärker wurden die Kometenschweife aus der radialen Richtung herausgedrängt.

Der deutsche Astrophysiker Ludwig Biermann griff Anfang der 50er Jahre diese Untersuchungen auf und postulierte zu ihrer Erklärung die Existenz eines beständigen, von der Sonne ausgehenden Partikelstromes, der neben elektrisch geladenen Teilchen auch Magnetfelder mit sich führen sollte. Diese Magnetfelder wären nämlich in der Lage, die ionisierte Kometenschweif-Materie mit nach außen zu tragen; und weil sich die Kometen selbst auf ihrer Bahn um die Sonne teilweise auch quer gegen diese Strömung bewegten, wurde die von Hoffmeister beobachtete Auslenkung der Kometenschweife sofort verständlich.

Jeder, der schon einmal aus einem fahrenden Auto fallende Regentropfen oder Schneeflocken beobachtet hat, kennt diesen Effekt: Man weiß zwar, daß der Regen »normalerweise« senkrecht zu Boden fällt, und doch scheinen die Tropfen von schräg vorne gegen die Windschutzscheibe zu prallen; dabei nimmt diese Schräglage zu, je größer die Geschwindigkeit wird (genauer: das Verhältnis von Fahrgeschwindigkeit zu Fallgeschwindigkeit). Man nennt diese geschwindigkeitsbedingte Auslenkung übrigens Aberration.

Kennt man den Aberrationswinkel des Schweifes und die Quergeschwindigkeit des Kometen, so kann man daraus sogar die Geschwindigkeit jener zunächst noch unbekannten Strömung im Sonnensystem berechnen. Die von Hoffmeister bestimmten Größen führten zu einem Wert von etwa 500 Kilometern pro Sekunde.

Zwar gab es für diese solare Strömung außer der nun mit einem Male erklärbaren Ausrichtung der Kometenschweife keinen weiteren Anhaltspunkt, doch sollte sich dies bald ändern. Schon 1957 gelang zunächst der theoretische Nachweis, der die Entstehung einer solchen Strömung im Bereich der äußeren Sonnenatmosphäre plausibel machte, und zwei Jahre später konnten die ersten unbemannten Mondsonden diesen »Sonnenwind« wirklich beobachten.

Endlich war eine Erklärung für das auf den ersten Blick so ungewöhnliche Verhalten der Kometenschweife gefunden, und man war dabei sogar auf eine von der Sonne ausgehende Partikelströmung gestoßen, die man sonst – die Weltraumfahrt mit ihren Möglichkeiten gab es ja noch nicht – wohl nicht bemerkt hätte. Lediglich der offenkundige Zusammenhang zwischen Eruptionen an der Sonnenoberfläche und Störungen im Erdmagnetfeld hatte Geophysiker etwa zur gleichen Zeit wie Biermann auf die Idee gebracht, es könne vielleicht – zumindest von solchen aktiven Regionen der Sonne ausgehende – Teilchenströme geben, die die Störwirkung von außen an das Magnetfeld der Erde herantragen. Damit entpuppten sich die Kometen gleichzeitig als natürliche Meßsonden für diesen neuentdeckten Sonnenwind, denn bis zur eingehenden Untersuchung des Teilchenstromes durch spezielle Raumsonden sollte es noch etliche Jahre dauern.

Inzwischen haben interplanetare Raumsonden die Umgebung der Sonne von innerhalb der Merkurbahn (Helios kam bis auf 0,25 AE an die Sonne heran) bis jenseits der Neptunbahn (Pionier 10 überquerte 1983 die Bahn dieses Planeten und wird 1988 auch die mittlere Sonnenentfernung von

Pluto überschreiten) durchforstet und dabei auch den Sonnenwind eingehend vermessen. Dabei zeigte sich, daß diese Teilchenstrahlung – sie besteht im wesentlichen aus Protonen und Elektronen – überall mit nahezu unveränderter Geschwindigkeit auftritt, einer Geschwindigkeit in der Größenordnung von etwa 450 bis 500 Kilometern pro Sekunde. Lediglich Sonnenwindböen, wie sie von aktiven Regionen der Sonnenkorona (der äußeren Sonnenatmosphäre) ausgehen, verlieren auf ihrem Weg nach draußen an Tempo, weil sie durch die langsamere Grundströmung allmählich abgebremst werden.

Allerdings beschränkte sich die Erkundung des Sonnenwindes bislang auf den ekliptiknahen Bereich des Planetensystems, der annähernd mit dem Sonnenäquator zusammenfällt. Uns fehlt entsprechend eine Vorstellung von der räumlichen Ausbreitung dieser Strömung. Wenn es wirklich den vermuteten Zusammenhang zwischen Sonnenwind-Böen und Erscheinungen in der Sonnenkorona gibt, dann sollte man über den Sonnenpolen eine veränderte Situation antreffen, weil die Korona in diesem Bereich weniger aktiv zu sein scheint – zumindest konnte man hier zahlreiche ausgedehnte »Löcher« in der heißen äußeren Atmosphäre der Sonne beobachten.

Um diese Lücke zu schließen, plant man seit langem die Entsendung einer sogenannten Sonnenpol-Mission. Sie sollte ursprünglich aus zwei nahezu identischen Raumsonden bestehen, die gleichzeitig den Sonnen-Nord- und Südpol überfliegen sollten. Da die amerikanische Weltraumbehörde NASA aufgrund von Etatkürzungen ihren Beitrag zu diesem Unternehmen streichen mußte, wird nun wohl nur der europäische Instrumententräger 1986 auf die weite Reise geschickt werden. Sie führt ihn zunächst zum Riesenplaneten Jupiter, dessen Schwerefeld dann die Bahn senkrecht aus der Ekliptikebene herauslenken soll. Auf diese Weise spart man eine Menge Treibstoff, was der wissenschaftlichen Nutzlast zugute kommt.

Einen Vorgeschmack auf die zu erwartenden Überraschungen hat die amerikanische Pionier-11-Sonde bereits Mitte der 70er Jahre geliefert, als sie sich auf dem Weg zwischen Jupiter und Saturn immerhin 16 Grad über die Ekliptikebene erhob und dort eine andere Struktur des Sonnenwindes nachweisen konnte: während in der Ekliptikebene das mitgeführte Magnetfeld mal zur Sonne hinweist und dann wieder von ihr weg, im einen Fall also mit dem magnetischen Nordpol der Sonne verknüpft ist,

im anderen Fall mit dem magnetischen Südpol, spürte Pionier 11 nur noch ein ständiges Nordfeld.
Schon diese Erkenntnis hat eine Revision der Vorstellungen über den Sonnenwind notwendig gemacht. Früher nahm man an, der Sonnenwind sei in magnetische Sektoren unterteilt; heute wissen wir, daß diese Sektorengrenzen nur durch die Schiefe des Sonnenmagnetfeldes und durch zusätzliche Störungen schneller Sonnenwindströme vorgetäuscht wurden. Die »neutrale Zone«, die Grenzschicht zwischen magnetischem Nord- und Südteil des mitgeführten Sonnenmagnetfeldes, ähnelt der Krempe eines breitrandigen Hutes: Wird ein solcher Hut schräg zum Beobachter gedreht, so blickt dieser mal von oben auf die Krempe, mal von unten. Und wenn dann auch noch ein Wind weht, flattert die Krempe zusätzlich, und man kann während einer Umdrehung mehrere Wechsel zwischen »oben« und »unten« verfolgen. Schaut man dagegen von einer Position weit oberhalb oder unterhalb der Krempenebene (des magnetischen Sonnenäquators) auf den sich drehenden Hut, so wird man immer nur die Oberseite beziehungsweise Unterseite sehen können.

Das Kernproblem

Quintessenz

Die 50er Jahre brachten auch in anderer Hinsicht entscheidende Fortschritte im Verständnis der Kometen. Die Ausrichtung der Kometenschweife ist ja nur ein zweitrangiger Aspekt für die Beschreibung dieser Himmelskörper, ist sie doch lediglich die Folge einer Einwirkung von außen auf die Gase, die sich vom Kometenkern gelöst haben. Daran ändert auch die Tatsache wenig, daß man aus dem Studium der Kometenschweife einiges über seine Zusammensetzung lernen und aus Veränderungen ihres Aussehens möglicherweise Rückschlüsse auf die innere Struktur des Kometenkerns gewinnen kann.
Aufbau und Zusammensetzung des eigentlichen Kometenkörpers aber und die Frage nach seiner Herkunft sind die spezifischen Aspekte der Kometenforschung, und entsprechend früh versuchten die Astronomen,

Vorstellungen über Ursprung und Natur dieser seltsamen Objekte zu entwickeln, die so gar nicht in das damalige Weltenschema zu passen schienen.

Vor mehr als 2000 Jahren stand im griechischen Kulturkreis das Konzept einer zweigeteilten Welt hoch im Kurs, das die Unterschiede zwischen der Erde und dem Himmel erklärte. Problematisch dürfte nämlich der Widerspruch gewesen sein, der sich aus der angenommenen Zentralstellung der Erde innerhalb dieser Welt einerseits und der, verglichen mit himmlischen Objekten, Kurzlebigkeit irdischer Dinge andererseits ergab: Wenn die Erde wirklich im Mittelpunkt der Welt stand, warum waren ihre Bestandteile und Bewohner dann einem ständigen Wechsel unterworfen, einem dauernden Kommen und Gehen?

Vielleicht ist diese »ketzerische« Frage nie gestellt worden, wahrscheinlich aber sorgten die mythologischen Vorstellungen für eine ausreichende (und ausweichende) Erklärung: die himmlischen Objekte wurden mit den zeitlosen Göttern identifiziert. Sie durften nicht aus einem der vier klassischen Elemente bestehen, aus Feuer, Wasser, Erde oder Luft (denn die waren ja irdischen Wechseln unterworfen), sondern mußten aus einer fünften Substanz sein, der »Quintessenz«.

Da aber Kometen anders als die übrigen Gestirne (mit Ausnahme des Mondes) ihr Aussehen während einer mehrwöchigen Sichtbarkeit sehr augenfällig veränderten und noch dazu unregelmäßig auftauchten, konnte es sich bei ihnen nicht um Objekte aus dieser Quintessenz handeln. So ist es dann auch kein Wunder, daß man Kometen lange Zeit hindurch für atmosphärische Erscheinungen hielt, für Feuerwirbel etwa, die von starken Winden angefacht und in die Höhe getragen würden; diese Auffassung jedenfalls vertrat der Grieche Epigenes im dritten vorchristlichen Jahrhundert.

Der römische Philosoph Lucius Annaeus Seneca, der im ersten Jahrhundert nach Christus lebte, widersprach dieser Auffassung mit folgenden Argumenten: wenn ein Komet wirklich ein durch Luftwirbel emporgerissenes Feuer wäre, dann dürften Kometen nur bei Wind zu sehen sein; indes könne man sie auch bei Windstille beobachten. Auch wurden Veränderungen der Kometenerscheinung als Folge zunehmender oder abnehmender Windstärke nicht bemerkt. Schließlich bezweifelte Seneca (mit Recht), daß Winde überhaupt so hoch hinaufreichten, um die Kometen wirklich auf ihre Plätze tragen zu können.

Wolle man eines Tages das Rätsel der Kometen lösen, so regte Seneca schon vor mehr als 1900 Jahren an, so müsse man diese Objekte eingehend untersuchen, wozu sicher ein Menschenleben nicht ausreichen werde. Einst würde jedoch der Mann geboren, der »die Lage der Kometenbahn, den Grund ihrer Bewegung abseits von den übrigen Gestirnen, ihre Größe und Natur aufzeigen kann«. Wahrscheinlich hat Seneca sich nicht träumen lassen, daß mehr als anderthalb Jahrtausende vergehen sollten, ehe sich seine Prophezeiung zumindest teilweise erfüllte.

Den ersten Schritt in die richtige Richtung ging der dänische Astronom Tycho Brahe. Er bestimmte die Positionen des Kometen 1577 II mit der für ihn typischen Präzision und verglich sie mit Messungen, die an anderen Orten gemacht worden waren. Wenn Kometen wirklich erdnahe Erscheinungen waren, dann sollten sie von verschiedenen Punkten an der Erdoberfläche aus gesehen an unterschiedlichen Stellen des Himmels zu beobachten sein. Diese Verschiebung nahegelegener Objekte vor einem weiter entfernten Hintergrund, die sogenannte Parallaxe, läßt sich am besten verdeutlichen, wenn man seinen Daumen bei ausgestrecktem Arm einmal nur mit dem rechten Auge und dann mit dem linken Auge allein betrachtet: der Daumen »springt« gewissermaßen vor dem Hintergrund hin und her – mit dem rechten Auge besehen erscheint er weiter links als beim Blick mit dem linken Auge. Kennt man diesen Parallaxenwinkel und den Abstand der beiden Beobachtungspunkte, so kann mit einfachen Methoden der Trigonometrie die Entfernung zu dem »Vordergrund-Objekt« berechnet werden – ein Verfahren, das innerhalb der Erforschung unserer engeren kosmischen Heimat mit großem Erfolg angewendet wird.

So genügt für die Entfernungsbestimmung des Mondes bereits ein Abstand der beiden Beobachtungsorte von einigen hundert Kilometern. Vergleicht man etwa die Positionen des Erdtrabanten vor den Hintergrundsternen miteinander, die in Hamburg und München gemessen worden sind, so stellt man eine Parallaxe des Mondes von 5,5 Bogenminuten fest; zusammen mit der Entfernung zwischen beiden Orten errechnet sich daraus die Distanz des Erdbegleiters zu rund 385 000 Kilometer.

Brahe konnte aber beim besten Willen keine Parallaxe des Kometen erkennen. Daraus zog er den Schluß, daß der Komet sich weit jenseits der Mondbahn bewegt haben müsse; Brahe nahm an, daß er auf einer

Kreisbahn, die noch außerhalb der Venusbahn liegen sollte, die Sonne umlaufe, rund 20 Prozent weiter von der Sonne entfernt als jene. Allerdings mußte der Komet in entgegengesetzter Richtung die Sonne umrunden, und weil trotz mancher Korrekturen noch immer eine Abweichung von rund 5 Bogenminuten zwischen beobachteter und berechneter Position blieb (Brahe war eben ein Genauigkeitsfanatiker, denn 5 Bogenminuten entsprechen lediglich einem Sechstel des Vollmond-Durchmessers), schien er sogar bereit, von der vollkommenen Kreisbahn abzurücken und dem Kometen eine etwas längliche, ovale Bahn zuzusprechen – eine erste Vorahnung der Bahnellipsen gewissermaßen, die Kepler ein Vierteljahrhundert später als wirkliche Form der Planetenbewegung erkannte.

Kepler hingegen mochte nicht einsehen, daß die vergänglichen Kometen auf den gleichen, in sich geschlossenen Bahnen einherziehen sollten wie die Planeten – er versuchte, ihre Bewegung als Wanderung auf nahezu geraden Bahnen zu erklären, und angeblich paßten seine Beobachtungen der Kometen von 1607 und 1618 in dieses Modell.

Entweder hat Kepler damals aber ungenau beobachtet oder schlecht gerechnet, vielleicht aber auch etwas »nachgeholfen«, um zum richtigen Ergebnis zu kommen: der Komet des Jahres 1607 war nämlich kein geringerer als der Halleysche Komet, und von dem wissen wir sehr wohl, wie er sich bewegte – auf annähernd der gleichen Ellipse nämlich wie heute noch. Sie ist zwar zugegebenermaßen im Vergleich zu den Planetenbahnen ungewöhnlich langgestreckt, aber doch noch sehr deutlich von einer Geraden zu unterscheiden.

Im Jahre 1668 schließlich veröffentlichte der Danziger Bürgermeister und Liebhaberastronom Johannes Hevelius sein Werk »Cometographia«, in dem er nicht nur eine leichte Krümmung der Kometenbahnen zu erklären versuchte, sondern auch die Herkunft dieser Objekte. Hevelius glaubte, sie würden aus den großen Planeten Jupiter und Saturn herausgeschleudert.

Nachdem dann Edmund Halley die Ellipsenbahn als wirkliche Bewegungsform für die Kometen erkannt hatte und sicher war, daß sich diese Objekte gemäß den Newtonschen Gravitationsgesetzen verhielten, setzten sich die Astronomen erst einmal mit den Abweichungen der Kometenschweife von diesem Ordnungsschema auseinander. Es sollte noch annähernd 200 Jahre dauern, ehe die neuentwickelte Spektroskopie eine

Analyse auch der Zusammensetzung der Kometen erlaubte, so daß man ernsthaft die Frage nach ihrer Natur und Herkunft angehen konnte.

Sandbank kontra Eisberg

In der Zwischenzeit hatten die Astronomen beobachten können, wie sich ein Komet in mehrere Teile auflöste. Dies führte sie zu der Überzeugung, daß es sich nicht um sehr kompakte Gebilde handeln könne. Auch die Entdeckung eines Zusammenhangs zwischen Kometen und Meteorströmen bestärkte sie in dieser Vorstellung. So entstand in den 70er Jahren des vergangenen Jahrhunderts die Ansicht, Kometen seien lediglich mehr oder weniger dichte Staubwolken, fliegende Sandbänke gewissermaßen. Um die Gasproduktion zur Entstehung der Kometenschweife erklären zu können, nahm man an, die Staubkörner seien von einer Eiskruste umgeben. Möglicherweise handelte es sich bei diesen Objekten um eingefangene interstellare Materie, wie der französische Astronom Pierre Simon de Laplace bereits 1813 vermutete. Man hatte nämlich mittlerweile herausgefunden, daß sich die Sonne relativ zu ihren Nachbarsternen bewegt und daher durchaus auch einmal eine der zahlreichen Gas- und Staubwolken durchfliegen konnte, die als Teil unserer Milchstraße erkannt worden waren.

Genauere spektroskopische Untersuchungen über die Zusammensetzung der Kometengase, die auch eine Abschätzung der produzierten Gasmengen erlaubten, ließen jedoch immer stärkere Zweifel an diesem Kometenmodell aufkommen. 1950 entwickelte daher der amerikanische Astronom Fred Whipple ein Alternativmodell, das bis heute nahezu alle Beobachtungen erklären kann und Tests glänzend bestanden hat. Wenn nämlich ein Komet mehr Gas als Staub freisetzt, dann sollte er auch mehr Gas (in gefrorener Form, also als Eis) enthalten als lediglich dünne Eiskrusten um die einzelnen Staubkörner und Gesteinsbrocken. Und wenn ferner dieses Gas offenbar (wie von Bessel entdeckt) in einem gerichteten Strahl auf der Sonnenseite des Kometen austritt, dann kann man annehmen, daß es sich um ein im Gegensatz zur »fliegenden Sandbank« eher kompaktes Gebilde handeln muß. Also kehrte Whipple den Spieß um und stellte sich einen Kometenkern als Eisball vor, der von Staub und Gestein durchsetzt ist – die Theorie vom »schmutzigen Schneeball« war geboren.

Nach dieser Vorstellung umrunden die Kometen die Sonne normalerweise als ruhende, inaktive Brocken von einigen Kilometern Größe. Erst wenn sie in Sonnennähe gelangen, bis auf eine Entfernung von einigen Astronomischen Einheiten, beginnen die äußeren Eisschichten aufzutauen und zu verdampfen (da der »Luftdruck« über einem Kometen vernachlässigbar klein ist, sublimieren die Gase – sie gehen direkt vom festen in den gasförmigen Zustand über). Aufgrund der vergleichsweise geringen Anziehungskraft an der Oberfläche eines Kometen – sie liegt in der Größenordnung eines Zehntausendstels der Erdschwere – und der sich daraus ergebenden geringen Entweichgeschwindigkeit, die bei einigen Metern pro Sekunde liegt, können sich diese freigesetzten Gase leicht vom Kometenkern lösen; die Aufheizung durch die Sonneneinstrahlung, die zunächst für die Sublimation der Gase gesorgt hat, verleiht den Atomen und Molekülen nämlich auch gleich genügend »thermische« Bewegung.

So bildet sich eine Art Kometenatmosphäre, die Koma, die um so größer wird, je näher der Komet an die Sonne herankommt: zum einen erhöht die zunehmende Sonnenbestrahlung die Gasproduktionsrate, zum anderen werden die Gasteilchen durch die höhere Temperatur auch immer schneller, so daß sie sich in vergleichbaren Zeiträumen weiter vom Kern entfernen können.

Diese Gasteilchen schließlich werden dann von der energiereichen Ultraviolett-Strahlung der Sonne eines Teils ihrer Elektronen beraubt, »ionisiert«, und bieten dann aufgrund ihrer Ladung dem anströmenden Sonnenwind genügend »Angriffsmöglichkeit«, um von den eingelagerten Magnetfeldern mit nach außen gerissen zu werden.

Ein derart kompakter Kometenkern aus gefrorenen Gasen und eingelagertem Staub zeigt unter dem Einfluß der Sonnenstrahlung aber auch noch eine weitere Besonderheit, die – obwohl beobachtet – mit dem Modell einer fliegenden Sandbank nicht erklärt werden kann. Bessel und sein Zeitgenosse Friedrich Georg Wilhelm Struve hatten bereits 1835 bei der Erscheinung des Halleyschen Kometen darauf hingewiesen, daß die Gase in einem gerichteten Strahl aus der Kernregion herauszukommen scheinen. Dieser Strahl nahm seinen Ursprung zwar immer auf der sonnenzugewandten Seite des Kometenkerns, doch keineswegs ständig an der gleichen Stelle; Bessel hatte in diesem Zusammenhang von einem möglichen Pendeln des Kometenkerns gesprochen.

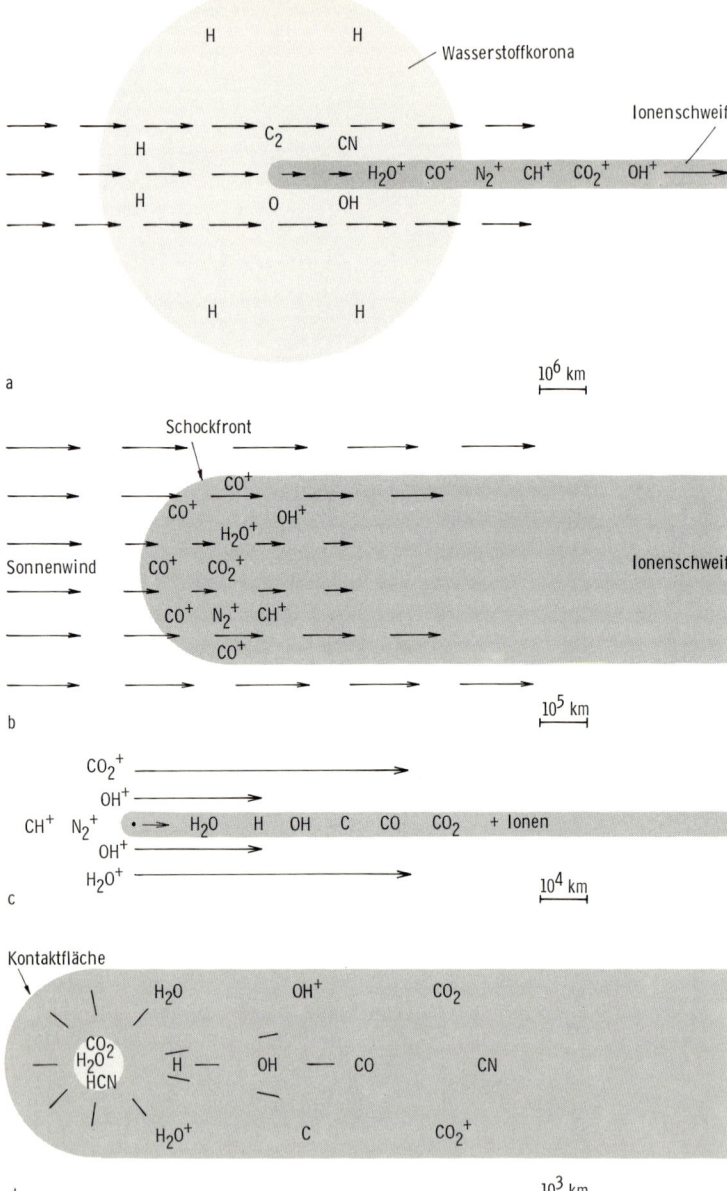

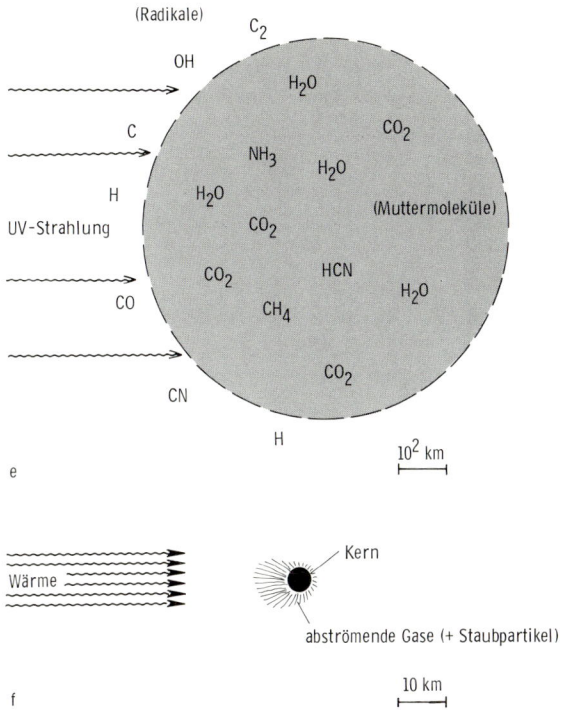

Schematischer Aufbau einer Kometenerscheinung.

a. Gesamtüberblick mit ausgedehnter Wasserstoffkorona (H), Neutralgaskoma (Kohlenstoff C_2, Cyan CN, Sauerstoff O und Hydroxyl-Radikal OH) sowie Plasmaschweif, der vom heranströmenden Sonnenwind mitgerissen wird. b. Zwischen der Ionosphäre des Kometen und dem anströmenden Sonnenwind bildet sich eine Störzone aus, die Schockfront. c. In einem engen Bereich um den Kometenkern wird eine vom Sonnenwind ungestörte Strömung des kometaren Plasmas (Neutralgas und Ionen) vermutet, die sich bis in den Schweif fortsetzen sollte. d. Nur innerhalb dieser hypothetischen Kontaktfläche kann sich das vom Kometenkern ausströmende Gas radial nach außen bewegen. e. Die vom Kometenkern ausströmenden Muttermoleküle werden meist schon nach kurzer Zeit von der energiereichen Ultraviolettstrahlung der Sonne oder durch gegenseitige Zusammenstöße aufgebrochen. f. Der eigentliche Kometenkern verliert unter dem Einfluß der Sonneneinstrahlung vorwiegend auf der sonnenzugewandten Seite Gase, die die eingelagerten Staubpartikel mitreißen.

Ein solcher Gasstrahl muß auf den Kometenkörper ähnlich wirken wie der Düsenstrahl einer startenden Rakete – er wird dem Kern eine entgegengesetzt gerichtete Beschleunigung verleihen, deren Wirkung sich auf das Verhalten des Kometen längs seiner Bahn niederschlagen muß. Mit anderen Worten, man sollte im Laufe der Zeit geringfügige Bahnveränderungen beobachten können, die sich nicht auf die Sonnenanziehung oder auf Störungen durch die Planeten zurückführen lassen.
Diese »nicht-gravitativen« Einflüsse traten im vergangenen Jahrhundert vor allem beim Kometen P/Encke deutlich zutage. Er war am 26. November 1818 im westlichen Teil des Sternbilds Pegasus von dem erfolgreichen Kometensucher Jean Louis Pons in Marseille entdeckt worden. Pons, der ursprünglich als Pförtner an der Sternwarte gearbeitet hatte, wurde 1819 Direktor des neuen Observatoriums in Marlia bei Lucca, nordöstlich von Pisa, und übernahm 6 Jahre später die Leitung der Sternwarte Florenz; er fand insgesamt 30 Kometen.
Johann Franz Encke, zu jener Zeit Gehilfe an der Sternwarte Seeberg bei Gotha, berechnete anhand der übermittelten Positionen die Bahn dieses Kometen und erkannte, daß er ebenso periodisch wiederkehren mußte wie der Halleysche Komet – nach diesem und dem Olbersschen Kometen von 1815 war der von Encke berechnete Komet erst das dritte Objekt dieser Art, bei dem man eine geschlossene Ellipsenbahn hatte nachweisen können; das dem Namen vorangestellte »P« kennzeichnet die Zugehörigkeit zur Gruppe der periodischen Kometen.
Während die beiden erstgenannten Kometen jedoch annähernd gleiche Umlaufzeiten von mehr als 70 Jahren besitzen, mußte P/Encke die Sonne offenbar alle 3,3 Jahre einmal umrunden. Man konnte also davon ausgehen, diesen Kometen auch vor 1818 bereits beobachtet zu haben, und tatsächlich zeigte eine Rückrechnung, daß Pons ihn bereits 1805 oberhalb des Sternbilds Löwe gesehen hatte. Die wirklich erste, nachträglich identifizierte Beobachtung gelang jedoch bereits im Januar 1786 dem französischen Astronomen Pierre Méchain; er verlor ihn aber schon nach nur zwei Tagen im Sternbild Wassermann wieder aus den Augen. Nicht viel besser erging es Caroline Herschel in England, die den blassen Nebelfleck am 7. November 1795 unweit von Deneb im Sternbild Schwan erneut aufspürte (ohne allerdings um dessen Identität zu wissen) und fast einen Monat lang verfolgen konnte.

Entdeckerruhm

Jeder von ihnen hatte natürlich geglaubt, einen »eigenen«, neuen Kometen beobachtet zu haben – Bahnrechnungen waren damals, ohne Rechenmaschinen oder gar Elektronenrechner, noch ein schwieriges und langwieriges Unterfangen. Dies änderte sich erst, nachdem der Bremer Arzt und Amateurastronom Friedrich Wilhelm Matthäus Olbers gegen Ende des 18. Jahrhunderts eine vereinfachte Formel zur Bestimmung einer vorläufigen, parabolischen Bahn und wenig später Carl Friedrich Gauß eine Methode zur Berechnung von elliptischen Bahnen entwickelt hatte. Kein Wunder also, wenn sich später herausstellte, daß ein bestimmter Komet oft mehrere Entdeckernamen trug – bereits zu jener Zeit war es nämlich üblich, dem Entdecker eines neuen Himmelsobjektes das Recht der Namensgebung einzuräumen. Zwar setzten sich nicht alle Vorschläge dann auch durch, wie die »Mediceischen Sterne« des Galileo Galilei (die vier großen Jupitermonde) oder der »Georgsstern« von Friedrich Wilhelm Herschel (der Planet Uranus) zeigen, doch boten Kometen die willkommene und allseits akzeptierte Möglichkeit, seinen eigenen Namen am Himmel zu verewigen.

Je mehr Kometen als periodische Besucher erkannt wurden, desto notwendiger wurde auch eine einheitliche Bezeichnungsweise, um die Objekte voneinander unterscheiden beziehungsweise miteinander identifizieren zu können. Seit 1870 werden daher sämtliche aufgefundenen Kometen, ganz gleich, ob neu oder periodisch, zunächst und vorläufig mit der Jahreszahl und einem kleinen Buchstaben des lateinischen Alphabets gekennzeichnet, und zwar in der Reihenfolge der Beobachtung.

So gelang die erste Kometensichtung des Jahres 1976 beispielsweise dem australischen »Kometenjäger« William Bradfield am 21. Februar; »sein« Komet erhielt folglich die Bezeichnung 1976a. Vier Tage später, am 25. Februar 1976, wurden gleich zwei Kometen gefunden: in den USA stöberte Elisabeth Roemer den periodischen Kometen Kopff auf, der erstmals im Sommer 1906 von dem Heidelberger Astronom August Adelbert Kopff gesehen und nunmehr zum elften Male beim Durchgang durch den sonnennahen Teil seiner Bahn beobachtet wurde, und ein paar tausend Kilometer weiter südlich fotografierte Hans-Emil Schuster auf der Europäischen Südsternwarte in Chile ein Nebelfleckchen im Sternbild Centaur. In jener Nacht zeigte sich wieder einmal, daß es mitunter auf Stunden und Minuten ankommt. Weil Hans-Emil Schuster etwas später dran war als seine Kollegin auf der Nordhalbkugel, erhielt sein Komet die Bezeichnung 1976c, während der periodische Komet Kopff zunächst als 1976b geführt wurde. Am 5. März war dann William Bradfield erneut erfolgreich – er stieß im Sternbild Indus auf das Objekt 1976d. Die Reihenfolge der Kometenentdeckungen ist aber nicht notwendigerweise auch ein Maß für die zeitliche Aufeinanderfolge ihrer Erscheinungen – diese richtet sich nämlich nach dem Termin des Periheldurchgangs, der ja ein wesentliches Element der Kometenbahn und damit der Identifizierung möglicher periodischer Objekte darstellt. Entsprechend werden nach einem oder zwei, mitunter auch erst nach drei Jahren, die Kometenerscheinungen eines Kalenderjahres neu »geordnet«, werden die endgültigen Bezeichnungen vergeben: hinter die Jahreszahl wird nun in der Folge der Periheldurchgänge eine römische Ziffer gesetzt. Wie weitgreifend diese Neuordnung sein kann, zeigt die Tabelle, die neben den bereits genannten vier Objekten noch den Kometen West enthält, der bereits im August 1975 als 14. Komet entdeckt worden war, aber erst als 6. Komet des Jahres 1976 durch das Perihel seiner Bahn zog.

Datum der Entdeckung	vorläufige Bezeichnung	Name	Perihelzeit	endgültige Bezeichnung
10. 8. 1975	1975n	West	25. 2. 76	1976 VI
21. 2. 1976	1976a	Bradfield	24. 2. 76	1976 IV
25. 2. 1976	1976b	P/Kopff	7. 3. 77	1977 V
25. 2. 1976	1976c	Schuster	15. 1. 75	1975 II
5. 3. 1976	1976d	Bradfield	25. 2. 76	1976 V

Den bisherigen Rekord mit Kometen»entdeckungen« hält das Jahr 1983, von den 22 aufgefundenen Objekten waren nur 11 als periodische Kometen »erwartet« worden, wurden vier weitere als neue periodische Kometen erkannt. Fünf Jahre zuvor, 1978, zogen die bislang meisten Kometen durch ihr Perihel – hier reicht die Aufstellung bis 1978 XXVI, aber auch davon waren nur 5 Kometen zuvor unbekannt.
Entscheidend für die Namensgebung schließlich ist die Reihenfolge der Meldungseingänge im Büro der Internationalen Astronomischen Union (IAU) in Cambridge (US-Bundesstaat Massachusetts). Da es durchaus vorkommen kann, daß mehrere Astronomen unabhängig voneinander

und nahezu gleichzeitig einen Kometen finden, werden bis zu drei Namen berücksichtigt – allerdings müssen die entsprechenden Beobachtungsmeldungen in Cambridge eingegangen sein, ehe die Nachricht der Entdeckung von dort an alle Sternwarten weitergegeben worden ist.
Nicht immer aber sind Doppelnamen auf nahezu zeitgleiche Entdeckung eines Kometen durch zwei Beobachter zurückzuführen. Manchmal geht ein Komet auch zwischenzeitlich »verloren« und wird erst nach einigen unbeobachteten Passagen wiederentdeckt. Dies gilt etwa für das Objekt P/Grigg-Skjellerup, das am 22. 7. 1902 zunächst von John Grigg in Neuseeland entdeckt und etwa 10 Tage lang beobachtet worden war. Für eine exakte Bahnbestimmung reichten die Daten nicht aus, und so verlor man den Kometen bald wieder aus den Augen. Am 17. Mai 1922 fand der südafrikanische Amateurastronom J.F. Skjellerup dann einen Kometen, der sich aufgrund der Bahnrechnungen als periodisch mit einer Umlaufzeit von 4,98 Jahren erwies, mit der zweitkürzesten Umlaufzeit also (nach P/Encke). Sollte ein solches Objekt, das noch dazu die Erdbahn in nicht allzu großer Entfernung passieren kann, zuvor den Kometenjägern entgangen sein?
Der englische Astronom Gerald Merton unternahm die mühevolle Rückrechnung und fand dabei, daß sich der Komet im Januar 1905 dem Planeten Jupiter bis auf etwa 28 Millionen Kilometer genähert und dabei eine deutliche Veränderung seiner Bahn erfahren hatte. Merton bewältigte auch dieses Problem (ohne moderne Elektronenrechner) und konnte schließlich mit den veränderten Bahndaten eine Identität der Kometen 1922 I und 1902 II nachweisen; seither trägt der Komet Grigg die Bezeichnung P/Grigg-Skjellerup.
Ähnlich erging es dem Kometen, den Lewis Swift am 16. November 1889 im Sternbild Pegasus entdeckt hatte. Er konnte etwas über 2 Monate beobachtet werden, und die Bahnrechnungen führten auf eine Umlaufzeit von etwa 9 Jahren. Bei den folgenden Periheldurchgängen wurde P/Swift jedoch nicht mehr aufgefunden; anders als P/Grigg-Skjellerup konnte er jedoch nicht von Jupiter aus der Bahn geworfen worden sein, so daß man sich über das Schicksal dieses Kometen keine rechte Vorstellung zu machen vermochte. Am 8. Februar 1973 schließlich stieß Tom Gehrels im Sternbild Krebs auf ein nebliges Fleckchen, das sich bald als Komet entpuppte. Nach einigen weiteren Beobachtungen und der Berechnung der Bahndaten konnte Brian Marsden vom IAU-Büro anhand der

routinemäßigen Zurückverfolgung aller Kometenmeldungen das von Gehrels gefundene Objekt als den lange vermißten P/Swift identifizieren; er trägt seither den Doppelnamen P/Swift-Gehrels.

Nicht die mehrfachen, voneinander unabhängigen Entdeckungen waren jedoch das Bemerkenswerte am Kometen Encke (ähnliches wiederholte sich in jener Zeit bei zahlreichen anderen Kometen), sondern seine Umlaufbahn. Er besitzt die kleinste Bahnhalbachse und damit die kürzeste Umlaufzeit; bis heute ist kein weiteres Objekt dieser Art mit einer kürzeren Periode gefunden worden.

Bahnhalbachse und Umlaufzeit sind über das dritte Keplersche Gesetz miteinander verknüpft, das – nachdem Halley die Kometen als »ordentliche« Mitglieder des Sonnensystems erkannt hatte – auch für diese Körper gilt. Dort heißt es: »Die Kuben der großen Bahnhalbachsen verhalten sich wie die Quadrate der Umlaufzeiten«. Gibt man daher die Bahnhalbachse eines Kometen in Einheiten der Erdbahnhalbachse an, also in astronomischen Einheiten (AE), so läßt sich seine Umlaufzeit in Jahren recht einfach berechnen: man braucht nur die dritte Potenz der Bahnhalbachse zu bilden und daraus die Quadratwurzel zu ziehen – mit einem Taschenrechner ist das heute für niemanden mehr ein Problem. Mit dieser Beziehung kann man beispielsweise ganz einfach die große Bahnhalbachse des Kometen P/Halley berechnen: ausgehend von einer mittleren Umlaufzeit von 76,5 Jahren kommt man ziemlich genau auf 18 AE; sonnennächster Bahnpunkt auf der einen Seite und sonnenfernster Bahnpunkt auf der anderen Seite der Sonne liegen also rund 36 AE auseinander.

Während die (große) Bahnhalbachse die Größe der Kometenbahn (und damit die Umlaufzeit) bestimmt, legt die Bahnexzentrizität die Form der Ellipse fest. Die Bahnhalbachse ist also in gewisser Weise mit dem Radius einen Kreises vergleichbar, gibt sie doch an, wie weit sich das Objekt vom Mittelpunkt der Ellipse entfernen kann. Die Bahnexzentrizität dagegen zeigt an, wie weit die Ellipsenbrennpunkte vom -mittelpunkt abgerückt sind; dabei verwenden die Astronomen immer die sogenannte numerische Exzentrizität, die das Verhältnis »Abstand Mittelpunkt-Brennpunkt zu Bahnhalbachse« bezeichnet. Je größer die Bahnhalbachse, desto größer ist auch die Ellipse; je größer aber bei gleicher Bahnhalbachse die Exzentrizität, desto weiter rücken Brennpunkte und Mittelpunkt der Ellipse auseinander, und desto langgestreckter wird die Bahn.

Nach dem ersten Keplerschen Gesetz fällt ein Brennpunkt einer Ellipse stets mit der Sonne zusammen, so daß eine große Bahnexzentrizität immer auch einen großen Unterschied zwischen kleinster und größter Sonnenentfernung, zwischen Perihel- und Apheldistanz, bedeutet. Da die Bahnexzentrizität von P/Halley bei 0,967 liegt, kann er sich bis auf 3,3 Prozent der großen Bahnhalbachse oder 0,59 AE der Sonne nähern, sich andererseits aber auch mehr als 35,4 AE von ihr entfernen, also noch die Neptunbahn kreuzen. P/Encke dagegen kommt mit seiner Bahnexzentrizität von 0,847 und einer Bahnhalbachse von 2,218 AE bis auf 15,3 Prozent seiner Bahnhalbachse oder 0,34 AE an die Sonne heran (und bewegt sich dann noch innerhalb der Merkurbahn), während er im sonnenfernen Teil die äußere Grenze des Kleinplanetengürtels noch überquert.

Aus eigener Kraft

Schon Encke war beim Vergleich der zurückgerechneten und wirklichen Positionen aufgefallen, daß die große Bahnhalbachse und damit die Periode des Kometen allmählich abnahm: hatte die Bahnhalbachse 1786 noch bei 2,217 AE gelegen, so war sie 30 Jahre später schon bei 2,214 angekommen, war die Bahnperiode entsprechend um 2,6 Tage oder 0,2 Prozent zurückgegangen, pro Umlauf also im Schnitt um zwei Zehntausendstel.
Encke führte diese Veränderung auf den bremsenden Einfluß des sogenannten Weltäthers zurück, einer hypothetischen Substanz, deren Existenz im vergangenen Jahrhundert als notwendig angesehen wurde, um die Ausbreitung von Lichtwellen im Weltraum zu ermöglichen. Ein solcher Weltäther mußte eine ungeheuer dünne Konsistenz besitzen, um die Planeten auf ihren Bahnen um die Sonne nicht abzubremsen und in die Sonne stürzen zu lassen (so etwas hätte schließlich den Beobachtungen widersprochen), doch meinte Encke offenbar, daß ein so gleichermaßen voluminöser wie massearmer Körper wie ein Komet sehr wohl eine Abbremsung erfahren könne.
Friedrich Wilhelm Bessel widersprach Enckes Hypothese sehr entschieden. Zum einen müßte man eine solche Periodenabnahme auch bei anderen Kometen beobachten können (was nicht der Fall war), zum

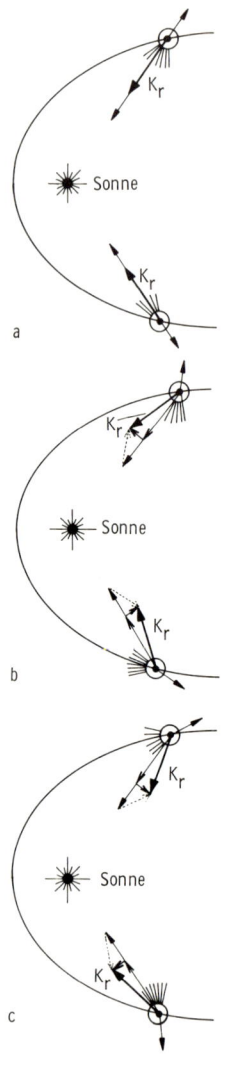

Die bei zahlreichen Kometen beobachtete Rotation des Kerns führt dazu, daß die nichtgravitativen Kräfte, die für sich genommen die Anziehungskraft der Sonne scheinbar verringern (a), je nach Rotationsrichtung eine Anhebung der Kometenbahn (b) und damit eine Periodenverlängerung oder eine Abbremsung (c) damit eine Verkürzung der Umlaufzeiten bewirken (K_r = resultierende Kraft).

anderen müßte die Abnahme konstant sein, was ebenfalls nicht zutraf (um 1830 hatte sich die Umlaufzeit wieder um 9 Tage verlängert und blieb dann bis etwa 1860 konstant, ehe sie erneut abnahm). Bessel verwies demgegenüber auf seine Beobachtungen am Halleyschen Kometen und führte die unregelmäßigen Bahnänderungen auf die Rückstoßwirkung jener Gasströme zurück, die er vom Kometenkern hatte ausgehen sehen.

Whipples Kometenmodell erlaubte eine quantitative Analyse dieser nicht-gravitativen Einflüsse auf den Enckeschen Kometen. Setzt man nämlich die für die Verdampfung eines Wasser- oder ähnlichen Eismoleküls notwendige Energiemenge in Relation zur Energie der Sonneneinstrahlung, so zeigt sich, daß pro Quadratzentimeter bestrahlter Kometenoberfläche in jeder Sekunde einige Trillionen Moleküle freigesetzt werden können. Die Geschwindigkeit dieser Gase kann – wie sich aus anderen Beobachtungen ableiten läßt – Werte um 1 km/s erreichen. Aus der Multiplikation von Masse und Geschwindigkeit der Gase findet man den übertragenen Impuls und damit die Kraft, die – wirksam über einen ganzen Umlauf – etwa einige Zehntausendstel der Bahnenergie des Enckeschen Kometen auf-

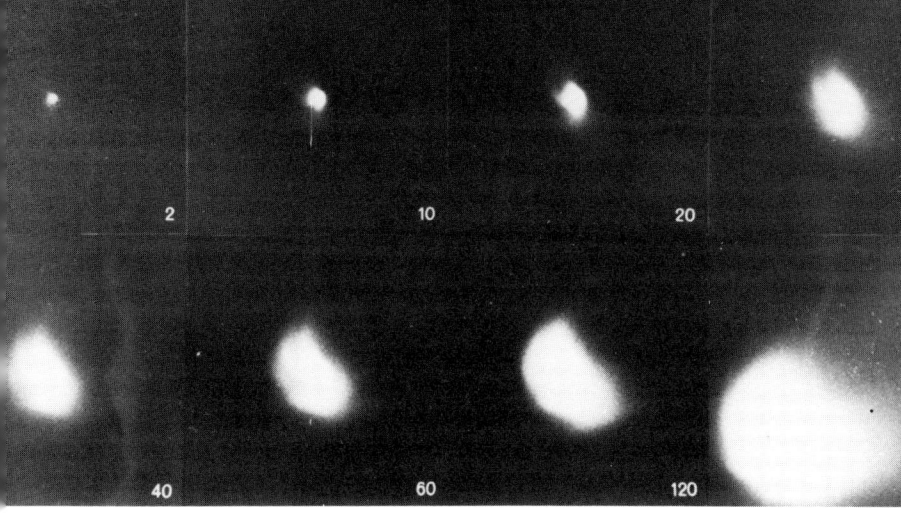

Diese Serie mit zunehmenden Belichtungszeiten (jeweils angegeben in Sekunden) zeigt spiralförmige Strukturen im Zentralbereich der Koma des Kometen Bennett (1970 II); es handelt sich um Staub»fahnen«, die aufgrund der Kernrotation ähnlich verformt sind wie die Wasserstrahlen eines rotierenden Rasensprengers.

zehren kann, gerade so, wie es in den ersten Jahrzehnten des vergangenen Jahrhunderts beobachtet worden war. Dabei ist zunächst noch unberücksichtigt, daß die Richtung der austretenden Gase nicht notwendigerweise mit der Richtung zur Sonne zusammenfällt. Wenn nämlich der Kometenkern rotiert, dann liegt der Punkt maximaler Erwärmung nicht unter der Sonne, ist also nicht mit dem »Subsolarpunkt« identisch, sondern befindet sich irgendwo auf der Nachmittagsseite des Kometen; auch bei uns werden die größten Hitzegrade nicht exakt dann erreicht, wenn die Sonne im Süden steht, sondern erst ein oder zwei Stunden später.

Die Wirkung des durch die freigesetzten Gase entstehenden Rückstoßes hängt demnach ganz entscheidend von der Rotationsrichtung und der Lage der Rotationsachse des Kometenkerns im Raum ab. Steht die Achse beispielsweise senkrecht auf der Bahnebene des Kometen und rotiert der Kern im gleichen Drehsinn wie die Bahnbewegung, dann erfährt der Komet ständig eine zusätzliche Beschleunigung, wird also in seiner Bahn »angehoben« und bekommt aufgrund des dritten Keplerschen Gesetzes eine längere Umlaufperiode. Umgekehrt führt eine der Bahnbewegung entgegengesetzte Drehrichtung des Kometen zu einer allmählichen Abbremsung, so daß das Objekt an »Höhe« (über der Sonne) verliert und entsprechend eine Verkürzung der Umlaufzeit zu beobachten ist.

Aus den Beobachtungen konnten inzwischen Rotationsperioden für eine ganze Reihe von Kometen abgeleitet werden. So bestimmte Fred Whipple die Umdrehungsdauer des Halleyschen Kometen aus den Aufzeichnungen Bessels zu 10,3 Stunden, fanden Whipple und Sekanina für den Kometen Encke eine Rotationsdauer von 6,5 Stunden, während der Komet Bennett mehr als einen Tag für eine Drehung um seine Achse zu benötigen scheint. Die Tabelle gibt für einige Kometen die inzwischen ermittelte Rotationsdauer an.

Komet	Rotationsdauer
Donati 1858 VI	4,5 Std.
P/Encke	6,5 Std.
P/Halley	10,3 Std.
Morehouse 1908 III	15,5 Std.
Bennett 1970 II	28–36 Std.
P/Swift-Tuttle	66,5 Std.
P/Schwassmann-Wachmann I	119 Std.

Die bei dem Kometen P/Encke aufgetretenen Schwankungen der Periode – auf eine vorübergehende Abnahme folgte immer auch wieder eine Zunahme – deuten auf nicht ganz konstante Kraftverhältnisse hin. Entweder ist die Rotationsachse des Kometenkerns nicht stabil, oder aber »aktive Flecken« mit verstärkter Gasproduktion brechen an immer wieder anderen Stellen auf der Kometenoberfläche auf und sorgen so für wechselnde Angriffswinkel der Rückstoßkräfte; vielleicht ist aber auch eine Präzessionsbewegung der Kometenachse mitverantwortlich.

Die von diesem Modell zur Erklärung der nicht-gravitativen Kräfte geforderten hohen Gasproduktionsraten stießen zunächst auf die Skepsis vieler Kometenbeobachter, da die zu jener Zeit aus dem Spektrum bekannten Bestandteile der Koma nur einen geringen Bruchteil dieser Menge ausmachten. Dies änderte sich erst, nachdem man eine Besonderheit im Spektrum hellerer Kometen richtig zu interpretieren verstand. Man hatte dort verstärkt sogenannte verbotene Linien des Sauerstoffs gefunden (»verboten« deshalb, weil sie unter Normaldruck nicht auftreten können, sondern nur bei extrem geringen Dichten), Linien, wie sie auch im Spektrum von Nordlichtern beobachtet werden (man spricht daher gelegentlich auch von den »roten Nordlichtlinien«). Die Intensität dieser Linien unterlag nicht dem schon erwähnten Swings-Effekt, war also unabhängig von der Radialgeschwindigkeit des Kometen; entsprechend konnte es sich kaum um ein Resonanzfluoreszenzleuchten handeln wie bei vielen anderen Emissionslinien. Wenn man dagegen annahm, daß die Anregungsenergie für dieses Leuchten aus der vorausgegangenen Aufspaltung sauerstoffhaltiger Moleküle stammte, ließ sich das Fehlen des Swings-Effektes zwanglos erklären. Als Muttermoleküle aber kommen im wesentlichen Wasser- und Kohlendioxid-Moleküle in Frage, weil sie im Whippleschen Modell in gefrorenem Zustand die Haupt-Sauerstoffträger des schmutzigen Schneeballs sind (weder Ammoniak- noch Methaneis enthalten bekanntlich Sauerstoff).

Damit boten die roten Sauerstofflinien die lange vermißte Möglichkeit, die Gasproduktionsrate eines Kometenkerns genauer abzuschätzen, denn die Intensität einer Spektrallinie hängt natürlich von der Anzahl der leuchtenden Atome ab. Wenn man also auszählen kann, wieviel Sauerstoffatome in der Koma für die Emission der roten Nordlichtlinien verantwortlich sind, vermag man daraus zurückzurechnen, wieviel Wasser- beziehungsweise Kohlendioxidmoleküle freigesetzt werden und zerfallen mußten, um diese Sauerstoffdichte zu erreichen. Auf diese Weise erhielt man Werte in der Größenordnung von 100 Tonnen pro Sekunde. Die Auswertung von Kometenspektren im Bereich der Ultraviolett-Strahlung, wie sie später mit Höhenforschungsraketen und von Erdsatelliten aus gewonnen wurden, bestätigte eindrucksvoll diese zunächst von Ludwig Biermann vorausgesagte, aus der Deutung der roten Nordlichtlinien abgeleitete hohe Produktion von Wassermolekülen. Entsprechende Messungen gelangen erstmals am Kometen Bennett (1970 II) und konnten seither mehrfach bei anderen Kometen wiederholt werden.

Auflösung

Das Whipplesche Kometen-Modell ließ die Frage nach dem Ursprung der Kometen noch viel dringender werden. Wo kamen diese »schmutzigen Schneebälle« immer wieder aufs neue her?

Irgendein Nachschub war dringend erforderlich, wenn man verstehen wollte, warum es heute überhaupt noch sonnennahe Kometen gibt; schließlich kann ein Komet einen Massenverlust von einigen hundert Tonnen pro Sekunde nicht beliebig lange überleben. Selbst wenn man berücksichtigt, daß die aktive Phase nicht während des ganzen Umlaufs andauert, sondern nur im sonnennahen Bereich zu beobachten ist, muß sich durch das abströmende Gas im Laufe der Zeit die Substanz eines Kometen aufzehren.

Setzt man beispielsweise als Anfangswert einen Kometenradius von 5 Kilometern voraus (eine, wie wir noch sehen werden, sicher plausible Annahme), so erhält man mit einer mittleren Dichte von 1 Gramm pro Kubikzentimeter eine Ausgangsmasse von 500 Milliarden Tonnen. Nimmt man weiterhin an, daß die wirklich aktive Phase auf jenen Bahnteil beschränkt ist, der innerhalb von 1 AE liegt, dann verliert ein Komet wie etwa P/Halley, der sich bei jedem Umlauf etwa 80 Tage in diesem Bereich aufhält, jeweils etwa 700 Millionen Tonnen seiner in Eisform vorhandenen Wassermenge. Aufgrund von Beobachtungen an anderen Kometen weiß man, daß das Verhältnis von Gas- zu Staubproduktion in den meisten Fällen annähernd gleich ist – etwa 1:1 –, so daß man noch einmal 700 Millionen Tonnen hinzurechnen kann. Zusammen mit weiteren freigesetzten Gasen kommt man so auf rund 1,5 Milliarden Tonnen, so daß bis zum völligen Verschwinden des Kometen etwa 300 bis 350 Umläufe ausreichen würden. Im Zusammenhang mit den Vorbereitungen für die bevorstehende Wiederkehr von P/Halley hat Ray Newburn am Jet Propulsion Laboratory in Pasadena versucht, aus den letzten Erscheinungen ein Modell des Kometenkerns zu berechnen. Es sollte einerseits die Helligkeitsentwicklung erklären und andererseits Donald Yeomans als Grundlage für die Berücksichtigung der nicht-gravitativen Kräfte bei seinen Bahnrechnungen dienen.

Durch die Veränderungen einzelner Bestimmungsgrößen konnte Newburn schließlich einen Kometenkern modellieren, der sowohl das Whipplesche Konzept vom schmutzigen Schneeball verwirklichte als auch die beobachteten Helligkeiten zu simulieren vermochte. Danach dürfte Halley 1910 einen Durchmesser von rund 5 Kilometern besessen und je zur Hälfte aus gefrorenem Gas und Staub beziehungsweise Gesteinsbrocken bestanden haben; vier Fünftel des Eises könnten gefrorenes Wasser sein, das restliche Fünftel andere flüchtige Substanzen wie Kohlendioxid,

Methan und ähnliches enthalten haben. Die Masse dieses Kometenkerns läge dann bei 65 Milliarden Tonnen.
Vergleicht man diese Werte mit den vorgenannten Größen, so kann man den vorsichtigen Schluß ziehen, daß P/Halley offenbar schon länger die Sonne auf seiner jetzigen oder einer ähnlichen Bahn umrundet, denn 65 Milliarden Tonnen sind nur noch rund 12 Prozent der angenommenen Ausgangsmasse. Bei gleichbleibender Verlustrate pro Umlauf reicht diese noch für etwa 40 Gastspiele am irdischen Firmament aus.
Insgesamt ergäbe sich für den Halleyschen Kometen mit diesen Zahlen eine Lebenserwartung von vielleicht 25 000 Jahren, und ähnliches kann man sicher für die meisten anderen Kometen ansetzen. Wir werden gleich noch sehen, daß diese Frist noch entscheidend verkürzt werden kann, doch wird dadurch nur die Forderung nach einem ständigen Nachschub an »frischen« Kometen verstärkt, so lange man nicht davon ausgehen möchte, daß die Kometen überhaupt erst in jüngster astronomischer Vergangenheit entstanden sind. Diese Alternative erscheint jedoch wenig reizvoll, denn dafür gibt es so gut wie keine Begründung, geschweige denn eine Erklärung.
Man wird allerdings kaum erwarten dürfen, daß diese Überlegung mehr als nur eine grobe Abschätzung ist. Wenn nämlich der Durchmesser des Kometenkerns aufgrund des Masseverlustes allmählich abnimmt, schrumpft auch die »bestrahlbare« Oberfläche, so daß gleichzeitig die Gasproduktionsrate sinken und sich damit der Materieverlust verlangsamen dürfte.
Vielleicht ist es daher sinnvoller anzunehmen, daß sich der Durchmesser des Kometen bei jeder Annäherung an die Sonne um einen konstanten Wert verringert; damit würde zumindest teilweise die Abnahme der Gasproduktion berücksichtigt. Ein Verlust von 1,5 Milliarden Tonnen entspräche gegenwärtig bei Halley einer Schicht von 20 Meter Dicke. Setzt man dies im Vergleich zu den angenommenen 2,5 Kilometer Radius, so blieben P/Halley noch vielleicht 125 Umläufe. Gleichzeitig würde dies aber bedeuten, daß die Gasproduktion früher einmal größer gewesen sein muß als heute, rund viermal so hoch. In diesem Fall verkürzt sich die Lebenserwartung eines Kometen, der anfangs einen Durchmesser von 10 Kilometern besitzt, auf rund 250 Umläufe.
Beide Abschätzungen können aber noch zu hoch gegriffen sein, denn es ist unwahrscheinlich, daß ein Komet wirklich bis zum letzten Gramm

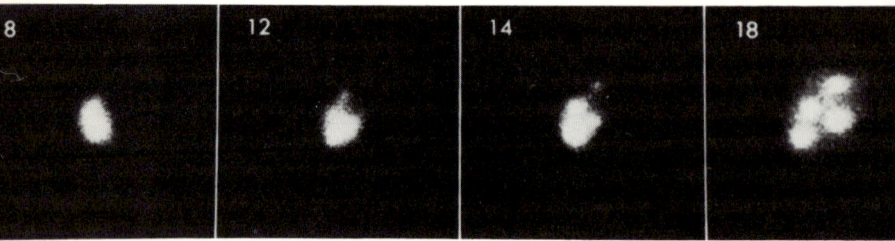

Die Entwicklung der Kernspaltung des Kometen West (1976 VI) zwischen dem 8. und 18. März 1976.

seine Kernmaterie verlieren kann, ohne vorher »Schaden« zu nehmen. Die Erfahrung lehrt uns, daß der Zerfallsprozeß sehr wohl noch beschleunigt werden kann.

Ein erstes Beispiel dafür lieferte der Komet Biela, der am 28. Februar 1826 von Wilhelm von Biela im Sternbild Fische entdeckt wurde. Biela, ein Hauptmann in österreichischen Diensten, hatte davon gehört, daß dieser Komet möglicherweise identisch mit zwei Erscheinungen war, die 1772 und 1806 beobachtet worden waren. Seine Bahnrechnungen bestätigten dann diesen Verdacht: »Sein« Komet bewegte sich auf einer Umlaufbahn, die ihn etwa alle 6,7 Jahre einmal um die Sonne herumführte; dabei konnte er sich ihr einerseits bis auf 135 Millionen Kilometer nähern, sich andererseits bis auf fast 950 Millionen Kilometer von ihr entfernen – im sonnennahen Bahnteil bewegte er sich also knapp innerhalb der Erdbahn, im sonnenfernen dagegen noch jenseits des Riesenplaneten Jupiter.

Bei einer Umlaufzeit von 6,7 Jahren hätte der Bielasche Komet aber nicht nur 1772 von Montaigne im Sternbild Eridanus und 1806 von Jean-Louis Pons im Sternbild Andromeda beobachtet werden müssen. Man muß sich also fragen, warum wir nicht auch aus den Jahren 1778, 1785, 1792 und 1799 Hinweise auf diesen Kometen haben. Und auch 1812 sowie 1819 fehlen Beobachtungsmeldungen. Ist der Komet in jenen Jahren »übersehen« worden, oder stand er vielleicht so ungünstig, daß man ihn kaum beobachten konnte?

Eigene Rückrechnungen mit gemittelten Bahndaten erlauben, diese Frage zumindest näherungsweise zu beantworten; zwischen 1772 und

1806 war die Bahn des Kometen P/Biela nämlich starken Veränderungen unterworfen, wie ein Vergleich der Bahnelemente aus den beiden Jahren zeigt:

	1772	1806
Große Bahnhalbachse	3,613 AE	3,570 AE
Bahnexzentrizität	0,72588	0,745871
Periheldistanz	0,99083	0,907159
Perihellänge	213,362	218,1036
Knotenlänge	260,222	253,3533
Bahnneigung	17,055	13,5913
Umlaufzeit	2508 Tage	2463 Tage

Ein Teil dieser Bahnveränderungen ist sicher auf die beiden Begegnungen zwischen dem Kometen und dem Riesenplaneten Jupiter 1784 und 1794 zurückzuführen: Beim ersten Mal trafen sich die beiden Himmelskörper während der Annäherungsphase des Kometen an die Sonne, das zweite Mal auf dem Weg nach draußen. Darüber hinaus dürften aber auch starke nicht-gravitative Kräfte eine Rolle gespielt haben, denn die Bahn von P/Biela blieb auch nach diesen beiden Vorübergängen nicht konstant, obwohl fürs erste keine weiteren Begegnungen mit Jupiter auf dem Programm standen.

Doch ganz gleich, welche Ursachen auch für die Veränderungen der Bahn des Kometen Biela verantwortlich waren – nach nur einem Umlauf und vor dem ersten Zusammentreffen mit Jupiter konnten sie sich noch nicht stark bemerkbar gemacht haben, so daß der Komet 1778 eigentlich hätte beobachtet werden müssen. Die weiteren Periheldurchgänge bis 1806 waren allerdings tatsächlich eher mit ungünstigen Sichtbarkeitsbedingungen verbunden, und gleiches gilt für 1812 und 1819.

Der Komet Biela ist aber nicht wegen seiner »ausgefallenen« Erscheinungen berühmt geworden, sondern wegen eines Zwischenfalls, der während seiner Annäherung an die Sonne im Jahre 1846 beobachtet werden konnte. Mitte Januar dieses Jahres registrierten die Astronomen auf einmal zwei Kometenkerne in der Koma von P/Biela. Der eine von beiden war etwas heller als der andere, stand südlich von diesem und schien ein wenig hinter ihm her zu laufen. Mitte Februar leuchtete der zuvor schwächere Teilkern plötzlich auf und überstrahlte den anderen einige Tage hindurch, ehe sich wieder die ursprünglichen Helligkeitsverhältnisse einstellten. Diese blieben dann auch erhalten, bis man den Kometen Ende April aus den Augen verlor.

Mit Spannung erwartete man daher die Wiederkehr von P/Biela im Sommer 1852. Diesmal waren die Beobachtungsbedingungen allerdings wieder ziemlich ungünstig, konnte man den Kometen doch nur am Morgenhimmel kurz vor Sonnenaufgang erspähen.

Der italienische Astronom Angelo Secchi fand ihn erstmals am 25. August 1852 unterhalb der beiden Zwillingssterne Castor und Pollux, konnte zu jenem Zeitpunkt aber keine Doppelstruktur des Kerns erkennen. Drei Wochen später stieß er dann in der überraschend großen Distanz von etwa 0,5 Grad auf den zweiten Teil; da beide Kernstücke mehr als 210 Millionen Kilometer von der Erde entfernt waren, mußte ihr gegenseitiger Abstand etwa 2,5 Millionen Kilometer betragen (1846 hatte der maximale Abstand noch bei rund 310 000 Kilometer gelegen).

Auch diesmal konnte man, wie Secchi und Otto Struve berichteten, einen vorübergehenden Helligkeitsanstieg des vorauseilenden Teilstücks beobachten, der aber wiederum nur einige Tage andauerte. Am 29. September, 6 Tage nach dem Periheldurchgang, verloren die Astronomen P/Biela aus den Augen, etwa acht Grad südöstlich von Regulus.

Offenbar hat der Kometenkern seine Spaltung nicht lange überlebt, denn nach 1852 wurde P/Biela nie mehr beobachtet, obwohl die Bahnverhältnisse noch einige hervorragende Sichtbarkeitsphasen hätten erwarten lassen. Statt dessen registrierte man am 27. November 1872 einen ungewöhnlich heftigen Sternschnuppenregen (für dieses Datum hatten die Astronomen eine sehr enge Begegnung zwischen Erde und Komet vorausberechnet); ähnliches wiederholte sich 13 Jahre später, als die Erde erneut die Bahn des Kometen nahe dessen hypothetischer Position kreuzte.

Die Teilung und anschließende Auflösung des Kometen Biela war möglicherweise nicht die erste ihrer Art, die von Astronomen registriert wurde. Schon Seneca berichtet, daß der Grieche Ephorus im Jahre 373 vor Christus die Aufspaltung eines Kometen »in zwei Gestirne« beobachtet habe. Darüber hinaus findet man in alten Chroniken den Hinweis darauf, daß 1618 der schweizerische Mathematiker und Astronom Jean Baptiste Cysat einen Kometen mit mehreren Kernen gesichtet habe, und auch Hevelius will im Dezember 1652 einen Mehrfach-Kern erkannt haben. Allerdings sind diese Beobachtungen noch ohne optische Hilfsmittel beziehungsweise in der Frühzeit der Fernrohrentwicklung gemacht worden, so daß womöglich Abbildungsfehler Geisterbilder vorgetäuscht haben – die Berichte stammen jedenfalls immer nur von einem oder zwei Beobachtern und sind daher mit einer gewissen Vorsicht zu behandeln. Der Zerfall von P/Biela ist aber auch nicht der letzte geblieben: Nach 1846 wurden 21 weitere Teilungen vermeldet, deren spektakulärste wohl die des Kometen West im Jahre 1976 war; die Tabelle gibt eine Übersicht über diese Objekte.

Zusammenstellung von Kometen-Kernteilungen

Komet		Periheldistanz (AE)	Umlaufzeit (Jahre)
1846 II	P/Biela	0,86	6,6
1860 I	Liais	1,20	?
1882 II	Cruls	0,008	760
1888 I	Sawerthal	0,70	2200
1889 IV	Davidson	1,04	9080
1889 V	P/Brooks 2	1,95	7,7
1896 V	P/Giacobini	1,45	6,65
1899 I	Swift	0,35	?
1905 IV	Kopff	3,34	?
1914 IV	Campbell	0,71	12350
1915 II	Mellish	1,00	?
1916 I	P/Taylor	1,56	6,37
1943 I	Whipple-Fedtke-Tevzadze	1,35	2284
1947 XII	Southern Comet	0,11	3798
1955 V	Honda	0,88	?
1957 VI	Wirtanen	4,45	?
1965 VIII	Ikeya-Seki	0,008	877
1968 III	Wild	2,61	?
1969 IX	Tago-Sato-Kosaka	0,47	454000
1970 III	Kohoutek	1,72	87083
1976 VI	West	0,20	558300
1982 b, c	P/DuToit-Hartley	1,19	5,2

Zwar ist der Komet Biela der einzige aus dieser Liste, dessen Überreste man als Meteorschauer beobachten konnte, doch heißt dies nicht, daß solche Trümmerstücke nicht auch von den anderen Kometen zurückgelassen wurden; in allen übrigen Fällen gibt es eben keinen Schnittpunkt zwischen Erdbahn und Kometenbahn, so daß die Staubteilchen und Gesteinsbrocken nicht mit der Erde zusammenstoßen können.

Zentrale Randerscheinungen

Die Wolke

Die zahlreichen beobachteten Kernspaltungen zeigen deutlich, daß der ohnehin unaufhaltsame Zerfall eines Kometen ein abruptes, vorzeitiges Ende nehmen kann. Wenn wir dennoch eine Vielzahl periodisch wiederkehrender Kometen beobachten, muß dies bedeuten, daß sie sich noch nicht lange auf ihren gegenwärtigen Bahnen bewegen. Wo also kommen diese Kometen her?
Eine Antwort darauf kann nur eine sorgfältige Analyse möglichst vieler Kometenbahnen liefern. Es ist klar, daß dabei die kurzperiodischen Kometen zunächst einmal ausgeklammert werden müssen; dazu gehören all jene Objekte, die mit Umlaufzeiten von weniger als 200 Jahren regelmäßig in Sonnennähe gelangen. Von den mehr als 700 derzeit bekannten Kometen fallen demnach mehr als 120 Kandidaten weg (die 1982 von der Internationalen Astronomischen Union veröffentlichte vierte Ausgabe des Katalogs der bekannten Kometenbahnen weist 121 kurzperiodische und neun mögliche weitere Mitglieder dieser Gruppe aus) – die knapp 600 übrigen Kometen bewegen sich auf stark exzentrischen Ellipsenbahnen, die der Einfachheit halber meist als parabelähnlich bezeichnet werden.
Auf den ersten Blick erscheint es ein leichtes, aus den Bahnen dieser Kometen auf ihre Herkunft zu schließen, braucht man doch nur aus der Periheldistanz und der errechneten Exzentrizität die maximale Sonnenentfernung der einzelnen Kometen zu bestimmen. Ganz so einfach ist das Problem jedoch nicht zu lösen. Bei der Analyse der aus den Beobachtun-

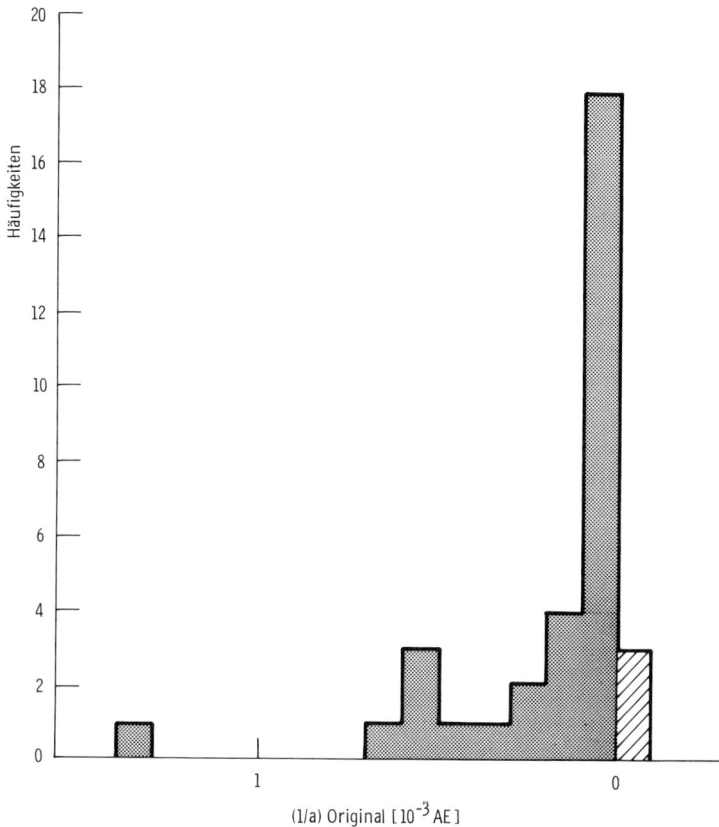

Trägt man die Häufigkeiten der Kometen in Abhängigkeit vom Kehrwert ihrer großen Bahnhalbachsen (1/a) auf, so erhält man ein deutliches Maximum für Werte, die einer Bahnhalbachse größer als 10 000 AE entsprechen. Dies wird von vielen Kometenforschern als Beweis für die Existenz der Oortschen Kometenwolke angesehen.

gen berechneten Bahndaten zeigt sich nämlich, daß eine überraschend große Zahl der Kometen in Sonnennähe auf Parabeln oder gar Hyperbeln vorbeigerauscht ist, auf Bahnen also, die strenggenommen keine Wiederkehr ermöglichen. Stammen die Kometen also doch aus dem interstellaren Raum, wie Laplace bereits 1813 vermutet hatte?

Diese Interpretation der Daten wäre wohl allzu voreilig, denn schließlich dürfen wir nicht vergessen, daß die Kometen auf ihrem Weg durch das Innere des Sonnensystems nicht nur von der Anziehungskraft der Sonne beeinflußt werden, sondern auch die »Störwirkung« der Planetenmassen spüren. Eine Aussage über die Herkunft der Kometen ist also nur anhand der »Originalbahnen« möglich, die man erhält, wenn man die »beobachteten« Bahnen unter Berücksichtigung der Planeteneinflüsse so weit zurückrechnet, bis diese vernachlässigt werden können.

Trägt man die so ermittelten Werte für die großen Halbachsen der »Originalbahnen« auf, so findet man eine deutliche Häufung zwischen 20 000 und 30 000 AE. Die Astronomen bevorzugen übrigens die Darstellung in Abhängigkeit vom Kehrwert der großen Bahnhalbachse, weil dieser Kehrwert ein Maß für die Gesamtenergie des Kometen und damit für die Bahnform ist: Solange die Gesamtenergie (die Summe aus Bewegungsenergie und sogenannter potentieller Energie) kleiner als Null ist, bleibt ein Objekt im Schwerefeld der Sonne gefangen und bewegt sich auf einer Ellipsenbahn; erreicht die Gesamtenergie Null, dann genügt die Bewegungsenergie des Kometen gerade, die Anziehungskraft der Sonne ständig »auszugleichen«, so daß er den Einflußbereich der Sonne auf einer Parabelbahn verlassen kann, und bei positiver Gesamtenergie schließlich hat er genügend »Schwung«, um den Einflußbereich der Sonne auch in endlicher Zeit hinter sich zu lassen. Bei einem solchen Diagramm häufen sich dann natürlich die Kehrwerte der Bahnhalbachsen zwischen 33 und 50 Millionstel AE.

Auf diese Konzentration wies bereits 1950 der niederländische Astronom Jan Hendrik Oort aufgrund von 19 »zurückgerechneten« Kometenbahnen hin, und diese Häufung konnte mittlerweile auf der Basis von 110 Kometen zwischen 1844 und 1976 bestätigt werden. Eine solche Häufung konnte aber nur bedeuten, daß es »am Rande des Sonnensystems«, weit jenseits der sonnenfernen Planeten, ein Gebiet geben müsse, in dem sich Kometen häufen. Zwar würde man auch bei einer gleichmäßigen Verteilung der Kometen über den Raumbereich des Sonnensystems erwarten, daß mehr langperiodische Kometen mit extrem großen Bahnhalbachsen zu beobachten sind als solche mit kleineren, doch sollte die Zahl mit wachsender Bahnhalbachse dann stetig zunehmen, und zwar proportional zur Quadratwurzel aus der dritten Potenz der Bahnhalbachse (oder – gleichbedeutend – proportional zur Umlaufzeit).

Schon 1948 hatte ein Kollege Oorts, der Niederländer Adrian Jan Jasper van Woerkum, darauf hingewiesen, daß die Bahnstörungen, die ein von außen herannahender Komet durch die Schwerewirkung der großen Planeten erfährt, die Gesamtenergie des Kometen und damit seine große Bahnhalbachse spürbar verändern könnte. Wenn beispielsweise ein Komet, der aus einer Distanz von 50 000 AE in das Innere des Sonnensystems gelangt, durch Jupiter in seiner Geschwindigkeit um nur 5 Meter pro Sekunde verlangsamt wird, so kann er sich anschließend nur noch bis auf knapp 8000 AE von der Sonne entfernen. Selbst bei nicht allzu starker Annäherung an Jupiter sind aber bereits Geschwindigkeitsänderungen von einigen hundert Metern pro Sekunde möglich. Dadurch ändert sich die große Bahnhalbachse bereits um einige tausend bis zehntausend AE; entsprechend kann man davon ausgehen, daß Kometen, deren große Bahnhalbachse noch bei einigen zehntausend AE liegt, zum ersten Mal in das Innere des Sonnensystems vordringen.
Genau dies veranlaßte Jan Hendrik Oort zu seiner Hypothese von der Kometenwolke als Reservoir für den Nachschub an kurzperiodischen Kometen. Er griff dabei eine Überlegung seines estnischen Kollegen Ernst Öpik auf, der schon 1932 anhand von Modellrechnungen gezeigt hatte, daß weit jenseits der Bahn des damals gerade neu entdeckten Planeten Pluto noch eine Vielzahl weiterer, wenn auch kleinerer Objekte existieren konnte: Brocken aus Eis und Stein, die möglicherweise bei der Entstehung des Sonnensystems dort draußen zurückgeblieben waren und in sicherer Distanz zur Sonne mit ihrer sengenden Strahlung mehrere Milliarden Jahre überlebt haben mochten.
Diese Region wäre bestens geeignet als unerschöpfliche Quelle neuer Kometen, wenn es einen Mechanismus gäbe, der immer wieder einzelne Brocken in das Innere des Sonnensystems ablenken würde.
Kometen, deren große Bahnhalbachsen in der Größenordnung von einigen Zehntausend AE liegen, entfernen sich bereits mehr als ein halbes Lichtjahr von der Sonne. Wenn dort draußen wirklich zahllose Kometenkerne herumschwirren, dann sollten sie nur noch sehr lose von der Gravitationswirkung der Sonne festgehalten werden und müßten entsprechend anfällig gegen Bahnstörungen von außen sein, Bahnstörungen, wie sie etwa von nahe vorüberziehenden anderen Fixsternen ausgelöst werden können. Solche Störungen würden ausreichen, um eine Reihe von betroffenen Objekten so weit abzubremsen, daß sie sich nicht

länger auf den von Oort vermuteten nahezu kreisförmigen Bahnen dort draußen halten können, sondern zur Sonne »herabfallen« müssen. Wenn die Überlegungen Ernst Öpiks richtig sind, dann dürften dort draußen, in einem Abstand von vielen Hundertmilliarden Kilometern zur Sonne, die Kometenkerne vor den Strahlen unseres Zentralgestirns sicher sein. Entsprechend können wir davon ausgehen, daß sie die Materie, aus der einst Sonne und Planeten entstanden, in weitgehend unverändertem Zustand zu konservieren vermochten. Sollten Kometen am Ende »fliegende Tiefkühltruhen« sein, Boten aus der Urzeit? Dann böte ihr Studium die unerwartete Möglichkeit, etwas über die Zusammensetzung der Gas- und Staubwolke in Erfahrung zu bringen, aus der vor vielleicht viereinhalb Milliarden Jahren Erde, Sonne und Planeten entstanden sind. Bei diesen letztgenannten Himmelskörpern, die zwar aus dem gleichen Material aufgebaut sind, wurde die Materie nämlich durch vielfältige Umwandlungsprozesse allmählich verändert, sei es durch Kernverschmelzung im Innern der Sonne oder als Folge der chemischen Differentiation in den Planeten. Im einen Fall wird aus Wasserstoff Helium gebildet und entstehen aus Helium dann weitere, schwerere Elemente, die anfangs nur in geringen Mengen vorhanden waren; im anderen Fall trennen sich die Bestandteile der Materie während der glutflüssigen Phase, und die schwereren Elemente wie Eisen und Nickel sinken zum Zentrum hinab, während leichtere Gesteinsverbindungen schon früh zu einer Kruste erstarren.

Mit einem Mal bekam die Kometenforschung einen neuen, viel höheren Stellenwert: es ging nicht mehr nur um das bloße Verständnis von an sich winzigen, eher bedeutungslos erscheinenden Mitgliedern des Sonnensystems – die Kometen waren auf einmal zum Schlüssel für die Vergangenheit geworden, »lebende Fossilien« gewissermaßen, deren genaue Untersuchung vielleicht helfen konnte, die Entstehungsgeschichte unserer kosmischen Heimat zu rekonstruieren.

Störungen

Ehe die Kometenforscher diese »Aufwertung« ihrer Arbeit jedoch wirklich für sich in Anspruch nehmen konnten, mußten sie dieses Modell zweifelsfrei als wirklichkeitsgetreu klassifizieren können. Gab es wirklich jene Kometenwolke dort draußen am Rande des Sonnensystems? Und wenn es sie gab, wie war sie entstanden, wie sind die Kometen dort draußen hingekommen? Können Kometen wirklich durch vorüberziehende Sterne so in ihren Bahnen beeinträchtigt werden, daß sie anschließend in den Innenbereich des Sonnensystems hinabtauchen? Können sie hier schließlich von den großen Planeten eingefangen und zu kurzperiodischen Kometen werden, die dann nach einigen hundert Umläufen von der astronomischen Bühne verschwinden? Stimmten mit anderen Worten die Vorstellungen über die dynamische Entwicklung einer Oortschen Kometenwolke mit den Gegebenheiten der Wirklichkeit überein?

Zumindest der zweite Teil dieser Konzeption, der Einfang langperiodischer Kometen durch Jupiter oder einen anderen Großplaneten und damit verbunden seine Umwandlung in einen kurzperiodischen Sonnenbegleiter, erschien problemlos. Nicht nur, daß man diesen Prozeß rechnerisch mit einem Modellkometen nachvollziehen konnte – man hatte Bahnveränderungen durch Jupiter mehrfach direkt beobachtet und sah vor allem die Ergebnisse früherer enger Begegnungen zwischen Jupiter und zahlreichen Kometen.

Trägt man nämlich die sonnenfernen Bahnpunkte der kurzperiodischen Kometen auf, so ist eine starke Häufung um die Jupiterbahn herum unübersehbar: Von den 121 definitiv als kurzperiodisch erkannten Kometen besitzen immerhin 50 eine Apheldistanz, die auf plus/minus eine halbe astronomische Einheit mit der mittleren Entfernung Sonne-Jupiter zusammenfällt; das sind immerhin mehr als 40 Prozent. Berücksichtigt man weiterhin die Elliptizität der Jupiterbahn und betrachtet alle Kometen, die sich nicht weiter als 1 AE über die Apheldistanz des Jupiter hinaus von der Sonne entfernen können, dann steigt die Zahl sogar auf 80 oder knapp ⅔ aller kurzperiodischen Kometen (eine entsprechende »innere Grenze« brauchen wir nicht festzulegen, weil kein Komet bekannt ist, der sich nicht wenigstens 4,1 AE von der Sonne entfernen kann, und das ist nicht einmal 0,9 AE innerhalb der Periheldistanz des Jupiter).

All diese Objekte werden zur sogenannten Kometenfamilie des Jupiter gerechnet, da ihre Bewegung durch den Planetenriesen im Sonnensystem entscheidend mitgeprägt wird. Nicht nur, daß Jupiter sie irgendwann in nicht allzu ferner Vergangenheit aus dem vermuteten Strom neuer, von der Oortschen Wolke hereinkommender Kometen herausgefischt hat –

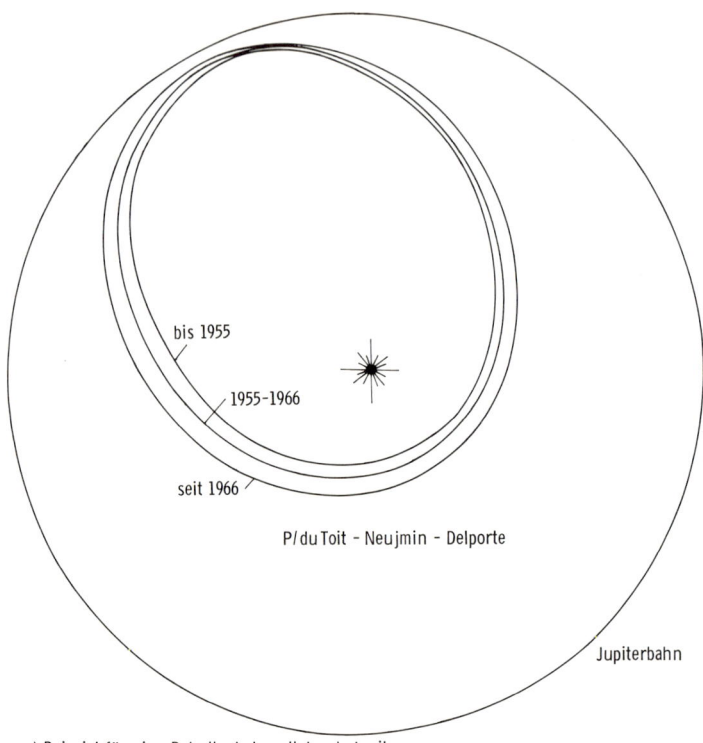

a) Beispiel für eine Bahn"anhebung" durch Jupiter

Beispiele für Bahnstörungen, die der Planet Jupiter auf Kometenbahnen ausübt: a. Entwicklung der Bahn von P/du Toit-Neujmin-Delporte seit 1950. b. P/Wolf-Harrington wurde 1936 bei einer engen Begegnung mit Jupiter spürbar abgebremst.

auch jetzt noch, als kurzperiodische Kometen, bekommen sie die Störwirkung des Jupiter immer wieder aufs neue zu spüren.
Zwei Beispiele dafür haben wir bereits kennengelernt: den Kometen P/Biela, dessen Bahn 1784 und 1794 jeweils etwas verändert wurde, und P/Grigg-Skjellerup, der 1905 dem Jupiter bis auf knapp 28 Millionen Kilometer nahe gekommen ist. Viel zitiert wird auch das Beispiel des Kometen P/Pons-Winnecke, dessen Umlaufzeit innerhalb eines Jahrhun-

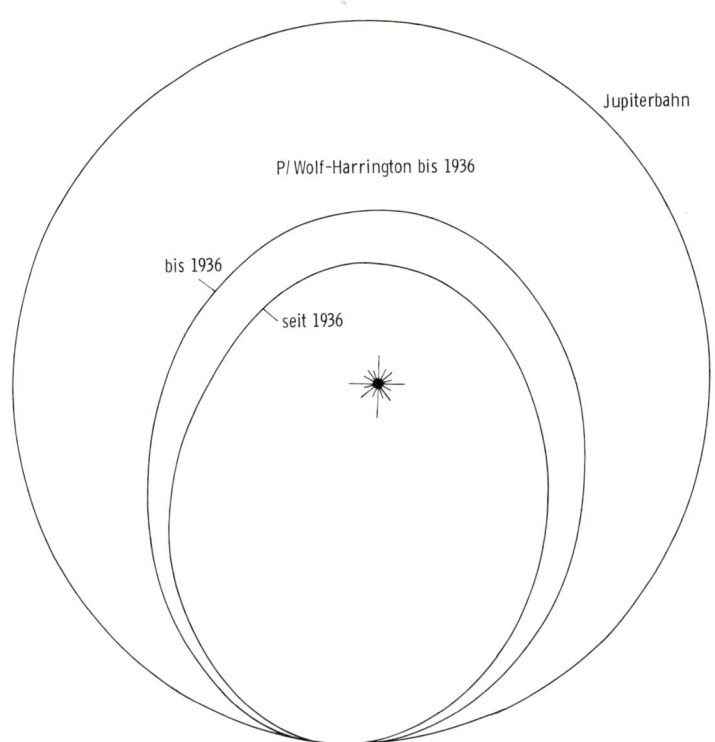

b) Beispiel für eine Bahn"verkleinerung" durch Jupiter

derts um mehr als 13 Prozent zugenommen und dessen Bahnneigung sich gar mehr als verdoppelt hat. Daneben gibt es zahlreiche andere Fälle naher Begegnungen zwischen einem Kometen und Jupiter, die zum Teil noch stärkere Bahnänderungen zur Folge hatten. Der Komet P/du Toit-Neujmin-Delporte etwa, ein ziemlich unscheinbares Mitglied der Jupiterfamilie, bewegte sich 1941, als er zum ersten Mal beobachtet wurde, auf einer Ellipse, die ihn alle 5,55 Jahre bis auf 1,3 AE an die Sonne heranführte; dennoch wurde er bei den folgenden Periheldurchgängen nicht beobachtet, und als er am 6. Juli 1970 von Charles T. Kowal wiederentdeckt wurde, war seine Periheldistanz mittlerweile auf 1,67 AE und seine Umlaufzeit auf 6,3 Jahre angewachsen. Schuld daran waren zwei enge Begegnungen mit Jupiter in den Jahren 1955 und 1966.

Es gibt aber nicht nur Periodenverlängerungen durch Jupiter, die ja (weil die Umlaufzeit mit der großen Bahnhalbachse gekoppelt ist) einer allmählichen Vergrößerung der Distanz Komet-Sonne entsprechen und damit auf eine allmähliche Loslösung des Kometen von der Sonne hindeuten – auch Periodenabnahmen sind mehrfach beobachtet worden. Da gibt es beispielsweise den Kometen P/Wolf-Harrington, der 1924 zum ersten Mal registriert wurde. Damals hatte er eine Umlaufzeit von 7,6 Jahren und kam nicht näher als 2,43 AE an die Sonne heran, wobei er sich auf einer »gemäßigten« Ellipse (Exzentrizität 0,37) bewegte. Mitte 1936 zog er in weniger als 15 Millionen Kilometer Abstand an Jupiter vorbei und bewegte sich dabei durch das System der äußeren Jupitermonde, wobei seine Bewegung um die Sonne ziemlich abgebremst wurde. Als man ihn im Juli 1977 wiederentdeckte, befand sich P/Wolf-Harrington auf einer Bahn, die ihn alle 6,53 Jahre bis auf 1,61 AE an die Sonne heranführte; da sich die Apheldistanz während dieser engen Begegnung mit Jupiter kaum verändert hat, liegt die Exzentrizität der Bahn jetzt bei 0,54. Noch näher kam das Objekt P/Wild 2 an Jupiter heran. Es war am 6. Januar 1978 von dem Schweizer Astronomen Paul Wild entdeckt und als Mitglied der Jupiterfamilie erkannt worden; seine Bahn trug ihn alle 6,17 Jahre einmal um die Sonne herum, wobei der Sonnenabstand zwischen 1,49 und 5,24 AE schwankte. Rückrechnungen durch den Japaner S. Nakano ergaben, daß er Ende Juli 1974 sogar durch das innere Jupitermondsystem gezogen ist und sich dabei dem Jupiter bis auf etwa 1 Million Kilometer genähert haben muß. Auch hierbei wirkte der Riesenplanet wie eine Bremse, die den Kometen relativ zur Sonne um mehr als 7 Kilometer pro Sekunde langsamer werden ließ. Dadurch wurde die ursprüngliche Bahn völlig umgekrempelt, denn zuvor hatte sich P/Wild 2 im Bereich zwischen Jupiter und Uranus aufgehalten und für einen Umlauf um die Sonne annähernd 40 Jahre benötigt. Auch die Bahnneigung von ursprünglich 18 Grad wurde drastisch auf etwas über drei Grad reduziert. Dieses Ereignis kam schon fast einem »Einfang« gleich, der Umwandlung eines langperiodischen in einen kurzperiodischen Kometen, wenngleich wir es nur nachträglich aus den Bahnrechnungen rekonstruieren können.

Der Einfang eines langperiodischen Kometen durch Jupiter und seine Umwandlung in ein in kurzer Folge wiederkehrendes Objekt ist aber nur ein mögliches Ergebnis einer engen Begegnung zwischen Jupiter und

Komet. Ebensogut kann ein solches Rendezvous auch zu einer Beschleunigung des Kometen führen, die ihn aus dem Anziehungsbereich der Sonne hinaustreibt.

Das bekannteste Beispiel für ein Ereignis, das dieser Kategorie ziemlich nahekommt, ist das Schicksal des Kometen Lexell. Er war am 14. Juni 1770 von dem französischen Astronomen und Kometenjäger Charles Messier aufgefunden worden. Sein russischer Kollege Anders Johann Lexell berechnete aus den Beobachtungsdaten die Bahn und erkannte ihn als Mitglied der Jupiterfamilie mit einer Umlaufzeit von 5,6 Jahren. Dabei stellte sich heraus, daß das Objekt offenbar erst drei Jahre zuvor von Jupiter in diese Bahn gelenkt worden war. Trotzdem fanden die Astronomen das Objekt später nicht mehr wieder, weil schon 1779 eine erneute enge Begegnung zwischen Komet und Jupiter eintrat, die eine zweite, schwerwiegende Bahnänderung zur Folge hatte: P/Lexell wurde auf eine Bahn geschleudert, die ihn nur noch etwa alle 280 Jahre einmal bis auf 5,35 AE an die Sonne heranbringt, ihn andererseits aber bis weit über die Plutobahn hinausträgt, nämlich bis auf 80 AE oder 12 Milliarden Kilometer.

Im Jahre 1980 wurden die Astronomen sogar Zeugen eines solchen Hinausschleuderns. Am 13. März dieses Jahres, am 50sten Jahrestag der Entdeckung des Planeten Pluto also, fotografierte Edward Bowell am Lowell-Observatorium in Flagstaff (US-Bundesstaat Arizona) eine Region im Sternbild Löwe; er benutzte dazu den gleichen 33-cm-Refraktor, mit dem Clyde Tombaugh 1930 den Pluto aufgestöbert hatte. Auf seinen Aufnahmen fand er ein nebliges Fleckchen der 16. Größenklasse, das er als Kometen identifizierte – für sich genommen nichts Ungewöhnliches und nur deshalb erwähnenswert, weil dieser Komet kaum 2 Grad neben dem Jupiter stand.

Eine erste Bahnrechnung im »Kometenbüro« der Internationalen Astronomischen Union deutete auf eine parabolische Bahn des Kometen und eine momentane Position rund 250 Millionen Kilometer jenseits des Jupiter hin. Daran änderte sich auch nicht viel, als man versuchte, die Bahn unter Berücksichtigung der Störwirkung des Jupiter zu korrigieren und ihn damit näher an den Planeten heranzurücken – es blieb bei einer parabolischen Bahn, die den Kometen als Eindringling aus den Randbezirken des Sonnensystems auswies. Während der nächsten Monate näherte sich das Objekt 1980b allmählich dem Jupiter und kam im

Dezember schließlich bis auf knapp 36 Millionen Kilometer an den Planetenriesen heran. Da er dabei – bezogen auf die Bewegungsrichtung des Jupiter – hinter ihm die Jupiterbahn kreuzte, wurde er durch die Anziehungskraft des Planeten (relativ zur Sonne) um etwa 400 Meter pro Sekunde schneller, gewann also an Bewegungsenergie und erreichte schließlich eine hyperbolische Geschwindigkeit: der Komet Bowell wird also das Sonnensystem für immer verlassen, die Oortsche Wolke durchstoßen und irgendwann in den Anziehungsbereich eines anderen Sternes gelangen.

Auswahleffekte

Damit kann es keinen Zweifel mehr geben an der dominierenden Rolle, die Jupiter im Zusammenhang mit der Kometendichte im Innenbezirk des Sonnensystems spielt: von seiner Position relativ zu einem von außen herannahenden Kometen hängt es ab, ob dieser wieder in die Oortsche Wolke zurückkehren kann, zu einem kurzperiodischen Kometen wird oder aber den Anziehungsbereich der Sonne für immer verlassen muß. Nach Berechnungen von Edgar Everhardt von der Universität Denver im US-Bundesstaat Colorado ist die Einfangwahrscheinlichkeit am größten, wenn ein Komet bis auf weniger als 1 AE an Jupiter herankommt. Das aber bedeutet, daß seine ursprüngliche Periheldistanz zwischen 4 und 6 AE liegen sollte und er zum richtigen Zeitpunkt die Jupiterbahn kreuzen muß; dabei wird eine ausreichende Abbremsung um so unwahrscheinlicher, je größer die Bahnneigung und je geringer entsprechend die Bremskomponente in der Ebene der Jupiterbahn ist.
Wenn die Überlegungen Everhardts richtig sind, dann müßte man die Konsequenzen aus der Statistik der Bahnneigungen bei lang- und kurzperiodischen Kometen herauslesen können. Tatsächlich weist sie bei den langperiodischen Kometen ein Übergewicht an hohen Bahnneigungen auf, das zwar nicht sehr ausgeprägt ist, aber dennoch nicht rein zufällig sein kann. Wenn wir auch heute noch langperiodische Kometen mit geringer Bahnneigung beobachten, so steht dies nicht notwendigerweise im Widerspruch dazu: Zum einen wird die von Jupiter getroffene »Auswahl« im Bereich der Oortschen Wolke durch vorbeiziehende Sterne natürlich teilweise wieder »verwischt«, zum anderen vollzieht sich

An der Verteilung der Bahnneigungen innerhalb der einzelnen Kometengruppen ist der Einfluß Jupiters deutlich abzulesen. Während die langperiodischen Kometen (a) in allen möglichen Bahnneigungen beobachtet werden, zeigen die kurzperiodischen Mitglieder der Jupiterfamilie (c) eine ausgeprägte Konzentration zur Ekliptikebene.

der »Abstieg« ins Innere des Planetensystems schrittweise, so daß es durchaus auch noch Kometen gibt, die wirklich zum ersten Mal in die Nähe der Jupiterbahn gelangen.

Die Everhardtschen Überlegungen werden aber auch noch dadurch bestätigt, daß die kurzperiodischen Kometen im wesentlichen Bahnneigungen zwischen 0 und 30 Grad aufweisen. Dies gilt vor allem für die Mitglieder der Jupiterfamilie, deren Perioden allesamt kleiner als 10 Jahre sind. Bei den Objekten mit Umlaufzeiten zwischen 10 und 20 Jahren häufen sich die Bahnneigungen zwar ebenfalls bei kleinen Werten, doch gibt es auch noch einige Objekte, die hier »aus der Reihe« tanzen, die sich gewissermaßen im Übergangsstadium befinden.

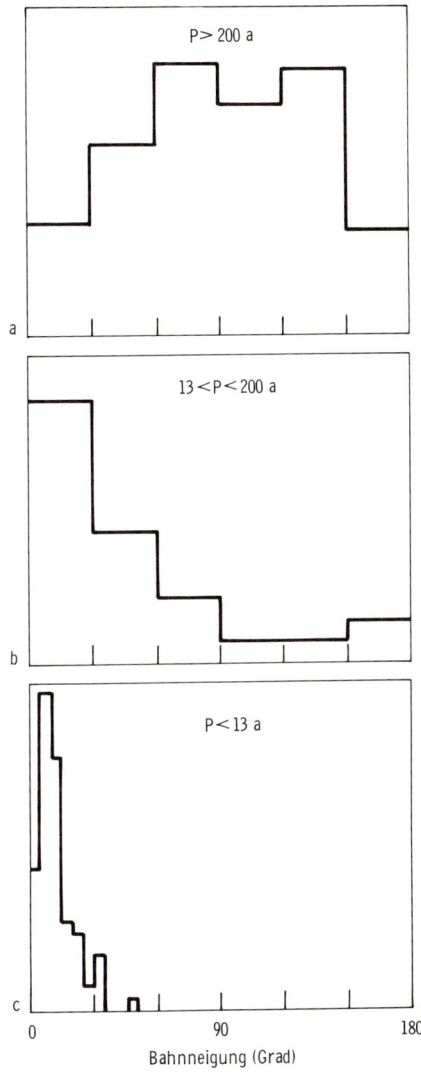

Damit ist die Bahnneigung eines Kometen fast schon ein Hinweis auf sein »dynamisches« Alter: ist sie groß, kann man fast sicher sein, daß es sich um einen »neuen« Besucher im sonnennahen Bereich des Planetensystems handelt, um ein Objekt, das noch nicht allzu oft, wenn überhaupt schon einmal, so nahe an die Sonne herangekommen ist.

Man kann sich fragen, ob die übrigen großen Planeten, also Saturn, Uranus und Neptun, eine ähnliche Rolle beim Kometeneinfang spielen wie Jupiter. Auch dies ist von Everhardt untersucht worden. Dabei kam er zu dem Ergebnis, daß Uranus und Neptun aufgrund ihrer geringen Massen (weniger als 10 Prozent der Jupitermasse) ziemlich bedeutungslos bleiben, während Saturn eine Art »Vorkämpfer« zu sein scheint. Damit wäre auch klar, warum die Kometenfamilien dieser übrigen großen Planeten deutlich kleiner sind als die des Jupiter.

Wenn die »neuen« Kometen wirklich durch Störungen vorbeiziehender Sterne aus der Oortschen Wolke in das Innere des Sonnensystems abgedrängt werden, sollte man eine annähernde Gleichverteilung der Periheldistanzen bei diesen »dynamisch jungen« Objekten erwarten können und entsprechend aus der Häufigkeit der beobachteten extrem langperiodischen Kometen auf die Zahl der Mitglieder innerhalb der Oortschen Wolke schließen dürfen. Eine grobe Abschätzung ergibt sich aus der Überlegung, daß die als zufällig gerichtet angenommenen Störeinflüsse der Sterne die Bahn eines Kometen innerhalb der Oortschen Wolke in beliebiger Weise verändern können und somit ein Weiterflug in jede Richtung im Mittel gleich wahrscheinlich ist. Dann erhält man eine gewisse Trefferwahrscheinlichkeit für den Bereich von 1 AE um die Sonne herum, die sich als proportional zu annähernd $1/(2R)^2$ ergibt, wobei R der Ausgangspunkt der Kometenbahn ist, für ein Mitglied der Oortschen Wolke also etwa 50 000 AE beträgt. Damit kämen auf jeden beobachteten langperiodischen Kometen mit einer Periheldistanz kleiner als 1 AE rund 10 Milliarden Kometen in der Oortschen Wolke. Die Beobachtungen des Infrarotsatelliten IRAS lassen sogar noch eine weit größere Zahl vermuten.

Eine genauere Analyse des Problems durch J.A. Fernandez am Max-Planck-Institut für Aeronomie in Lindau/Harz hat jedoch gezeigt, daß – bedingt durch die Störwirkung des Jupiter – von einer Gleichverteilung der Periheldistanzen bei neuen Kometen keine Rede sein kann. Solche Kometen nämlich, die gleich beim ersten Mal auf weniger als 10 bis 5 AE an die Sonne herankommen, werden (abhängig von ihrer Bahnneigung) bereits so stark beeinträchtigt, daß sie nicht mehr in die Oortsche Wolke zurückkehren, sie werden vielmehr entweder aus dem Sonnensystem herauskatapultiert oder aber schrittweise zu kürzerperiodischen Kometen gemacht, die dann bei ihren nächsten Annäherungen an die Sonne immer enger an den Innenbezirk gebunden werden. Entsprechend muß man mit einer deutlichen Zunahme der »neuen« Kometen jenseits von etwa 15 AE rechnen – Modellrechnungen kommen zu einer etwa 50mal höheren Zahl im Bereich der Neptunbahn.

Da die Kometen dort draußen bei ihrem Durchgang durch das Perihel nur noch geringfügig von den Planeten beeinflußt werden (die Bahnstörungen reichen allenfalls für eine Änderung der Periheldistanz in der Größenordnung einiger weniger AE), kehren sie nahezu alle wieder zur Oortschen Wolke zurück und werden auch bei ihren nächsten Periheldurchgängen noch außerhalb des Einflußbereiches von Jupiter bleiben. Das aber heißt nichts anderes, als daß die überwiegende Mehrzahl der vermeintlich »neuen« Kometen (Fernandez kommt bei seinen Rechnungen auf rund 90 Prozent) in Wirklichkeit schon einige Passagen durch die Region der äußeren Planeten hinter sich hat. Jenseits der Saturnbahn sind sie aber weitgehend vor der zehrenden Sonnenstrahlung sicher, so daß sie noch nicht viel Materie verloren haben dürften, wenn sie dann wirklich zum ersten Mal die kritische Einfanggrenze von rund 6 AE überqueren und damit theoretisch sichtbar werden. So betrachtet, handelt es sich also trotz allem um neue, dynamische junge Kometen, die ihren Urzustand noch weitgehend erhalten haben.

Äußerlichkeiten

Erweiterungen

Die Überlegungen von Fred Whipple über den Aufbau eines Kometenkerns und die Oortsche Hypothese von der Existenz einer Kometenwolke am Rande des Sonnensystems verliehen der Erforschung dieser Objekte neue Impulse. Die Möglichkeit, aus der Untersuchung der Kometen

vielleicht etwas über die Anfänge des Sonnensystems zu erfahren, spornte viele Wissenschaftler zu einer verstärkten Beobachtung dieser Weltenbummler an.
Unterstützt wurde das wachsende Interesse an den Kometen durch die Entwicklung neuer Beobachtungsmethoden, die den Astronomen bislang unbekannte Informationsquellen erschlossen: Sowohl die Radioastronomie, die nach dem 2. Weltkrieg einen stürmischen Aufschwung nahm, als auch die beginnende Weltraumfahrt eröffneten der Himmelskunde neue Spektralbereiche und damit neue Erkenntnismöglichkeiten. Die Erdatmosphäre ist nämlich ungeachtet ihrer lebenserhaltenden Funktion für die Astronomen ein Hindernis bei ihren Versuchen, die Geheimnisse des gestirnten Himmels zu entschleiern, filtert sie doch den größten Teil der aus dem Weltraum zu uns vordringenden Strahlung aus. Bis in die 30er Jahre unseres Jahrhunderts waren die Himmelsbeobachter daher auf die Analyse des sichtbaren Lichtes angewiesen, das aber nur einen winzigen Ausschnitt des elektromagnetischen Spektrums darstellt, eine »Oktave« gewissermaßen aus einer Klaviatur von mehr als 55 (heute zugänglichen) Oktaven.
Nachdem Karl Guthe Jansky zu Beginn der 30er Jahre unseres Jahrhunderts hatte zeigen können, daß die irdische Lufthülle auch Strahlung im Bereich einiger Meter Wellenlängen ungehindert passieren läßt, führten ständige Verbesserungen der radioastronomischen Beobachtungstechniken zu einer allmählichen Ausweitung dieses »Radiofensters« auf jetzt etwa 13 Oktaven am unteren Ende des Spektrums. Hier lassen sich vor allem extrem dünnverteilte Gase beobachten, deren Atome oder Moleküle ihre Anregungsenergie nicht durch ständige Zusammenstöße untereinander austauschen, sondern sie wirklich abstrahlen. Für die Untersuchung der dünnen Koma- und Schweifgase brachte die Radioastronomie also eine interessante Bereicherung.
Nicht minder ergiebig war aber auch der Vorstoß in den Bereich kürzerer Wellenlängen, vornehmlich der Ultraviolettstrahlung, die ebenfalls in der Erdatmosphäre verschluckt wird. Waren es anfangs nur kurzzeitige Messungen mit Instrumenten, die an Bord von Höhenforschungsraketen einige hundert Kilometer hoch in die obere Erdatmosphäre geschossen wurden, so kamen in den späten 60er Jahren auch spezielle astronomische Satelliten hinzu, die zeitlich ausgedehntere Beobachtungen der Kometen erlaubten.

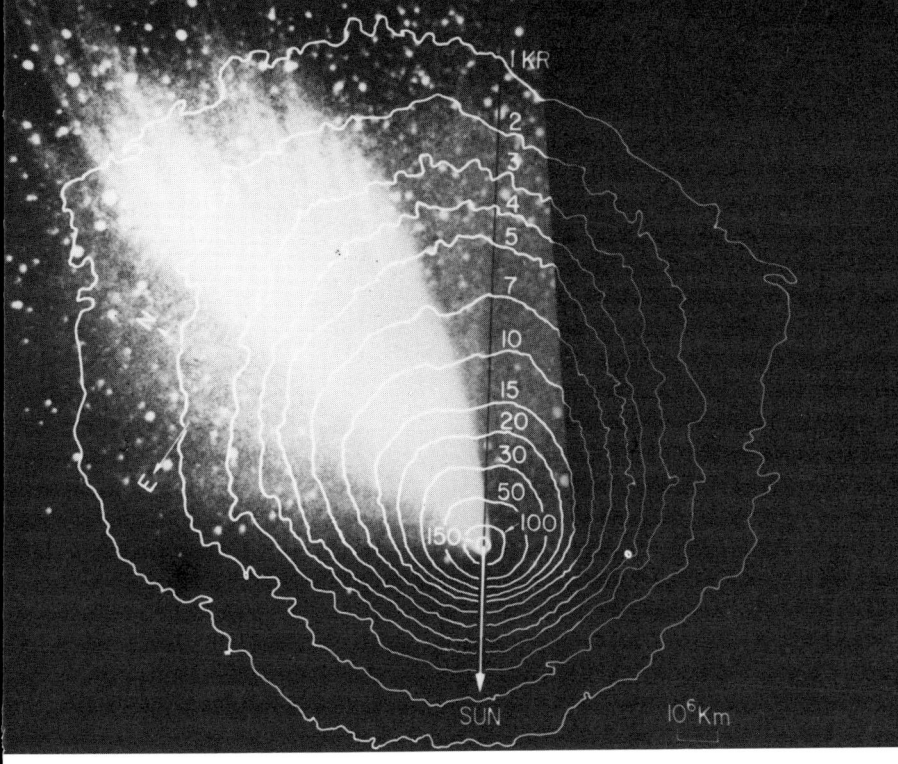

Die Wasserstoffkorona des Kometen West (1976 VI) reichte weit über den Bereich der sichtbaren Koma hinaus, wie diese Überlagerung von Satellitenmessungen mit einer Aufnahme des Kometen zeigt; die Linien geben die nach innen zunehmende Strahlungsintensität im Bereich der ultravioletten Lyman-Alpha-Linie des Wasserstoffs an.

Die Ausweitung der Beobachtungsmöglichkeiten in zuvor unzugängliche Spektralbereiche führte sehr bald zu völlig neuen Einsichten. Hatte man noch in den 40er Jahren als Hauptbestandteil der gas- beziehungsweise eisförmigen Kometenmaterie Verbindungen wie Methan (CH_4) und Ammoniak (NH_3) sowie Cyanwasserstoff (HCN) angenommen, so mußte man jetzt erkennen, daß diese Moleküle nur eine untergeordnete Rolle spielen und statt dessen Wassereis, in manchen Kometen auch Kohlendioxid, dominiert.

Die Rekonstruktion der Zusammensetzung eines Kometenkerns aus den spektralen Untersuchungen ähnelt schon fast einer kriminalistischen

Aufklärungsarbeit. Im Spektrum – vor allem im sichtbaren Bereich – machen sich in erster Linie nämlich ganz bestimmte Atome oder Moleküle bemerkbar, die nicht als flüssige oder feste Materie existieren können. Es handelt sich um sogenannte Radikale, chemisch instabile Moleküle, die normalerweise sehr reaktionsfreudig sind und nur in den äußerst dünnen Gaswolken der Kometenatmosphäre »überleben« können. Schon 1943 hat der deutsche Kometenforscher Karl Wurm die Vermutung geäußert, daß diese Radikale aus der Aufspaltung sogenannter Muttermoleküle im ultravioletten Sonnenlicht entstehen.

Zwar läßt sich auch das Wassermolekül im optischen Bereich nicht nachweisen, doch sind seine Zerfallsprodukte, Wasserstoff und das Hydroxyl-Radikal OH, starke UV-Strahler. Mitte der 70er Jahre gelang es möglicherweise sogar, Radiostrahlung des Wassermoleküls selbst zu registrieren; allerdings ist diese Messung noch nicht eindeutig identifiziert. Dafür stieß man aber beim Kometen Kohoutek (1973 XII) auf Spuren des ionisierten Wassermoleküls (H_2O^+), nachdem kurz zuvor die Erzeugung eines entsprechenden Spektrums im Labor geglückt war; bei diesen Experimenten hatte man die charakteristischen Linien des ionisierten Wassermoleküls exakt vermessen können, so daß man gezielt nach diesem Linienmuster im Bereich des langwelligen, roten Lichtes Ausschau halten konnte. Im nachhinein gelang sogar die Identifizierung von ionisiertem Wasser auch in den Spektren früherer Kometen – man hatte die entsprechenden »Fingerabdrücke« vorher nur nicht zuordnen können.

Einige Jahre zuvor war man bereits auf die von Ludwig Biermann vorausgesagte starke Emissionslinie des atomaren Wasserstoffs bei 121,6 Nanometer, also im fernen Ultraviolett, gestoßen, zunächst beim Kometen Tago-Sato-Kosaka (1969 IX) und dann auch bei dem mit bloßem Auge sichtbar gewesenen Kometen Bennett (1970 II). In beiden Fällen gelang der Nachweis mit Hilfe von erdumkreisenden astronomischen Satelliten, OAO 2 beziehungsweise OGO 5. Die Ausdehnung der dazugehörigen Wasserstoffwolke konnte anhand der Messungen auf einige Millionen bis Zehnmillionen Kilometer bestimmt werden; damit ist die Wasserstoffkorona viel größer als die übrige Kometenatmosphäre, deren Durchmesser einige hunderttausend Kilometer selten übersteigt. Die Ursache für diese ungewöhnlichen Ausmaße konnte in einer überraschend hohen Ausströmgeschwindigkeit von 20 Kilometer pro Sekunde gefunden werden, die wiederum eine Folge der Aufspaltung von Wassermolekülen darstellt. Für diese Photodissoziation, wie der Prozeß auch genannt wird, ist eine bestimmte Mindestenergie erforderlich, die bei 5,12 Elektronenvolt liegt. Energie wird im Weltraum vornehmlich durch Strahlung zugeführt, die man sich nach den Erkenntnissen von Max Planck und Albert Einstein als Strom winziger Energiepakete vorstellen kann. Dabei hängt es von der jeweiligen Wellenlänge der Strahlung ab, wieviel Energie sie überträgt: je kürzer die Wellenlänge, desto höher die Energie der Strahlung.

Zum Transport von 5,12 Elektronenvolt ist eine Strahlung von maximal 242 Nanometer erforderlich, mindestens also UV-Strahlung; kürzere Wellenlängen übermitteln entsprechend höhere Energiebeträge. Aufgrund seiner inneren Struktur ist das Wassermolekül besonders »anfällig« für Strahlung von etwa 165 Nanometer, und wenn man annimmt, daß die »überschüssige« Energie für die Beschleunigung des abgespaltenen Wasserstoffatoms genutzt wird, kann man dessen Endgeschwindigkeit zu etwa 19 Kilometer pro Sekunde berechnen – in auffälliger Übereinstimmung mit den Beobachtungen.

Dies allein wäre schon Beweis genug dafür, daß der atomare Wasserstoff in der Umgebung eines Kometen von der Aufspaltung zahlloser Wassermoleküle herrührt. Die verbliebenen Hydroxyl-Radikale werden ihrerseits abermals aufgespalten, und zwar in atomaren Wasserstoff und Sauerstoff. Aufgrund theoretischer Modelle kann man erwarten, daß die Wasserstoffatome hierbei weniger stark beschleunigt werden und mit einer Endgeschwindigkeit von rund 7 Kilometer pro Sekunde abströmen. Auch dieser Wert konnte inzwischen durch Messungen bestätigt werden: einmal anhand der roten Wasserstofflinie bei 656,3 Nanometer, mit Hilfe des MacMath-Sonnenteleskops auf dem Kitt Peak am Kometen Kohoutek, und dann 1975 beim Kometen Kobayashi-Berger-Milon (1975 IX) im Bereich der Lyman-Alpha-Linie des Wasserstoffs (121,6 Nanometer) aus Spektren, die mit dem Copernicus-Satelliten gewonnen wurden.

Das andere Dissoziationsprodukt des Wassermoleküls, nämlich das OH-Radikal, hatte Pol Swings bereits 1941 in der Atmosphäre des Kometen Cunningham (1941 I) gefunden. Es gibt zwar noch ein mögliches zweites Muttermolekül für dieses Hydroxyl, nämlich Formaldehyd (HCOH), doch blieben alle Anstrengungen, Spuren dieser Substanz bei Kometen nachzuweisen, bislang erfolglos. Dabei sind die spektralen Merkmale von

Formaldehyd aus der radioastronomischen Beobachtung interstellarer Gaswolken sehr wohl bekannt, wo es bereits 1969 erstmals aufgespürt worden ist.

So besteht heute eigentlich kein Zweifel mehr daran, daß sowohl der atomare Wasserstoff als auch das OH-Radikal Spaltprodukte von Wassermolekülen sind, die aus dem Kometenkern freigesetzt werden. Unterstützt wird diese Annahme noch durch Beobachtungen an einigen Kometen, die auf ein Verhältnis von Wasserstoff- zu Hydroxyl-Produkten von 2 zu 1 hindeuten.

Weitere Muttermoleküle für die gefundenen Bestandteile der Kometenatmosphäre sind Kohlenmonoxid und Kohlendioxid, das zumindest in ionisierter Form auch nachgewiesen werden konnte, Methan, das aufgrund seiner inneren Symmetrie im sichtbaren und ultravioletten Spektralbereich keinerlei Linien besitzt, sowie Ammoniak, Acetylen und weitere Kohlenwasserstoffe, aber auch noch komplexere Verbindungen wie etwa Methylcyanid (CH_3CN), das zusammen mit Cyanwasserstoff auf radioastronomischem Wege beim Kometen Kohoutek registriert wurde. Im Mai 1983 gelang Radioastronomen am Max-Planck-Institut für Radioastronomie in Bonn mit dem 100-Meter-Teleskop bei Effelsberg dann auch der Nachweis von Ammoniak in der Koma des Kometen IRAS-Araki-Alcock, der in einer Distanz von weniger als 5 Millionen Kilometer an der Erde vorbeizog. Nur diese extrem geringe Entfernung sowie äußerst genaue Positionsangaben hatten diese Entdeckung möglich gemacht.

Auswüchse

Die bislang genannten Bestandteile der Kometenatmosphäre würden, für sich genommen, nicht ausreichen, um die beobachteten Gasschweife entstehen zu lassen: Elektrisch neutrale Atome und Moleküle können jedenfalls vom Strahlungsdruck des Sonnenlichtes nicht aus der Kometenumgebung weggerissen werden – sie bieten dazu nicht genügend Angriffsfläche. Zur Erklärung der Gasschweife haben sich die Astrono-

---

Beim Kometen Kobayashi-Berger-Milon (1975 IX) konnte die Entwicklung von Schweifstrahlen deutlich verfolgt werden.

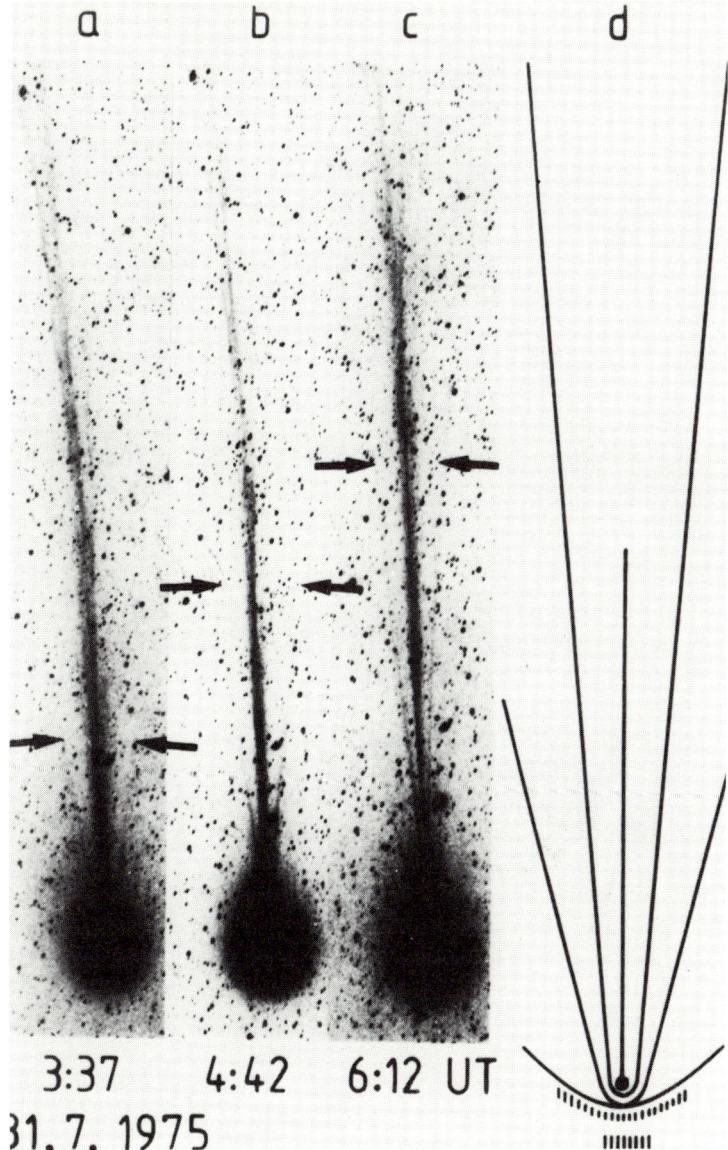

men daher etwas anderes einfallen lassen müssen, und die Antwort ließ, wie wir bereits gesehen haben, lange auf sich warten.

Die Schweifmaterie besteht aber nicht aus elektrisch neutralen Gasteilchen, sondern aus ionisierten Atomen und Molekülen. Dies hatten die Kometenforscher schon länger herausgefunden. Dabei waren sie davon ausgegangen, daß die energiereiche Ultraviolettstrahlung allein genügen würde, um einzelne Elektronen aus dem jeweiligen Atomverband herauszulösen.

Nachdem Ludwig Biermann Anfang der 50er Jahre die nahezu radial von der Sonne wegführende Ausrichtung der Gasschweife auf die Einwirkung eines damals noch unbekannten, ständig von der Sonne ausgehenden Partikelstromes zurückgeführt hatte und dieser »Sonnenwind« einige Jahre später dann mit Hilfe von unbemannten Raumsonden zum Mond und zu den Planeten auch nachgewiesen worden war, entpuppte sich diese Strömung elektrisch geladener Teilchen als zusätzliche Ionisationsquelle. Es handelt sich beim Sonnenwind im wesentlichen um energiereiche Protonen, die mit einer Geschwindigkeit von rund 400 Kilometer pro Sekunde von der Sonne abströmen. Diese Protonen können, wenn sie mit den neutralen Gasteilchen der Kometenatmosphäre zusammenstoßen, durch ihren Aufprall ein Elektron losschlagen und an sich reißen – so entsteht ein neutrales Wasserstoffatom und ein elektrisch positives Komamolekül, ein Prozeß, den man als Ladungsaustausch bezeichnet.

Wenn aber Komamoleküle erst einmal ionisiert sind, spüren sie auch die Wirkung des vom Sonnenwind mitgeführten interplanetaren Magnetfeldes und werden von diesem sehr rasch auf die Strömungsgeschwindigkeit des Sonnenwindes beschleunigt – sie werden gewissermaßen mit nach außen gerissen, der Plasmaschweif entsteht.

Besondere Bedeutung bei dieser Wechselwirkung zwischen dem heranströmenden Sonnenwind und der Kometenatmosphäre kommt offenbar den Kohlenmonoxid-Ionen zu, die zum einen den Löwenanteil der beobachteten Ionen stellen und zum anderen erst ziemlich weit draußen gebildet werden, an »vorderster Front« gewissermaßen. Kohlenmonoxid ist wegen seiner starken Elektronenbindung ziemlich unempfindlich gegen Photoionisation oder Ladungsaustausch und erreicht unter den in einer Koma herrschenden Umweltbedingungen eine Lebensdauer von rund 10^6 Sekunden oder knapp 12 Tagen, ehe es eines der Elektronen verliert. Geht man von einer Abströmgeschwindigkeit des Gases vom Kometenkern aus, die bei einem Kilometer pro Sekunde liegt, dann können die neutralen CO-Moleküle sich bis zu 1 Million Kilometer vom Kern entfernen, ehe sie ionisiert werden und dann die Wirkung des Sonnenwindes zu spüren bekommen. Die plötzliche Begegnung der Sonnenwindteilchen und der eingelagerten Magnetfelder mit elektrisch geladenen Teilchen der äußeren Kometenatmosphäre bleibt aber auch auf den Sonnenwind nicht ohne Folgen; schließlich spricht man nicht umsonst von einer Wechselwirkung zwischen dem Sonnenwind und dem kometaren Plasma. Die elektrische Ladung der Ionen stellt für die anströmenden Protonen und Magnetfelder ein Hindernis dar, das sich ähnlich auswirkt wie eine Untiefe oder ein über die Wasseroberfläche ragender Gegenstand auf das Strömungsverhalten eines Baches oder Flusses. Dabei ist die Intensität dieser Störung abhängig von der Dichte der elektrischen Ladungen: je stärker der Sonnenwind durch die CO-Ionen der Koma »verunreinigt« wird, desto massiver wird seine vorgegebene Überschallströmung abgebremst. Modellrechnungen haben gezeigt, daß bereits eine Beimengung von 1 Prozent CO-Ionen zur Protonenmasse des Sonnenwindes ausreicht, um diesen wirksam zu stoppen und umzuleiten. Mit diesem Wissen ausgerüstet kann man nun weiter ermitteln, in welcher Entfernung vom Kometenkern der Sonnenwind durch das kometare Plasma aufgehalten wird. Dazu muß man einerseits die Zahl der Protonen kennen, die pro Sekunde auf einen Quadratzentimeter »Komaoberfläche« niederprasseln, und andererseits die Produktionsrate an CO-Ionen. Während die erste Größe normalerweise konstant ist und nur durch Störungen im Sonnenwind vorübergehend verändert wird, hängt die Ionendichte natürlich von den jeweiligen Beschaffenheiten der einzelnen Kometenkerne ab. Je höher der CO- und CO_2-Gehalt im Kern, desto größer ist auch die Menge an freigesetzten Molekülen, und entsprechend steigt die Zahl der pro Sekunde entstehenden CO-Ionen. Einfach zu bestimmen ist diese Produktionsrate nicht, so daß nur wenige Werte vorliegen. Beim Komet West (1976 VI) wurde sie zu rund 4×10^{29} Molekülen pro Sekunde abgeleitet und später auf etwa die Hälfte reduziert. Daraus ergibt sich die Distanz der Schockfront zwischen Sonnenwind und Komagas zu etwa 200 000 Kilometer.

Die häufig auftretenden Sonnenwind-»Böen« können diese Grenzschicht aufgrund der größeren Teilchendichte und der höheren Partikelgeschwindigkeit noch ein wenig in Richtung Kometenkern zurückdrängen, weil dann erst weiter innen genug CO-Ionen aufgetürmt werden können, um eine einprozentige Verunreinigung des Sonnenwindes zu erzielen.

Unter dem wechselnden Andruck des Sonnenwindes pulsiert die Ionosphäre eines Kometen also fortwährend und »verbraucht« dabei eine ständig wechselnde Anzahl an Ionen zur Abschirmung des Protonenstromes von der Sonne. Flaut die Sonnenwind-Bö ab, so muß sich die Grenzschicht erst wieder langsam nach außen vorarbeiten, weil der Ionenvorrat in der äußeren Koma ja aufgezehrt ist und die neutralen CO-Moleküle nur mit endlicher Geschwindigkeit vom Kern nachgeliefert werden können.

Eine solche »Schockfront« im Sonnenwind wird übrigens auch vom Magnetfeld der Erde aufgebaut, allerdings in viel stärkerem Ausmaß. Nach Ansicht einiger Kometenforscher ist sie aber nicht die einzige Grenzschicht zwischen Sonnenwind und Komagas. Es wird nicht ausgeschlossen, daß es weiter innen noch eine sogenannte Kontaktfläche gibt, die die ungestörte Strömung der vom Kometenkern ausgehenden Gasmassen von der vom Sonnenwind durchsetzten Strömung weiter draußen trennt. Sie soll sich nach den entsprechenden Rechnungen einige hundert Kilometer oberhalb des Kometenkerns befinden. Allerdings gehen diese Rechnungen von idealisierten Bedingungen aus, denn sie berücksichtigen nicht die Tatsache, daß angesichts der geringen Entfernung zum Kometenkern die Gasdichte der Koma so hoch ist, daß es zu zahlreichen Zusammenstößen zwischen Ionen und neutralen Teilchen kommen muß, die das Verhalten des rein kometaren Gases entscheidend beeinflussen können.

Die Frage nach der wirklichen Existenz dieser Kontaktfläche hat sich bislang einer Beantwortung anhand von direkten Beobachtungen entzogen, weil so nahe am Kometenkern viele verschiedene Moleküle strahlen und das Spektrum entsprechend unübersichtlich wird; hinzu kommt die geringe räumliche Ausdehnung des erwarteten, rein kometaren Strömungsfeldes, das selbst bei einer vergleichsweise geringen Kometenentfernung von 0,3 AE allenfalls einige wenige Bogensekunden groß erscheint.

Man sollte jedoch annehmen können, daß sich die auf der sonnenzugewandten Seite der Koma existierenden unterschiedlichen Zonen nach »hinten« im Plasmaschweif fortsetzen. Entsprechend müßte dieser Schweif einen rund eintausend Kilometer dicken Zentralbereich besitzen, der ausschließlich aus someteneigenem Plasma besteht, während nach außen eine zunehmende Durchsetzung mit Sonnenwindteilchen festzustellen sein sollte. Und wenn sich dieser Unterschied schon nicht in der Zusammensetzung der Schweifmaterie bemerkbar macht, sollte er sich wenigstens an der weitaus geringeren Strömungsgeschwindigkeit innerhalb des Zentralbereiches ablesen lassen, die einige Kilometer pro Sekunde nicht übersteigen darf; in dieser Größenordnung liegt bekanntlich die Ausströmgeschwindigkeit der kometaren Gase, und ohne direkten Kontakt mit dem Sonnenwind und den dort eingelagerten Magnetfeldern können die Komagase kaum stärker beschleunigt werden. Eine solche Differenzierung des Plasmaschweifes ist jedoch bislang nicht beobachtet worden. Es muß daher direkten Messungen vor Ort durch eine Raumsonde vorbehalten bleiben, die Frage nach der Existenz dieser Kontaktfläche zu klären.

Überhaupt scheint das theoretische Verständnis der Vorgänge im Bereich der Kometenionosphäre und des Plasmaschweifes noch sehr begrenzt. Widersprüchliche Erklärungsversuche gibt es nämlich auch für das Auftreten der Komahüllen und ihre Verbindung zu den häufig beobachteten Plasmastrahlen im Schweif. Dies kann zum Teil sicher auch darauf zurückzuführen sein, daß vor allem die Komahüllen nur selten deutlich ausgeprägt erscheinen, meist aber vom Licht der neutralen Komagase überstrahlt werden.

Besonders eindrucksvoll zeigte sich eine solche Hüllenstruktur bei den Kometen Morehouse (1908 III) und Humason (1962 VIII), die beide keine starke Neutralgaskoma entwickelten. Auf einer Serie von Morehouse-Aufnahmen kann man verfolgen, wie sich eine dichtere Ionenwolke auf der sonnenzugewandten Seite des Kometen allmählich verformt, wie sie verbogen wird, wie ihre Ausläufer wachsen und sich allmählich nach hinten krümmen, zu Schweifstrahlen werden und schließlich mit dem Plasmaschweif verschmelzen. Noch bevor dieser Prozeß abgeschlossen ist, erscheinen bereits die Ansätze des nächsten Strahlenpaars. Das Ganze erinnert an eine von einer Strömung fortgerissene Wellenstruktur, die durch mehr oder minder regelmäßige Vorgänge im Grenzbereich zwischen Sonnenwind und Koma angeregt wird.

Dabei ist der Zusammenhang zwischen Störungen im Sonnenwind und dem Auftreten solcher Komahüllen durchaus naheliegend – Ludwig Biermann hatte die Existenz eines ständig von der Sonne ausgehenden Partikelstromes nicht zuletzt auch aufgrund periodisch wiederkehrender Aktivitätsphasen beim Kometen Halley während der letzten Erscheinung 1910 gefordert (diese Zyklen folgten in Zeitabständen aufeinander, die gerade einer Rotation der Sonne, bezogen auf die sich allmählich verändernde Kometenposition, entsprachen). Während Hannes Alfvén, ein Mitbegründer der Magnetohydrodynamik, in diesen Komahüllen und Schweifstrahlen den sichtbaren Ausdruck einzelner Magnetfeldlinien vermutet, neigen viele Kometenforscher heute dazu, sie als Folge einer zusätzlichen, zeitlich nicht konstanten Ionisationsquelle anzusehen, wie sie etwa durch den »Aufstau« der mit Sonnenwindstörungen einhergehenden Magnetfeldschwankungen entstehen könnten.

Dagegen sind sich die Wissenschaftler weitgehend einig in der Deutung etwas spektakulärerer Vorgänge innerhalb des Plasmaschweifes einzelner Kometen. Gelegentlich wird eine nahezu völlige Ablösung des Schweifes beobachtet, an die sich nur ganz allmählich eine Neubildung anschließt. Bekanntestes Beispiel dafür sind die beiden Ereignisse, die Ende Juli 1962 das Aussehen des Kometen Humason (1962 VIII) »entstellt« haben. In kleinerem Maßstab können sich solche Schweif-Turbulenzen bei ausgedehnten Kometenschweifen mehrfach wiederholen.

Zurückgeführt werden solche Vorkommnisse heute allgemein auf die besondere Struktur des Sonnenwindes. Wie wir schon sahen, ist das von ihm mitgeführte Magnetfeld nicht überall in gleicher Weise orientiert. Es gibt vielmehr Raumbereiche, in denen eine Kompaßnadel von der Sonne wegzeigen würde, und solche, in denen sie zur Sonne weist. Die Grenzschicht fällt annähernd mit dem Sonnenäquator zusammen, kann jedoch durch Störungen im Bereich der oberen Sonnenatmosphäre ziemlich deformiert sein – man spricht in diesem Zusammenhang vom Hutkrempen- oder Ballerina-Modell: weder eine breite Hutkrempe noch der Rocksaum eines Ballerinakleidchens während der Pirouette verlaufen vollkommen plan. Wenn nun ein Komet samt Plasmaschweif von einem Magnetfeldsektor in einen anderen mit entgegengesetzt gerichteter Polarität gerät (sei es aufgrund seiner eigenen Bewegung um die Sonne oder infolge der Sonnenrotation, die sich ja in der Magnetfeldstruktur fortsetzt), dann muß er für kurze Zeit eine magnetisch »neutrale« Schicht durchdringen, und in dieser Phase entfällt vorübergehend die beschleunigende Kraft auf die Ionen der Kometenatmosphäre. Die Folge ist ein Verbleib der Ionen in der Koma bis zum erneuten Auftreten der im Sonnenwind eingelagerten Magnetfelder. Entsprechend ist der Nachschub an Schweifionen eine Zeitlang unterbrochen, so daß es den Anschein hat, als würde sich der Kometenschweif vom Kern losreißen und davontreiben.

Rückschlüsse

Die Zusammensetzung der leicht flüchtigen Elemente innerhalb eines Kometenkerns, die man aus den Beobachtungen der Koma und des Kometenschweifes rekonstruieren möchte, ist nicht nur für das Verständnis der kometaren Phänomene wichtig, sondern auch und vor allem für die Klärung der Herkunft dieser Objekte. Wenn nämlich die gefrorenen Gase, das Eis dieser schmutzigen Schneebälle, nur aus einfachen Molekülen wie Wasser, Kohlendioxid und vielleicht noch Ammoniak und Methan bestehen, wird man den Entstehungsort der Kometen anderswo suchen müssen als dann, wenn sie auch komplexere Verbindungen enthalten. Entsprechend wichtig ist die möglichst eindeutige Identifizierung der Muttermoleküle, die aber eben nur in einem engen Raumbereich um den Kometenkern im Urzustand existieren können, ehe sie durch gegenseitige Zusammenstöße oder die Einwirkung der ultravioletten Sonnenstrahlung zerfallen. Auch hier kann daher erst eine detaillierte Untersuchung vor Ort die gewünschte Klarheit bringen, denn die Rückrechnung aus den beobachteten »Produktionsraten« vermag eben nur genäherte Anhaltspunkte zu liefern. A.H. Delsemme von der University of Toledo im US-Bundesstaat Ohio, einer der führenden amerikanischen Kometenforscher, hat die dabei auftretenden Unsicherheiten einmal sehr deutlich beim Namen genannt: »Ein direkter, quantitativer Vergleich einzelner Bestandteile der Kometenatmosphäre ist sehr problematisch. Beim Kometen Bennett beispielsweise betrug die Lebensdauer der neutralen Wasserstoffatome 13 Tage, während die OH-Moleküle bereits nach zwei Tagen ionisiert wurden. Aus der Analyse der zwei unterschiedlichen Geschwindigkeiten der Wasserstoffatome sind wir zwar ziemlich

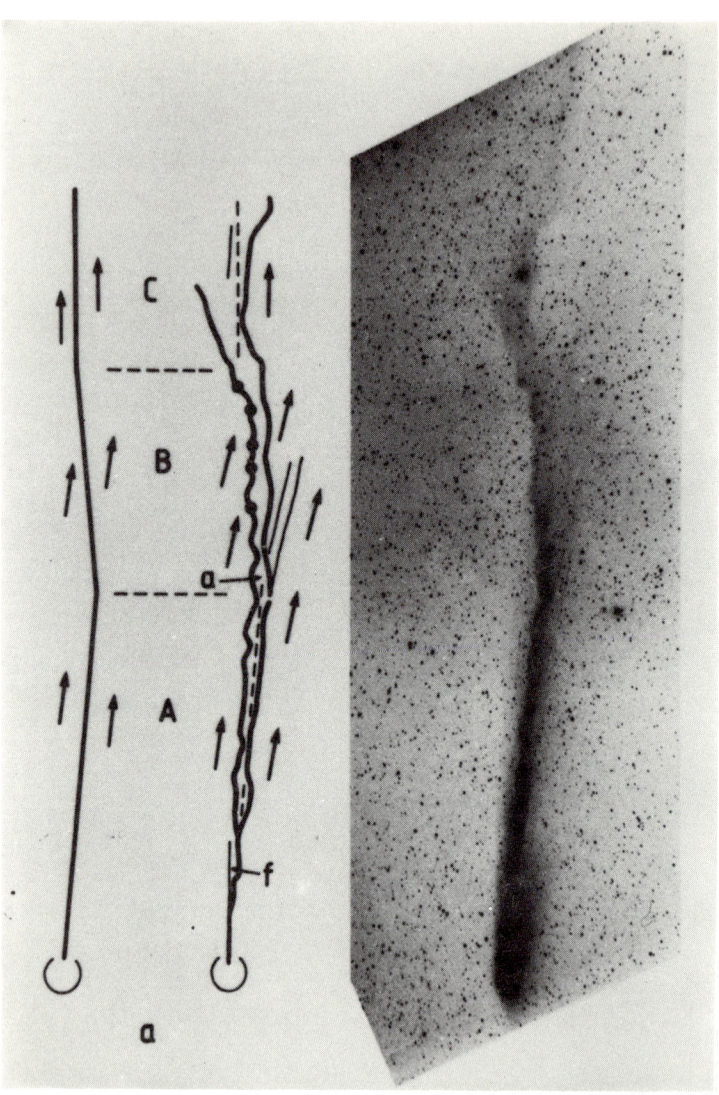

Schweifknicke wie hier beim Kometen Kohoutek (1973 XII) entstehen möglicherweise durch den seitlichen Aufprall von Sonnenwind-»Böen« auf den abströmenden Kometenschweif.

sicher, daß der Löwenanteil an Wasserstoff und Hydroxyl-Radikalen aus der Aufspaltung von Wasserdampf stammt, doch läßt sich dies stöchiometrisch nicht überprüfen. Wir wissen also nicht, ob auf jedes OH-Radikal auch wirklich ein Wasserstoffatom kommt oder ob es etwa auch noch andere OH-Quellen gibt, denn die OH-Ionen tauchen bereits 2 Tage nach der Freisetzung von Wasserdampf auf, die Wasserstoffionen dagegen erst nach 13 Tagen – und so müssen wir darum beten, daß nicht in der Zwischenzeit die Konzentration an neutralen Wasserstoffatomen durch einen anderen Prozeß verändert wird.«
Nicht minder wichtig ist das Verständnis der Staubschweife, gibt ihre Zusammensetzung doch Auskunft über die festen Bestandteile des Kometenkerns. Zwar läßt sich die chemische Struktur der Staubkörner nicht aus dem Spektrum der Typ-II-Schweife herauslesen, weil der Staub nicht selbst leuchtet, sondern lediglich das auftreffende Sonnenlicht streut und damit teilweise in Richtung Erde reflektiert, doch kann man aus den Schweifformen einiges über die Größe und Masse der freigesetzten Partikel und ihre generelle Zugehörigkeit zu bestimmten Materialgruppen wie Metallen oder Silikaten ableiten.
Die grundlegenden Ideen für diese Analyse stammen von dem russischen Astronomen Fjodor Bredichin, den wir bereits im Zusammenhang mit der Frage nach der Ausrichtung der Kometenschweife kennengelernt haben. Er führte vor mehr als 80 Jahren das Konzept der synchronen und syndynamischen Schweifstrukturen ein, das gegen Ende der 50er Jahre von den beiden amerikanischen Wissenschaftlern M.L. Finson und R.F. Probstein für eine quantitative Modellrechnung verfeinert wurde.
Bredichin hatte bekanntlich herausgefunden, daß die Schweifteilchen offenbar eine Repulsivkraft erfahren, die im Bereich der Staubschweife zwischen rund 50 und 200 Prozent der Sonnenanziehung kompensieren konnte – ein Teil der Partikel wurde scheinbar nur mit »halber Kraft« angezogen, während andere Teilchen sogar »abgedrängt« wurden.
Beim Versuch einer theoretischen Deutung dieses Phänomens hatte dann Karl Schwarzschild nachgewiesen, daß der Strahlungsdruck des Lichtes auf Partikel von der Größenordnung der Lichtwellenlänge ein solches Verhalten bewirken könne und entweder unterschiedliche Materialien oder verschiedene Partikeldurchmesser für die Streubreite der abstoßenden Kraft verantwortlich sind.
Als Syndynamen bezeichnete Bredichin nun jene (gedachten) Linien, die

alle zu unterschiedlichen Zeiten, aber von gleicher Kraft abgetriebenen Staubteilchen miteinander verbinden, also beispielsweise Teilchen gleicher Größe; Synchronen nannte er entsprechend jene Linien, die alle gleichzeitig vom Kometenkern mit unterschiedlicher Kraft weggedrängten Partikel aufreihen.

Da Staubkörner unterschiedlicher Größe beziehungsweise voneinander abweichender Zusammensetzung das auftreffende Sonnenlicht verschieden stark reflektieren, sollten sich Syndynamen in der Helligkeitsstruktur von Kometenschweifen nachweisen lassen: die leichteren (und damit kleineren) Teilchen entfernen sich stets schneller von der Sonne als die schwereren Staubkörner und bilden so jeweils den in der Bewegungsrichtung des Kometen vorauseilenden, weitgeschwungenen Rand des Staubschweifes, während die größeren Partikel den kurzen Bogen auf der Innenseite besetzen. Bei diesem Bild ist allerdings stillschweigend eine für alle Schweifteilchen gleiche Zusammensetzung angenommen, so daß sie alle in gleicher Weise auf den Strahlungsdruck des Lichtes reagieren. Diese vereinfachende Voraussetzung ist natürlich in Wirklichkeit nicht notwendigerweise erfüllt.

Aussagekräftiger ist dagegen die Analyse der Synchronen eines Staubschweifes, erlaubt sie doch Rückschlüsse auf die zeitliche Veränderung der Staubproduktion. Sie schlägt sich in einer Art Fächerstruktur nieder, in der eruptive Vorgänge an der Kernoberfläche zu ausgeprägten Strahlen führen können.

In einigen wenigen Fällen hat man versucht, anhand der Finson-Probstein-Analyse das Verhältnis von Gas- zu Staubproduktion eines Kometen zu bestimmen. Dabei gingen die Kometenforscher von der Überlegung aus, daß eine im Vergleich zur freigesetzten Staubmenge große Gasproduktionsrate den losgelösten Staubteilchen eine größere Anfangsgeschwindigkeit verleiht als eine geringe Ausgasung; die Anfangsgeschwindigkeit der Staubpartikel aber läßt sich in etwa an der »Unschärfe« des Staubschweif-Randes ablesen. Aufgrund dieser Analysen kam man zu der Erkenntnis, daß der Komet Arend-Roland (1957 III) zum Zeitpunkt der Beobachtung annähernd gleich viel Gas und Staub verlor, wobei die Staubteilchen einen Durchmesser von etwa 5 Mikrometer besaßen. Demgegenüber fand man beim Kometen Bennett ein Gas- zu Staubverhältnis von 2:1 und ermittelte für die Teilchengröße einen Durchmesser von rund 2 Mikrometer; als mittlere Teilchendichte wurde jeweils ein Gramm pro Kubikzentimeter vorausgesetzt. Viel größer dagegen schienen die Körner zu sein, die der Komet Seki-Lines (1962 III) verlor – allerdings kam dieser Komet bis auf weniger als 4 Millionen Kilometer an die Sonnenoberfläche heran und war während dieser Zeit einer gewaltigen Wärmestrahlung ausgesetzt, so daß die verdampfenden Gase mit einer höheren Geschwindigkeit abdriften und dabei auch größere Staubteilchen mitreißen konnten.

Das himmelsmechanische Konzept der Syndynamen und Synchronen erlaubt übrigens auch die Erklärung eines Phänomens, das dem gängigen Schweifmodell zu widersprechen scheint – die Entwicklung eines sogenannten Antischweifes nämlich, der bei einigen Kometen beobachtet werden konnte. So sahen die Kometenforscher etwa bei Arend-Roland Ende April 1957 für einige Tage einen kurzen Schweif, der genau in Richtung Sonne zu zeigen schien, und die Skylab-Astronauten berichteten Anfang 1974 aus der Erdumlaufbahn, daß auch der Komet Kohoutek (1973 XII) einen solchen Gegenschweif ausgebildet habe. Anhand der berechneten Synchronen konnte gezeigt werden, daß es sich dabei um relativ große Staubkörner gehandelt haben muß, die sich im Falle von Arend-Roland zwei bis vier Monate vorher vom Kometenkern gelöst und aufgrund des ungünstigen Verhältnisses von abstoßendem Strahlungsdruck zu anziehender Sonnengravitation noch nicht sehr weit von ihm entfernt hatten. Natürlich war auch dieser alte Teil des Staubschweifes von der Sonne weggerichtet – nur die relativen Positionen von Sonne, Komet und Erde zueinander ergaben den Eindruck eines auf die Sonne hinweisenden Schweifes. Entscheidend für das Auftreten dieses Phänomens ist vor allem die Stellung der Erde im Hinblick auf die Bahnebene des Kometen: Wenn unser Planet ein paar Wochen nach dem Periheldurchgang des Kometen seine Bahnebene überquert, sind die Voraussetzungen für die Beobachtung eines Gegenschweifes besonders günstig.

Tiefflieger

Im vorangegangenen Kapitel wurde der Komet Seki-Lines (1962 III) erwähnt, der sich bis auf weniger als 4 Millionen Kilometer der Sonnenoberfläche genähert hat, ohne dabei allzu großen Schaden zu nehmen. Angesichts dieses Objektes mag man sich fragen, wie nahe ein Komet an die Sonne herankommen darf, ehe er vollständig verdampft wird; immerhin reichten die 4 Millionen Kilometer bei Seki-Lines bereits aus, um auch Metalle verglühen zu lassen – jedenfalls konnte man im Spektrum dieses Kometen eine Reihe von Metallinien beobachten.

Bislang wurde ein rundes Dutzend Kometen registriert, die bis auf weniger als 1 Million Kilometer an die Sonnenoberfläche herankamen. Den Rekord hält das Objekt 1979 XI, das am 30. August 1979 von einem amerikanischen Militärsatelliten aufgenommen worden ist. Der Satellit mit der Bezeichnung SOLWIND führt unter anderem einen Koronographen mit, der in kurzen Zeitabständen die äußere Sonnenatmosphäre fotografiert; von diesen Aufnahmen erhofft man sich einmal eine frühzeitige Warnung vor Funkstörungen und Unregelmäßigkeiten im Erdmagnetfeld, die durch eine verstärkte Sonnenaktivität ausgelöst werden können.

Bei einer Kontrollauswertung stießen Mitarbeiter des Forschungslabors der US-Marine im September 1981 auf einen Kometen, der 2 Jahre zuvor sehr nahe an die Sonne herangekommen sein mußte: er tauchte unvermittelt im Gesichtsfeld des Koronographen auf, das in Sonnenentfernung einen Umkreis von etwa 7 Millionen Kilometer Radius überdeckt, und bewegte sich sehr rasch auf die Sonne zu. Insgesamt konnte er nur rund zweieinhalb Stunden verfolgt werden, ehe er hinter der zentralen Blende zur Abdeckung des hellen Sonnenlichtes verschwand.

Zwar erlaubt das extrem kurze Bahnstück keine sehr genaue Bestimmung der Bahnelemente, doch glaubt Brian Marsden, dem Kometen eine Periheldistanz von nur 0,00164 AE zuordnen zu können, und das sind bloße 245 000 Kilometer! Mit anderen Worten, der Kometenkern muß in die Sonne eingedrungen sein und sich dabei vollständig aufgelöst haben. Dies wird zumindest indirekt durch das Nichtauftauchen des Kometen am gegenüberliegenden Sonnenrand bestätigt.

Marsden konnte sich bei seinen Rechnungen allerdings auf eine Reihe ähnlicher Kometenbahnen in der Vergangenheit stützen, die den Verdacht einer gewissen Zusammengehörigkeit nahelegten. Schon 1891

S. 111: Der Komet Ikeya-Seki (1965 VIII) zog am 21. Oktober 1965 in einem Abstand von nur 470 000 Kilometern an der Sonnenoberfläche vorbei; er gehört zur sogenannten Kreutz-Gruppe der »Sungrazer«.

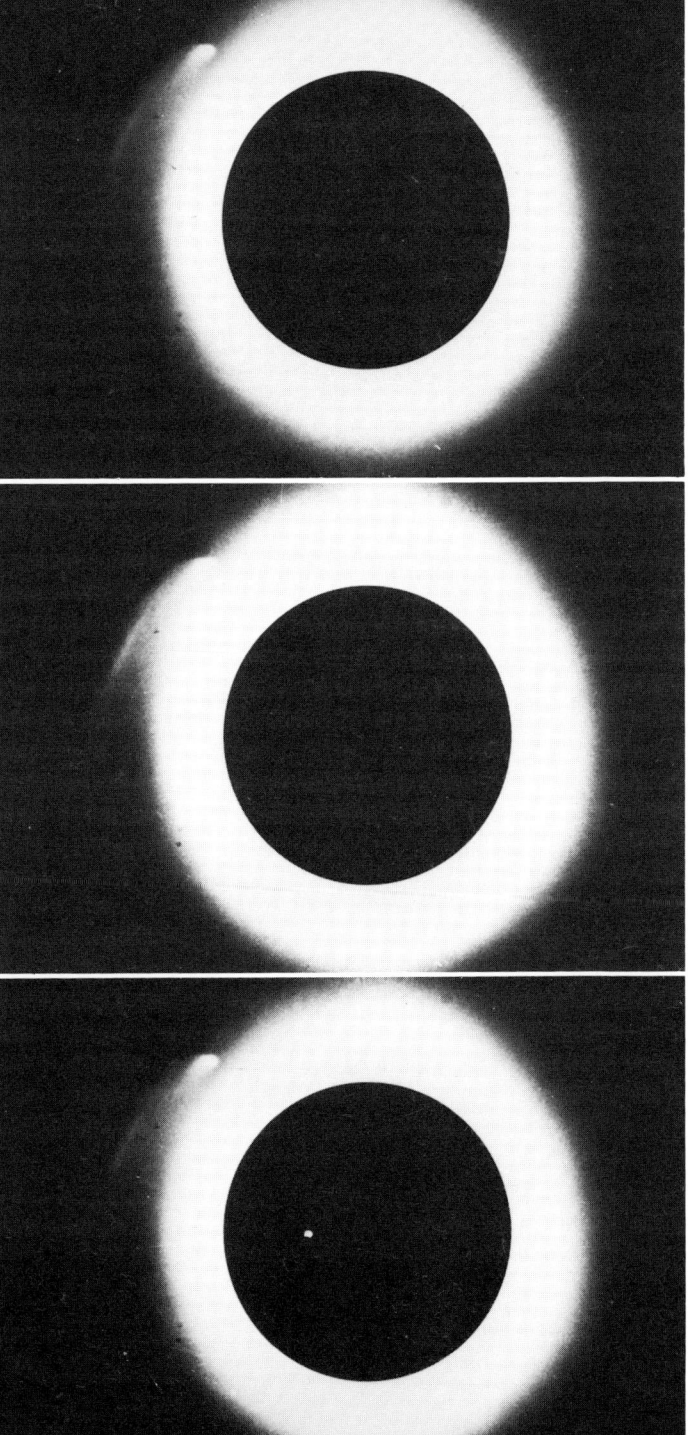

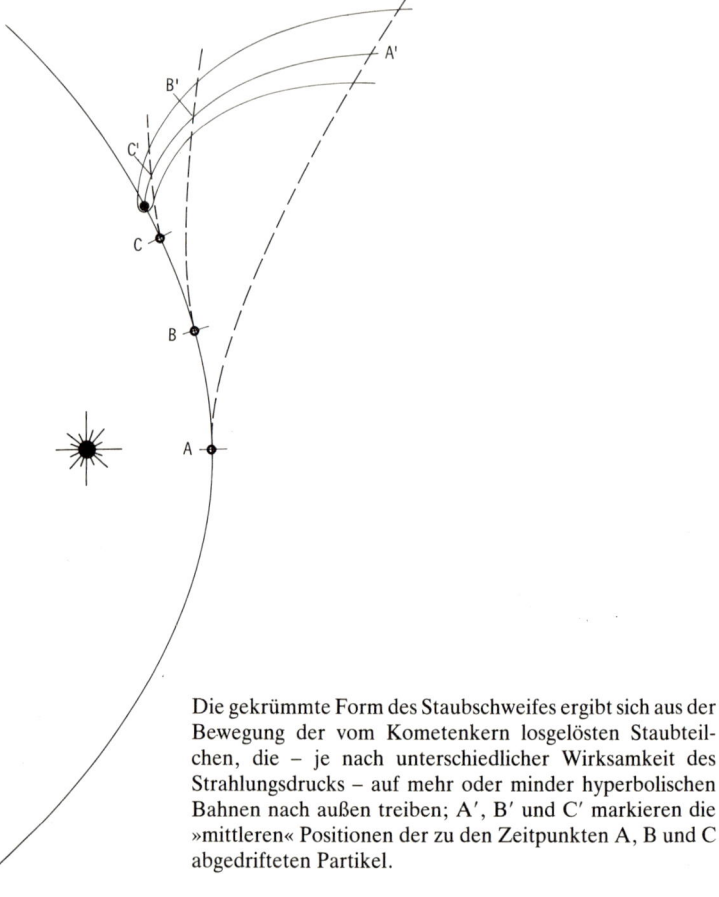

Die gekrümmte Form des Staubschweifes ergibt sich aus der Bewegung der vom Kometenkern losgelösten Staubteilchen, die – je nach unterschiedlicher Wirksamkeit des Strahlungsdrucks – auf mehr oder minder hyperbolischen Bahnen nach außen treiben; A′, B′ und C′ markieren die »mittleren« Positionen der zu den Zeitpunkten A, B und C abgedrifteten Partikel.

hatte der Astronom H. Kreutz aufgrund detaillierter Bahnrechnungen eine Verwandtschaft von zumindest drei Kometen des vergangenen Jahrhunderts gefolgert; sie zeichneten sich nicht nur alle drei durch eine extrem geringe Periheldistanz aus, sondern zeigten auch hinsichtlich der übrigen Bahnelemente (Neigung, Länge des Perihels und Exzentrizität) eine auffallende Übereinstimmung.

Bis 1979 war diese Kreutz-Gruppe auf 8 Kometen angewachsen, während ein neunter »Sungrazer« (Sonnenstreifer), wie diese Objekte wegen ihrer großen Sonnennähe genannt werden, wohl nicht dazugehört. Marsden versuchte seine Bahnrechnungen für 1979 XI unter der Annahme, daß auch dieses Objekt zur Kreutz-Gruppe zu zählen sei, und konnte dann durch geringfügige Änderungen der Bahnelemente eine Übereinstimmung zwischen den beobachteten Positionen und den berechneten Koordinaten erzielen.

Im Sommer 1982 stießen Mitarbeiter des Forschungslaboratoriums der US-Marine auf zwei weitere Sungrazer, die im Januar und Juli 1981 mit der Sonne zusammengestoßen sein dürften; auch sie waren mit dem Koronographen des SOLWIND-Satelliten fotografiert worden. Man wird daher annehmen müssen, daß die Zahl der Sonnenstreifer viel größer ist als bislang angenommen. Die meisten dürften aber zu lichtschwach sein, um am nächtlichen Himmel entdeckt zu werden – erst in unmittelbarer Sonnennähe werden sie so hell, daß sie (oberhalb der Erdatmosphäre) mit speziellen Aufnahmetechniken registriert werden können.

Brian Marsden hält es aufgrund seiner Bahnrechnungen übrigens für wahrscheinlich, daß die Mitglieder der Kreutz-Gruppe Überreste eines großen Kometen sind, der im 12. Jahrhundert bei seiner Annäherung an die Sonne von deren Gezeitenkraft zerrissen worden ist. Die heute beobachteten Periheldistanzen liegen nämlich alle innerhalb der sogenannten Rocheschen Grenze der Sonne, und die stellt so etwas wie eine Schallmauer dar: dringt ein Objekt über die Rochesche Grenze hinaus näher zu einem Himmelskörper vor, dann läuft es Gefahr, von dessen Gezeitenkraft zertrümmert zu werden. Nach diesem Muster hat man sich eine Zeitlang die Entstehung der Saturnringe aus einem früheren Mond zu erklären versucht, der dem Planeten zu nahe gekommen war. Die Rochesche Grenze hängt von der Dichte des Eindringlings ab und liegt für Kometen bei einer Entfernung von knapp 1 Million Kilometer zur Sonnenoberfläche. Damit die Gezeitenkräfte aber wirklich größer als die inneren Bindungskräfte des Kometen werden, muß sein Durchmesser eine bestimmte Mindestgröße übersteigen – für eine Distanz von nur 50 000 Kilometer über der Sonnenoberfläche findet man dafür rund 100 Kilometer. Es muß also schon ein ziemlicher Brocken gewesen sein, der da möglicherweise im 12. Jahrhundert der Sonne etwas zu nahe gekommen und dabei in zahlreiche Trümmerstücke zerrissen worden ist.

Die bekannten Sungrazer

Bezeichnung	Name	letzter Perihel-durchgang	Abstand vom Sonnenmittelpunkt	Länge des Perihels	Breite d Perihel
1979 XI	Howard-Koomen-Michels	30. 8. 1979	245 350 km	282°.2	35°.2
1887 I	Great Southern Comet	11. 1. 1887	723 200 km	281.9	35.4
1963 V	Pereyra	23. 8. 1963	758 000 km	282.0	35.3
1880 I	Great Southern Comet	28. 1. 1880	822 000 km	281.7	35.3
1843 I	Great March Comet	6. 5. 1843	827 000 km	281.9	35.3
1680	–	18. 12. 1680	931 000 km	271.3	–8.2
1945 VII	du Toit	27. 12. 1945	1 124 000 km	282.9	36.0
1882 II	Great September Comet	17. 9. 1882	1 160 000 km	282.2	35.2
1965 VIII	Ikeya-Seki	21. 10. 1965	1 165 000 km	282.3	35.2
1970 VI	White-Ortiz-Bolelli	14. 5. 1970	1 328 000 km	282.3	35.1

Tiefkühltruhen oder Trümmer?

Beweislücken

Nach allem, was wir bislang an Beobachtungen zusammengetragen haben, scheint die überwiegende Mehrzahl der Fakten für das Kometenmodell zu sprechen, das Fred Whipple Anfang der 50er Jahre entwickelt hat: Kometen sind offenbar verhältnismäßig kleine kosmische Objekte, die hauptsächlich aus Staub und gefrorenen Gasen bestehen. Fred Whipple hatte seinerzeit den Begriff vom »schmutzigen Schneeball« geprägt, wiewohl aufgrund der Ausmaße eines Kometenkerns eher von einem schmutzigen »Eisberg« die Rede sein sollte.

Da ein Kometenkern auf einer sonnennahen Umlaufbahn nur eine begrenzte Lebensdauer haben kann, muß ein unaufhaltsamer Verlust an kurzperiodischen Kometen ständig ausgeglichen werden. Mit Jan Hendrik Oort glauben die meisten Kometenforscher heute wohl, das Reservoir an »neuen Kometen« irgendwo in den Außenbezirken des Sonnensystems ansiedeln zu müssen. Dort draußen, rund ein Lichtjahr von der Sonne entfernt, sollen einige hundert Milliarden solcher Kometenkerne umherschwirren, von denen immer mal wieder welche durch Bahnstörungen nahe vorüberziehender Sterne ins Innere des Sonnensystems abgelenkt werden. Nachdem der Infrarotsatellit IRAS 1983 innerhalb weniger

Monate rund ein halbes Dutzend neuer Kometen fand, muß man sogar mit mehreren Billionen Mitgliedern dieser Oortschen Wolke rechnen. Dieses Konzept der »Oortschen Wolke« als einer »kosmischen Tiefkühltruhe«, in der die gefrorenen Gase samt eingelagerten Staubteilchen mehrere Milliarden Jahre ungefährdet überdauern konnten, ist allerdings nicht unwidersprochen geblieben. So wies einer der führenden Gegner dieses Modells, Raymond A. Lyttleton von der Universität Cambridge, 1974 darauf hin, daß es gegenwärtig keine genügend nahen Sterne gäbe, die jetzt die »neuen« Kometen der Zukunft auf ihre lange Reise ins Zentrum des Planetensystems schicken könnten. Der nächste Fixstern, Proxima Centauri, ist rund 4,3 Lichtjahre entfernt und nähert sich nur ganz langsam der Sonne; allerdings kommt es dabei nicht zu einer Kollision, sondern lediglich zu einer »Begegnung« in respektvoller Entfernung – Proxima Centauri wird in knapp 25 000 Jahren in einer Distanz von rund 3,57 Lichtjahren an der Sonne vorbeiziehen. Bedeutend näher kommen uns in der nächsten Million Jahre nach Berechnungen eines Mitarbeiters am Jet Propulsion Laboratory im kalifornischen Pasadena nur 4 Sterne, wobei der erste nach rund 176 000 Jahren in einer Entfernung von 1,67 Lichtjahren die Sonne passieren wird. Um das Jahr 817 000 soll uns dann ein Stern sogar bis auf nur 0,29 Lichtjahre nahe kommen – er wird dann unweit der heutigen Position der beiden Zwillingssterne Kastor und Pollux noch dreieinhalbmal heller leuchten als Sirius, der gegenwärtig hellste Fixstern am irdischen Firmament.

Gewiß, die Kometen, die wir derzeit als »neue« Objekte erkennen, die also zum ersten Mal über die Jupiterbahn nach innen vordringen, haben ihren ersten Schubs in Richtung Innenbezirk des Sonnensystems vor mehreren Millionen Jahren bekommen, und wenn sie sich dabei erst einmal nur bis auf einige zehn Astronomische Einheiten der Sonne genähert haben, waren sogar mehrere langgestreckte Bahnumläufe notwendig, ehe die Bahnstörungen der großen Planeten schließlich ausgereicht haben, um die Periheldistanz der Bahn unter 5 AE zu drücken. Die Sterne, die diese Kometen aus der Oortschen Wolke herausgerissen haben, sind entsprechend schon wieder in den Tiefen des Alls verschwunden. In Frage kommen dafür nämlich eigentlich nur Schnelläufer, die sich mit Geschwindigkeiten zwischen einigen zehn und einigen hundert Kilometer pro Sekunde bewegen. Ein Objekt aber, das mit 100 km/s durch das Weltall rast, legt innerhalb von 5 Millionen Jahren eine Strecke von mehr als 1600 Lichtjahren zurück! In dieser Distanz wäre selbst die Sonne nur noch ein Sternchen der 18. Größenklasse, das im Gewimmel der übrigen Sterne verlorengeht und kaum als besonderes Objekt identifiziert werden dürfte.

Lyttleton schließt aus dem gegenwärtigen Fehlen wirklich sonnennaher Sterne also, daß nach dem Oortschen Konzept in einigen Jahrmillionen für eine Zeitlang keine neuen Kometen zu beobachten sein sollten. Und weil er sich nicht vorstellen kann, daß wir gegenwärtig in einer »bevorzugten« Zeit leben, in der ausnahmsweise einmal viele Kometen aus der Oortschen Wolke nach innen dringen, weil es vor einigen Jahrmillionen möglicherweise zu mehreren »engen« Begegnungen zwischen der Sonne und anderen Sternen gekommen ist, kann er sich dieser Lehrmeinung nicht anschließen.

Zdenek Sekanina, ein langjähriger Mitarbeiter von Brian Marsden am Kometenzentrum in Cambridge, kann die Vorbehalte Lyttletons dagegen nicht verstehen. Nach seiner Abschätzung vergehen im Mittel kaum 250 000 Jahre zwischen zwei nahen Vorübergängen anderer Sterne im Umkreis von einem Lichtjahr, so daß ohnehin immer mehrere Störungen zusammenwirken, einander überlagern, solange sich ein nach innen drängender Komet im Einflußbereich solcher vorüberziehender Sterne befindet – wenn da einmal einer »ausbleibt«, kann sich das kaum merklich auf die Zahl der neuen Kometen auswirken.

Planetenlücke

Dennoch fehlt es nicht an Versuchen, die Herkunft der Kometen auch ohne die Annahme einer Oortschen Wolke zu erklären. So glaubt etwa der amerikanische Astronom Thomas van Flandern am US-Marine-Observatorium in Washington, daß die Existenz dieser Kometenwolke am Rande des Sonnensystems nur vorgetäuscht wird. Seiner Ansicht nach handelt es sich bei der beobachteten Häufung der Apheldistanzen »neuer« Kometen im Bereich um 50 000 AE lediglich um eine vorübergehende Erscheinung. Um seine Argumentationskette zu verstehen, müssen wir ein wenig weiter ausholen.

Im Zusammenhang mit den Kleinplaneten werden wir noch erfahren, daß eine Zeitlang die Explosion eines hypothetischen Planeten zwischen Mars und Jupiter als Ursprung dieser Kleinplaneten diskutiert wurde. Diese Vision von einem zerplatzten Sonnenbegleiter erhielt im Jahre 1962 neue Nahrung, als Michael Ovenden von der University of Vancouver mit Hilfe einer Computerrechnung darlegen konnte, daß bis vor einigen Millionen Jahren im Bereich zwischen Mars- und Jupiterbahn ein Planet mit etwa 90 Erdmassen habe existieren müssen – anders ließen sich die gegenwärtigen Bahnen der übrigen Planeten kaum erklären. Sie hätten sich durch gegenseitige Bahnstörungen längst stärker verändern müssen, wenn nicht dieser Planet X zusätzlich »mitgemischt« hätte. Ovenden nahm dazu an, daß sich die Planetenbahnen im Laufe der Zeit so zueinander anordnen würden, daß ihre wechselseitigen Störungen so klein wie möglich bleiben.

Ausgehend von den Überlegungen Ovendens hat Thomas van Flandern die Dynamik einer solchen Planetenexplosion betrachtet. In »Vorwärtsrichtung« zur Bahnbewegung des angenommenen Planeten hätte ein Geschwindigkeitszuwachs von 7,4 Kilometer pro Sekunde ausgereicht, um die Bruchstücke aus dem Sonnensystem hinauszuschleudern; in Gegenrichtung wären 43 Kilometer pro Sekunde erforderlich gewesen. Dennoch – so van Flandern – ist anzunehmen, daß der überwiegende Teil des Planeten damals das Sonnensystem verlassen hat: eine Explosion, die heftig genug ist, um einen ganzen Planeten auseinanderzureißen, sorgt für genügend hohe Fluchtgeschwindigkeiten. Die zu langsamen Bruchstücke wären dagegen auf rechtläufigen Bahnen – in der ursprünglichen Bewegungsrichtung – um die Sonne geblieben; sie könnten also mit den heutigen Asteroiden identifiziert werden.

Anders ist es dagegen um Objekte bestellt, die damals in eine stark elliptische Umlaufbahn mit einer Periode von der Größenordnung 100 000 bis 10 Millionen Jahre geschossen wurden: Wenn das Ereignis wirklich erst vor einigen Millionen Jahren stattgefunden haben sollte, dann hätten Objekte auf diesen Bahnen erst einige Sonnenumläufe vollendet, ja, kämen möglicherweise jetzt zum ersten Mal wieder in Sonnennähe zurück. Bahnstörungen durch die großen Planeten würden bei ihnen noch keine Rolle spielen, und so sollte eine Untersuchung der Bahnen solch extrem langperiodischer Kometen möglicherweise Argumente für oder gegen diese »Katastrophentheorie« liefern.

Van Flandern nennt ein entscheidendes Kriterium, an dem man seine Hypothese überprüfen kann: den Einfluß der Sonne auf die Kometenbahnen. Wenn es sich bei den neuen Kometen wirklich um Objekte handelt, die zum ersten Mal nach ihrer Entstehung aus der Explosion eines Planeten vor rund 5 Millionen Jahren wieder in Sonnennähe gelangen, dann sollten sich ihre Bahnen im Bereich des damaligen Explosionsortes kreuzen oder zumindest »bündeln« – man darf ja selbst bei nur einer Sonnenumrundung die Störungen der Planeten vor allem während der Fluchtphase, aber auch die Einflüsse nahe vorüberziehender Fixsterne nicht außer acht lassen. Daraus ergibt sich notwendigerweise eine Asymmetrie der zu erwartenden Perihellagen, denn sie müssen sich auf der Seite der Sonne häufen, auf der auch der Planet explodiert ist. Van Flandern untersuchte nun Bahnen von 92 Kometen mit extrem langen Umlaufzeiten, die während der letzten 130 Jahre zu beobachten waren, und fand bei ihnen tatsächlich die von ihm vorausgesagte ungleiche Verteilung der Perihellagen: 64 der 92 Kometen oder 70 Prozent erreichten ihren sonnennächsten Bahnpunkt im Gebiet zwischen 132 und 312 Grad ekliptikaler Länge, während die restlichen 28 Kometen auf der gegenüberliegenden Hemisphäre des Himmels an die Sonne heran kamen.

Als weiteres Argument für seine Hypothese nennt Thomas van Flandern einen auffälligen Mangel an Kometen mit geringen Periheldistanzen, dagegen eine Häufung um den Wert, der dem halben Bahnradius des Ursprungsplaneten entspricht. Auch dies stimmt mit den Bahndaten seiner 92 Kometen überein, denn keiner von ihnen kam näher als 0,5 AE an die Sonne heran, während 69 (entsprechend 75 Prozent) eine Periheldistanz zwischen 0,5 und 2,5 AE besaßen.

Ein Blick in die 4. Ausgabe des Katalogs der Kometenbahnen zeigt allerdings, daß die von van Flandern getroffene Auswahl seiner 92 Kometen keineswegs alle Objekte berücksichtigt, die die Bedingung »lange Umlaufzeit« erfüllen. Nimmt man alle 451 Kometen, deren Bahnexzentrizität mit 1 oder größer angegeben wird, so zeigt sich bei der Perihelverteilung eine deutliche »Doppelhäufung« in zwei jeweils 90 Grad weiten, einander gegenüberliegenden Raumsektoren: 150 Kometen erreichten ihren sonnennächsten Punkt bei heliozentrischen Längen zwischen 240 und 330 Grad, 131 Kometen zwischen 60 und 150 Grad; in den beiden anderen Gebieten kamen dagegen nur 83 beziehungsweise 87 Kometen in Sonnennähe. Auch die Verteilung der Periheldistanzen sieht dann etwas anders aus: Läßt man die Mitglieder der Kreutz-Gruppe außer acht, dann erreichten immerhin noch 27 Prozent der Objekte eine minimale Sonnenentfernung von weniger als 0,5 AE, während der Anteil der Perihelentfernungen zwischen 0,5 und 2,5 AE auf 65 Prozent zurückgeht. Mit der von van Flandern aufgestellten Hypothese eines explodierten Planeten zwischen Mars- und Jupiterbahn läßt sich diese Doppelhäufigkeit in der Verteilung der Perihellängen nicht in Einklang bringen. Dagegen fällt auf, daß die beiden Raumsektoren mit dem hohen Anteil an Kometenperihelen ziemlich genau um den Apex beziehungsweise den Antapex der Sonnenbewegung zentriert sind, um jene Punkte also, die – bezogen auf die Eigenbewegung der Sonne relativ zu den umgebenden Fixsternen – Ziel- und Fluchtpunkt markieren. Daraus den Schluß zu ziehen, die Kometen kämen von außen in das Sonnensystem herein, wäre jedoch etwas voreilig, da wir in einem solchen Fall eine »elliptische« Verteilung mit einem Minimum um den Apexpunkt herum und einem Maximum im Bereich des Antapex erwarten müßten.

So faszinierend die Vorstellung auch sein mag, daß die Kometen erst vor einigen Jahrmillionen aus der Explosion eines jupiterähnlichen Planeten mit 90 Erdmassen entstanden sein könnten: Die Bahnen der extrem langperiodischen Kometen deuten nicht unbedingt darauf hin – ganz abgesehen davon, daß man auch überhaupt keine Erklärung für diese plötzliche Zerstörung eines Planeten anzubieten hätte.

Wolkenlücke

Damit scheint die Oortsche Hypothese von der Existenz einer Kometenwolke an den Randbezirken des Sonnensystems gegenwärtig die einzig plausible Erklärung für die Häufung der Aphele »neuer« Kometen im Bereich von etwa 50 000 AE zu sein. Man kann sogar auch einen inneren und einen äußeren Rand dieser Kometenwolke angeben: Jenseits einer Entfernung von etwa 140 000 AE oder 2,2 Lichtjahren ist die Störung vorbeiziehender Sterne so groß, daß über einen Zeitraum von 4,5 Milliarden Jahren (dem Alter des Sonnensystems) mögliche Ausläufer der Wolke in die Tiefen des Alls mitgerissen worden wären. Andererseits sind bei der gegenwärtig beobachteten Häufigkeit »enger« Begegnungen der Sonne mit anderen Fixsternen deren Störungen auf die Kometenbahnen innerhalb von 20 000 AE zu vernachlässigen.

Die äußere Grenze der Kometenwolke liegt also etwa auf der Hälfte der Strecke zwischen der Sonne und den nächsten Fixsternen und ist damit unbestritten jene Maximalentfernung, über die hinaus die Einflußnahme der Sonne durch ihr Schwerefeld kleiner wird als die Anziehungskräfte der benachbarten Sterne – über den äußeren Rand der Oortschen Wolke kann es daher keine Diskussionen geben. Anders sieht es mit ihrem inneren Rand aus. Jack Hills, Astrophysiker am Los Alamos National Laboratory im US-Bundesstaat New Mexico, ist beispielsweise davon überzeugt, daß in einer mittleren Entfernung von 3000 AE (= 0,05 Lichtjahre) eine weitere, viel dichter besetzte Wolke von Kometenkernen existiert. Die Objekte dort sind zwar normalerweise vor den Störungen vorbeiziehender Sterne sicher, so daß sie kaum auf Bahnen ins Innere des Sonnensystems abgelenkt werden. Aber im Mittel alle 400 Millionen Jahre zieht ein Fixstern auch in solch geringer Distanz zur Sonne vorbei und verursacht dann in dieser inneren Kometenwolke ein heilloses Durcheinander. So ziemlich alle Bahnen werden bei einem solchen Ereignis gestört und entsprechend sehr viele Kometenkerne in die Nähe der Sonne gedrängt. Hills schätzt die Zahl der Objekte, die während eines solchen »Kometenschauers« pro Jahr bis auf zwei Astronomische Einheiten an die Sonne herankommen, auf 7000. Wenn sie den Innenbezirk des Sonnensystems wieder verlassen, sind ihre Bahnen durch die Einwirkungen der Riesenplaneten drastisch verändert, und so kann man davon ausgehen, daß ein solcher Kometenschauer nach relativ kurzer Zeit beendet ist. Nach maximal vier Umläufen auf ihren elliptischen Bahnen werden die meisten Kometenkerne entweder eingefangen und in kurzperiodische Kometen umgewandelt oder aber auf langgestrecktere Bahnen beschleunigt worden sein; die einen lösen sich dann relativ rasch auf, während die anderen möglicherweise die Oortsche Kometenwolke auffüllen.

Daneben wird man allerdings auch erwarten müssen, daß einige der Objekte mit den Planeten beziehungsweise ihren Monden zusammenstoßen und dort ihre Spuren hinterlassen. Auf der Erde wird man Relikte derartiger Kollisionen allerdings kaum finden, da die Erdkruste im Laufe von einigen hundert Millionen Jahren nahezu vollständig »ausgetauscht« wird: neues Krustenmaterial dringt aus den Spalten der mittelozeanischen Gebirgsrücken an die Erdoberfläche, während anderswo Krustenmaterial vom Erdmantel verschluckt wird. Diese – wenn auch extrem langsam ablaufende – Konvektionsströmung innerhalb der Lithosphäre der Erde treibt die schon vor mehr als 60 Jahren von dem deutschen Geologen Alfred Wegener entdeckte Kontinentaldrift an und trägt gleichzeitig zu einer allmählichen Abkühlung des Erdinnern bei. Aber auch bei den übrigen Himmelskörpern im inneren Sonnensystem kann man aus der »Geschichtsschreibung« der Kraterhäufigkeiten keinerlei Hinweise auf Zusammenstöße mit Kometen finden.

Warum also entwickelt jemand die Vorstellung einer »inneren Kometenwolke«, wenn man deren Auswirkungen doch nicht überprüfen kann? Der Grund dafür ist in den Schwierigkeiten zu suchen, die die Astronomen mit der ursprünglichen Besetzung der Oortschen Kometenwolke haben. Ganz gleich, welches Modell sie für die Entstehung der Kometen entwerfen – sie alle kommen nicht ohne bestimmte, ziemlich eng gefaßte Voraussetzungen aus.

So nahm beispielsweise Alistair Graham Walter Cameron vom Harvard Smithsonian Center für Astrophysik, ein »Nachbar« von Brian Marsden, ursprünglich an, die Kometen seien »an Ort und Stelle« der Oortschen Wolke entstanden. Die Gas- und Staubwolke, aus der sich vor mehr als 4,5 Milliarden Jahren Sonne und Planeten bildeten, mag anfangs sehr viel größer gewesen sein als der heute von den Planeten erfüllte Raumbereich und sollte dann – so Cameron – bei der Kontraktion in viele kleinere »Wirbel« zerbrochen sein. Während der Zentralbereich sich rasch weiter zusammenzog und schließlich Sonne und Planeten entstehen ließ, verblieben die Bruchstücke am Rand in ihrer ursprünglichen Entfernung und verdichteten sich am Ende zu den Kometenkernen.

Dieser erste Vorschlag wurde von den Kosmochemikern unterstützt, da die Kometen in der Tat annähernd die gleiche Zusammensetzung zu haben scheinen wie interstellare Gas- und Staubwolken, aus denen sich die Sterne bilden. Das allein reicht aber noch nicht zur Anerkennung eines Modells, vor allem dann nicht, wenn es schwerwiegende Argumente dagegen gibt. Wären die Kometen wirklich am Rande des Sonnensystems entstanden, dann müßten sie sich von Anfang an auf nahezu kreisförmigen Bahnen um die Sonne bewegt haben und besäßen damit eine Geschwindigkeit, die größer ist als das Tempo, mit dem Kometen sich auf langgestreckten Ellipsenbahnen im Bereich des Aphels bewegen. Bei einer Kreisbahn mit einem Radius von 50 000 AE liegt die Geschwindigkeit im Bereich von 130 Meter pro Sekunde, während ein Komet auf einer elliptischen Bahn zwischen 5 und 50 000 AE in der Umgebung des Aphels nur knapp 2 Meter pro Sekunde zurücklegt. Es ist ganz klar, daß Störungen vorüberziehender Sterne kreisförmige Bahnen weit weniger stark beeinflussen können als die Pfade eines Kometen, der sich gerade im sonnenfernen Bahnteil aufhält. Bei anfangs kreisförmigen Bahnen sollte man daher kaum ein ausreichend starkes Durcheinanderwirbeln durch solche stellare Einflüsse erwarten können, das allein die beobachtete Zufallsverteilung der Bahnen »neuer« Kometen im Raum bewirken kann; man müßte im Gegenteil gewisse Vorzugsrichtungen erkennen können, gerade so, wie Thomas van Flandern es aus »seinen« 92 Kometen herauslesen wollte, wenngleich auch mit einer anderen Erklärung.

So sah sich Cameron genötigt, ein anderes Modell zur Entstehung der Kometen vorzuschlagen. Im zweiten Anlauf rückte er den Ursprungsort drastisch an die Sonne heran – dorthin, wo in einer späteren Phase der Sonnengeburt die Bedingungen günstig für die Bildung von Kometenkernen waren, wo also die Materiedichte hoch genug und die Temperatur ausreichend niedrig waren, um genügend festes Material mit gefrorenen Gasen zusammenlagern zu können. Diese Bedingung mag in einer Entfernung von einigen hundert AE erfüllt gewesen sein. Jetzt allerdings tauchte das Problem auf, die Kometen von dort nach draußen, in die Region der Oortschen Wolke, zu transportieren.

Hier konnten die Theoretiker auf die Unterstützung ihrer Kollegen hoffen, die sich Gedanken über die Entstehung und die Frühphasen der Sternentwicklung machen. Diese hatten nämlich herausgefunden, daß junge Sterne noch vor dem eigentlichen Zünden der Kernreaktion im Innern bereits zu leuchten beginnen, weil sie durch die zum Ende hin immer rascher ablaufende Kontraktion der Gas- und Staubwolke aufgeheizt werden. Dieses plötzliche Aufleuchten führt natürlich auch zu einem abrupt einsetzenden Strahlungsdruck, der die äußeren Bereiche der noch auf den fast schon fertigen Stern herabregnenden Gaswolke auseinandertreiben kann. Verstärkt werden könnte dieser Effekt noch durch einen extrem heftigen »Sternenwind«, mit dem verglichen der heutige Sonnenwind lediglich ein »laues Lüftchen« ist.

Auf diese Weise kann ein Großteil der Anfangsmasse jener Gas- und Staubwolke, aus der sich der Stern zu bilden begann, abgestoßen werden. Auf die Bahnen der Kometenkerne, die in einigen hundert Astronomischen Einheiten Entfernung kreisen, bleibt ein derartiger Masseverlust natürlich nicht ohne Folgen: die Anziehungskraft aus dem Zentralbereich wird plötzlich geringer, und so können sich die Objekte auf immer größer werdenden Spiralen allmählich von der Sonne entfernen. Damit sie am Ende bei einer Aphelentfernung von etwa 50 000 AE »haltmachen«, muß allerdings ein ganz bestimmter Anteil der ursprünglichen Materiemenge verlorengehen, der zwischen 48 und 49 Prozent liegt. Werden diese engen Grenzen überschritten, bleiben die Kometen entweder weiter innen hängen oder entfernen sich noch weiter von der Sonne, und in beiden Fällen entstünde nicht die Oortsche Wolke, die wir heute postulieren.

Jack Hills hält auch die dritte Alternative, die mittlerweile diskutiert wird, für wenig realistisch; er glaubt nicht, daß der Bereich um Uranus und Neptun und noch ein wenig darüber hinaus ein guter Entstehungsort für die Kometen gewesen sein kann. Dabei zeigten Modellrechnungen, daß unter dynamischen Gesichtspunkten dieser Entstehungsort sehr wohl denkbar ist, denn Störungen durch die großen Planeten Jupiter und Saturn hätten das äußere Sonnensystem, wenn es denn voller Kometenkerne gewesen wäre, innerhalb weniger Jahrtausende weitgehend leerfegen können, wobei ein Großteil dieser Objekte auf Bahnen gebracht worden wäre, die bis in die Oortsche Wolke hinausreichen. Wenn man allerdings dann noch an dem Konzept dieser Kometenwolke festhalten will (die Objekte bewegten sich dann ja von Anfang an auf elliptischen Bahnen, die sie immer wieder auch in den Innenbezirk des Sonnensystems zurückführen), muß man bedenken, daß diese Kometenwolke eine Gesamtmasse besitzt, die weit größer ist als die von Uranus und Neptun, und es taucht dann die Frage auf, ob dafür die vorhandene Masse überhaupt ausreiche – und warum sie nicht an Uranus und Neptun angelagert wurde.

Einen Großteil dieser Schwierigkeiten umgeht Jack Hills mit der Annahme, die Kometen seien am Rande der Proto-Sonne entstanden, zu einem Zeitpunkt, da die noch nicht ganz fertige Sonne in ihrem Zentralbereich schon zu leuchten begonnen hatte. Damals mochte die Gas- und Staubwolke noch eine Ausdehnung von vielleicht fünf- oder sechstausend AE besessen haben, und die äußeren Bereiche begannen nun, im »freien Fall« auf die leuchtende Sonne »herabzuregnen«. Einzig der Strahlungsdruck – so Hills weiter – dürfte dabei die Abwärtsbewegung etwas abgebremst haben, so daß eine Art Rückstau entstand, der kleinere Ansammlungen von Gas und Staub begünstigte. Hills errechnete als notwendige Konglomerationszeit einige hundert Jahre, und das ist ausreichend wenig im Vergleich zu dem Zeitraum, den die Materie im freien Fall bis zum Erreichen sonnennäherer und damit heißerer Regionen benötigt hätte.

Zwar ist auch dieses Modell nicht frei von einengenden Annahmen und Schwächen, doch erklärt es als einziges die Existenz einer »inneren« Kometenwolke in einer Sonnenentfernung von einigen tausend astronomischen Einheiten, aus der durch den extrem nahen Vorübergang anderer Sterne immer wieder ungezählte Kometenkerne auf dem Umweg über das Planetensystem in die Region der Oortschen Wolke »hochgepumpt« werden. Auch Hills stellt also die reelle Existenz dieser »äußeren« Wolke in Frage, läßt die Kometen nicht von Anfang an dort kreisen, sondern glaubt eher, daß die Häufung großer Bahnhalbachsen »neuer« Kometen um den Wert von 25 000 AE nur vorgetäuscht wird, weil dies die langgestrecktesten Ellipsenbahnen sind, die von der Sonne noch vollständig kontrolliert werden. Anders als bei der Entstehung der Kometen im Bereich der Uranus- und Neptunbahn hätte dies jedoch keine einschränkende Konsequenz für die Annahme, daß diese »neuen« Kometen zum ersten Mal in Sonnennähe gelangen und damit als »kosmische Tiefkühltruhen« angesehen werden können.

Treffpunkt Halley

Wunsch und Wirklichkeit

Es bleibt abzuwarten, ob es den Astronomen je gelingen wird, den wirklichen Entstehungsort der Kometen zu rekonstruieren. Offensichtlich genügt dazu nicht die bloße Rückverfolgung der Kometenbahnen, da sie sich immer mehr im Dunkel der Vergangenheit verlieren, je weiter wir diese Rückrechnung treiben. Eine himmelsmechanisch exakte Behandlung des Problems ist ohnehin nicht möglich, da wir nahe Vorübergänge von anderen Sternen allenfalls statistisch berücksichtigen können – ganz abgesehen davon, daß der Rechenaufwand gewaltig wäre. Wie schwierig eine solche Aufgabe ist, haben wir am Beispiel des Kometen Halley gesehen, dessen Identifizierung allenfalls bis zum Jahre 240 v. Chr. eindeutig ist.

Vielleicht aber bietet die Erforschung der Kometen vor Ort neue Erkenntnismöglichkeiten, aus denen sich Rückschlüsse auf die äußeren Bedingungen gewinnen lassen, die bei der Bildung der Kometen geherrscht haben. Nicht zuletzt auch aus diesem Grunde laufen gegenwärtig die Vorbereitungen für eine Erkundung des Kometen Halley durch mehrere Raumsonden auf Hochtouren.

Die wahrscheinlich reichste Ausbeute an wissenschaftlichen Daten erhoffen sich die Kometenforscher von der europäischen Halley-Sonde Giotto, die sich dem eigentlichen Kometenkern auf 500 bis 1000 Kilometer nähern soll. Giotto ist das Ergebnis eines unermüdlichen Einsatzes europäischer Wissenschaftler zugunsten einer Mission zu diesem wohl bekanntesten aller Kometen, nachdem die amerikanische Weltraumbehörde NASA ihre ehrgeizigen Pläne eines Rendezvous mit Halley hatte aufgeben müssen – die dafür veranschlagten Etatmittel waren einer allgemeinen Kürzung des Weltraumbudgets zum Opfer gefallen.

Das NASA-Konzept hatte einen Raumflugkörper vorgesehen, der dem Kometen Halley zunächst entgegenfliegen und sich dann – nach einer Kehrtwendung – im Laufe mehrerer Wochen dem Kometenkern langsam von »hinten« nähern sollte. Dieser Missionsablauf hätte eine kontinuierliche Beobachtung des Kometen über einen langen Zeitraum ermöglicht, so daß auch veränderliche Vorgänge wie etwa das Auftreten von Komahüllen und ihre Verformung zu Schweifstrahlen oder auch Eruptionen an der Kernoberfläche hätten registriert werden können, ebenso die Auswirkungen von Sonnenwind-Böen auf die Kometenionosphäre.

Die dazu notwendige Flugbahn der Sonde hätte jedoch mit den üblichen Steuertriebwerken nicht erreicht werden können. Leider bewegt sich der Komet Halley nämlich rückläufig durch das Sonnensystem, also entgegengesetzt zum Umlaufsinn der Planeten. Ein Raumschiff, das sich längere Zeit in seiner Nähe aufhalten soll, muß daher seine ursprüngliche, beim Start von der Erde aus »gratis« mitgelieferte Bewegungsrichtung umkehren, und das erfordert viel Energie. Herkömmliche Raketenantriebe geben sie nicht her, solange man aufgrund eines begrenzten Startgewichtes nicht beliebig viel Treibstoff mitführen kann.

Einen Ausweg aus diesem Dilemma erhofften sich die amerikanischen Raumfahrttechniker von der Entwicklung eines neuen Antriebssystems, das sich den Strahlungsdruck des Sonnenlichtes zunutze machen sollte: mit Hilfe riesiger Sonnensegel wollte man die Bahnebene eines Instrumententrägers zunächst über mehr als 2 Jahre hindurch schrittweise »kippen«, bis die Sonde sich mit dem »richtigen« Umlaufsinn in der Bahnebene des Kometen Halley bewegt hätte, und den Flugkörper dann vom Sonnenlicht allmählich nach außen treiben lassen. Nach einem Start im März 1982 wäre ein Rendezvous mit Halley am 22. April 1986 möglich geworden, 73 Tage nach dem Periheldurchgang des Kometen und in einer Entfernung zur Sonne von 1,5 AE.

Man mußte allerdings damit rechnen, daß zu diesem Zeitpunkt die wirklich aktive Phase des Kometenkerns bereits abgeflaut sein würde, so daß die wissenschaftliche Ausbeute eines solchen Projektes vielleicht etwas mager gewesen wäre.

Eine Alternative bot der Einsatz eines Ionentriebwerkes, dessen Entwicklung auf amerikanischer Seite bereits in den 60er Jahren begonnen worden war. 1969 wurde ein Prototyp in der Erdumlaufbahn getestet, doch hörte man anschließend nicht mehr sehr viel von dem Projekt. Herzstück dieses Konzepts war eine Ionen-Beschleunigungskammer, in der fortwährend Quecksilberionen auf große Geschwindigkeiten gebracht werden sollten. Als Energiequelle für das Beschleunigungsfeld und die vorgeschaltete Ionisierungskammer waren riesige Sonnenzellenflächen vorgesehen – im Fall der Kometensonde mit 12 Antriebsaggregaten immerhin zwei je 600 Quadratmeter große »Flügel«.

Eine solche Ionensonde hätte bereits im Juni 1982 mit einem Space-Shuttle in die Erdumlaufbahn gebracht und von dort gestartet werden müssen. Der geringe, aber kontinuierliche Schub der Triebwerke sollte den Flugkörper innerhalb von 600 Tagen bis auf etwa 4 AE hinaustragen und dann eine Bewegungsumkehr einleiten, die zu einem Einschwenken auf die Kometenbahn hätte führen sollen. Mitte Dezember 1985, knapp 2 Monate vor dem Periheldurchgang von Halley, wäre der Instrumententräger dann bei einer Sonnenentfernung von 1,2 AE bis auf einige zehntausend Kilometer an den Kometenkern herangekommen und hätte allmählich den Kometenschweif entlang und wieder zurückgleiten können und schließlich sogar einen Landeversuch auf dem Kometenkern selbst unternehmen sollen.

Diese und einige weitere Missionen waren von einer Wissenschaftlergruppe der NASA vorgeschlagen worden; darunter waren auch einige Doppelsonden, die – zum Teil nach erneuten engen Vorübergängen an der Erde nachträglich beschleunigt – an zwei oder gar drei Kometen vorbeifliegen sollten. Am Ende sind dann jedoch alle Anstrengungen der amerikanischen Weltraumbehörde, sich an der Erforschung des Kometen Halley mit einem unbemannten Instrumententräger zu beteiligen, dem Rotstift zum Opfer gefallen.
Buchstäblich in letzter Minute hat man sich allerdings doch noch an einen Satelliten erinnert, der sich bereits seit 1978 im Weltraum befindet, und ihn nun zu einer Kometensonde »umfunktioniert«, die sogar noch vor der europäischen Halley-Mission den Kometen Giacobini-Zinner aus einer Distanz von nur 3000 Kilometer erkunden soll.
Dieser Satellit mit der Bezeichnung ISEE-3 war ursprünglich gestartet worden, um in einer Entfernung von rund 1,6 Millionen Kilometer von der Erde »sonnenwindaufwärts« die heranströmende Partikelstrahlung an einem Ort zu messen, wo sie noch nicht vom Magnetfeld der Erde beeinflußt wird. An diesem Punkt heben sich Sonnen- und Erdanziehung gegenseitig gerade auf, so daß die Raumsonde dort im wesentlichen stationär verharren konnte und lediglich geringfügige Schwankungen um die Sollposition vollführte.
Am 10. Juni 1982 zündete man die Steuerdüsen und rief den Instrumententräger von seiner bisherigen Position ab. Es folgten eine Reihe von Erdumkreisungen auf extrem langgestreckten Bahnen, die die Sonde mehrfach durch den sogenannten geomagnetischen Schweif hindurchführten, wobei mehr oder minder nahe Passagen am Mond die Bahnform jeweils stark veränderten; am 23. Dezember 1983, bei der fünften Begegnung mit dem Mond, kam ISEE-3 dem Erdtrabanten bis auf 100 Kilometer nahe und wurde dabei schließlich ganz aus dem System Erde/Mond herausgeschleudert auf eine Bahn, die ihn – nach einer erneuten Kurskorrektur – im September 1985 an den Kometen Giacobini-Zinner heranführen wird. Zu jenem Zeitpunkt wird sich der Komet nahe dem Perihel seiner Bahn in einer Entfernung von 1,02 AE zur Sonne und von 0,62 AE zur Erde befinden. Ende Oktober 1985 und noch einmal Ende März 1986 soll sich ISEE-3 dann auch noch an den Beobachtungen des Kometen Halley »beteiligen«: zu diesen Zeitpunkten befindet er sich jeweils gerade zwischen Halley und der Sonne und kann entsprechend

den ungestörten Sonnenwind messen, der 75 beziehungsweise 17 Stunden später den Kometen erreichen wird.

Europas Chance

Die europäische Raumsonde Giotto – so benannt nach dem italienischen Maler Giotto di Bondone, der den Halleyschen Kometen im Jahre 1301 beobachtet und ihn drei Jahre später in seinem Gemälde »Die Anbetung der drei Weisen« verewigt hat – soll Mitte Juli 1985 mit einer weiterentwickelten Version der europäischen Rakete Ariane gestartet werden und dem Kometen auf einer leicht elliptischen Bahn entgegentreiben. Nach einer Flugzeit von 8 Monaten wird sie am 13. März 1986 dem Eis- und Staubklumpen in einer Sonnenentfernung von 0,89 AE begegnen. Halley, der 32 Tage vorher sein Perihel durchlaufen haben wird, dürfte dann so ziemlich alle kometaren Erscheinungsformen ausgebildet haben und damit ein sehr lohnenswertes Forschungsobjekt sein.

Allerdings ist die Giotto-Mission mit einem Kamikaze-Flug vergleichbar: Damit die gewünschten Messungen in vollem Umfange durchgeführt werden können, muß die Sonde ziemlich nahe an den Kometenkern herankommen und läuft dabei Gefahr, von den im inneren Komabereich vorhandenen Staubteilchen durchlöchert zu werden. Aufgrund der hohen Relativgeschwindigkeit von etwa 68 Kilometer pro Sekunde würde ein Teilchen von knapp 0,5 Millimeter Durchmesser (0,04 Gramm Masse) die gleiche Zerstörung anrichten wie ein Mittelklassewagen (1 Tonne Masse), der mit einer Geschwindigkeit von 50 Kilometer pro Stunde gegen eine Mauer prallt.

Zum Glück sind die meisten Staubteilchen in der Umgebung des Kometenkerns wesentlich kleiner (rund 0,01 Millimeter Durchmesser), doch wäre es natürlich ziemlich unangenehm, wenn eines der wenigen größeren Teilchen die Sonde zerstören würde. Bei der Auslegung der Grenzbelastbarkeit hat man daher als maximale Teilchengröße etwa 5 Millimeter angenommen, was einer Masse von 0,1 Gramm entspricht. Um ein solches Teilchen sicher abfangen zu können, ist ein Aluminium-Schutzschirm von 8 Zentimeter Dicke notwendig – ein Block dieser Dicke aber wiegt 600 Kilogramm und damit mehr als die gesamte Sonde.

Die gleiche Sicherheit bietet nach Ansicht der Ingenieure ein zweiteiliges

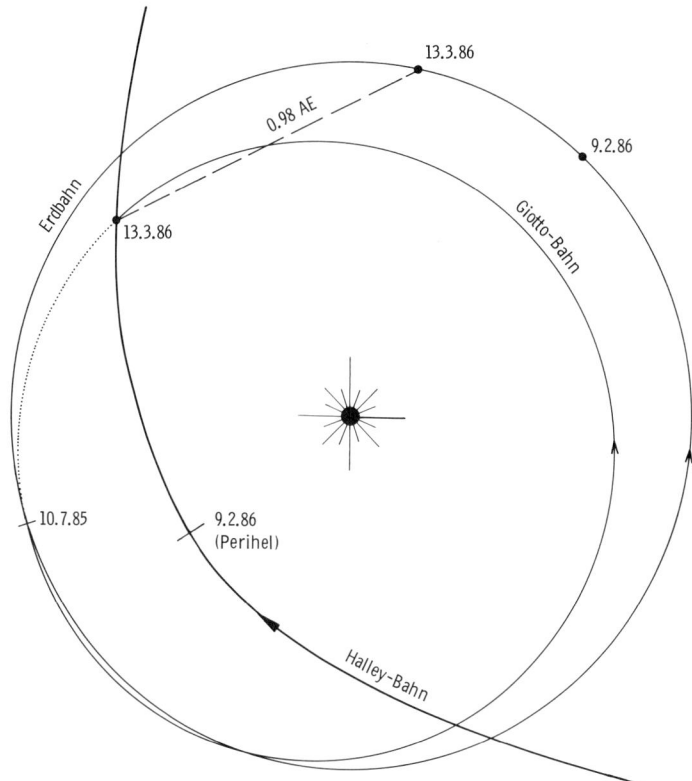

Bahn der europäischen Kometensonde Giotto. Nach dem Start Mitte Juli 1985 fliegt der Instrumententräger auf einer langgestreckten, fast kreisförmigen Kurve dem Rendezvouspunkt entgegen, den er (hoffentlich) gleichzeitig mit dem Kometen am 13. März 1986 erreicht.

Schutzblech mit 25 Zentimeter Zwischenraum: beim Aufprall auf das vordere, 1 mm starke Blech wird bereits der größte Teil der Bewegungsenergie »vernichtet«, in Wärme umgewandelt, so daß das Teilchen verdampft und ein Teil des Gases sogar noch ionisiert werden kann. Die entstehende Gaswolke breitet sich dann im Raumbereich zwischen den beiden Schutzblechen aus und trifft das zweite, etwas dickere Blech nicht

Die europäische Raumsonde Giotto soll sich Mitte März 1986 dem Kometen Halley bis auf wenige hundert Kilometer nähern und vor allem die Zusammensetzung der Koma und des Schweifs studieren. Um den Instrumententräger vor dem zerstörerischen Aufprall umherschwirrender Staubkörner zu schützen, besitzt die Sonde eine doppelte »Knautschzone« in Gestalt zweier Aluminiumbleche. Über die Richtantenne werden Meßdaten und Fotos zur Erde übermittelt.

mehr in einem Punkt, sondern über eine größere Fläche verteilt – entsprechend geringer ist die Belastung dieser zweiten Hürde. Auf diese Weise kommt man mit einer Gesamtmasse von 60 Kilogramm für den Schutzschirm aus.

Ein Zusammenstoß mit noch größeren Teilchen wird dann die Sonde zwar zerstören können, doch ist ein Schutz dagegen ohnehin nicht mehr sinnvoll, weil beim Aufprall die Raumlage der Sonde so sehr verändert wird, daß die Funkverbindung mit der Erde verlorengeht. Dieser Kontakt wird über eine Parabol-Richtantenne mit einem Durchmesser von 1,5 Metern abgewickelt – mit einer Sendeleistung von nur 20 Watt.

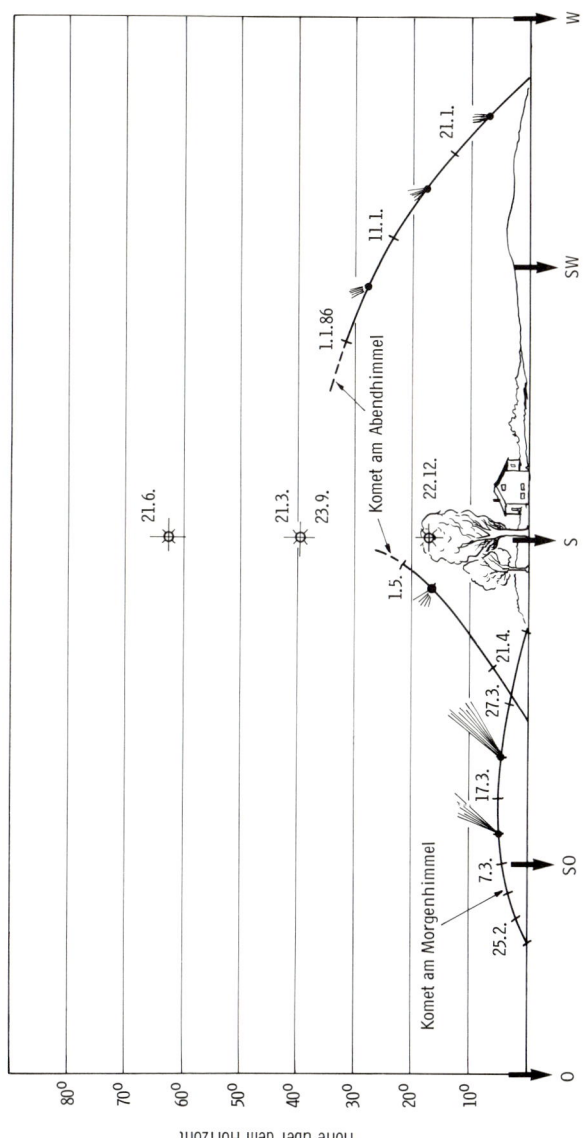

Für Beobachter in Mitteleuropa bietet Halley 1986 kein eindrucksvolles Schauspiel. Ab Mitte Januar dürfte er mit bloßem Auge am Südwesthimmel in der Abenddämmerung zu erspähen sein, im März kann man vielleicht den Schweif am Morgenhimmel vor Sonnenaufgang verfolgen, und Ende April/Anfang Mai ist die Helligkeit schon so weit gesunken, daß seine zweite Abendsichtbarkeit ohne optische Hilfsinstrumente unbeobachtbar bleiben dürfte. Markiert sind außerdem die Mittagshöhen der Sonne zu den Solstitien und Äquinoktien.

Bereitgestellt wird die Energie für Sender und Meßinstrumente von Sonnenzellenflächen, die auf der zylinderförmigen Längswand der Sonde montiert sind.

Wie bei den zahlreichen Raumsonden zu anderen Planeten auch wird sich das Interesse der Öffentlichkeit bei Giotto sicher auf die Farbfotos konzentrieren, die von einer hochauflösenden Kamera während der etwa vier Stunden dauernden Anflugphase aufgenommen werden sollen. Anfangs, aus einer Distanz von noch einer Million Kilometer, werden sie die inneren Bereiche der Koma samt Kern zeigen und dabei Details bis herunter zu 30 Kilometer Größe erkennen lassen; das letzte Bild aus einer Entfernung von nur 1500 Kilometer könnte sogar Einzelheiten von 50 Meter Durchmesser zeigen – vorausgesetzt, die Sonde überlebt den Durchgang durch die innere Koma und hat genügend Zeit, dieses letzte Foto auch zur Erde zu übermitteln. Die Übertragung einer Aufnahme in allen vier verfügbaren Farbbereichen nimmt nämlich fast 3 Minuten in Anspruch, und während dieser Zeit legt die Sonde rund 12 000 Kilometer relativ zum Kometen zurück.

Als Detektorsystem dient eine Art elektronographische Kamera, ein Gerät, das von ankommenden Photonen zur Abgabe von Elektronen angeregt wird; diese Elektronen können gespeichert und wieder abgerufen werden, wobei die jeweilige Stromstärke ein Maß für die Zahl der registrierten Photonen ist, für die Helligkeit des Bildpunktes also. Werden viele solcher »Photozellen« zusammengeschaltet, spricht man von einem CCD, einem Charge-Coupled-Device.

Die Kamera an Bord von Giotto enthält ein solches CCD mit 288 Zeilen zu je 385 Bildpunkten. Es befindet sich in der Brennebene eines Cassegrain-Teleskops mit 17 Zentimeter Öffnung und 96 Zentimeter Brennweite, das seitlich aus der Sonde herausblickt; nach vorne versperrt ja der Meteoriten-Schutzschirm die Sicht. In Flugrichtung »vorne« liegt aber auch das Aufnahme-Objekt, denn die Sonde soll ja möglichst direkt auf den Kometenkern zufliegen und ihn nur um einige hundert Kilometer verfehlen. So muß an der Außenhaut ein Umlenkspiegel dafür sorgen, daß das Licht vom Kometen auch wirklich auf die Spiegeloptik trifft.

Das Aufnahmeverfahren wird noch dadurch erschwert, daß sich der Instrumententräger alle vier Sekunden einmal um seine Achse dreht – nur so kann auf recht einfache Art und Weise die Lage der Sonde im Raum kontrolliert und fixiert werden. Durch die ständige Umdrehung kann das

Kamerasystem zwar das Gesichtsfeld zeilenweise abtasten, aber die »Belichtungszeit« pro Bild muß extrem klein sein, damit die Aufnahme nicht verschmiert wird – pro Bildzeile steht nicht mehr als eine Tausendstel Sekunde zur Verfügung.

Da die Sonde zum Zeitpunkt des Vorbeifluges an Halley fast eine astronomische Einheit von der Erde entfernt ist, kann man die Kamera nicht von einer Bodenstation aus fernsteuern – die Laufzeit der Steuerkommandos wäre viel zu lange. Andererseits ist aber die Position des Kometenkerns relativ zur Sonde zum Zeitpunkt des Vorbeifluges nicht so genau bekannt, daß man eine Aufnahmesequenz vorprogrammieren könnte: Durch die Einflüsse nicht-gravitativer Kräfte kann einerseits der Kometenort von der vorausberechneten Position abweichen, andererseits ist aber auch eine Abbremsung der Sonde innerhalb der Koma nicht ganz auszuschließen.

Um trotzdem sicherzugehen, daß die Kamera wirklich den Kometenkern fotografiert und nicht irgendein völlig uninteressantes Himmelsfeld, hat man dem Aufnahmesystem eine intelligente Steuerung zugeteilt. Sie sucht zunächst den Kometenkern eigenständig in dem etwa drei Grad großen Gesichtsfeld, indem sie die Bildzeilen mit der maximalen Helligkeit auswählt. Dann wird diese Position ständig überprüft und aus registrierten Veränderungen die ungefähre Vorbeiflugdistanz ermittelt; ist sie wesentlich größer als vorgesehen, können Steuerdüsen gezündet werden, um eine letzte Kurskorrektur zu erreichen.

Der Mikroprozessor steuert dann auch die Belichtungszeiten, gibt dem CCD also die Anweisung, wann es Photonen auffangen soll, an welcher Stelle während einer Rotation die Optik genau auf den Kometenkern weist. Darüber hinaus trifft er die Auswahl, welcher Bildteil übertragen werden soll – innerhalb von vier Sekunden, die eine Rotation der Sonde um ihre Längsachse dauert, können nämlich nur die Informationen von 10 000 Bildpunkten übermittelt werden. In der Anfangsphase reicht dieser Ausschnitt völlig, da der Kometenkern ohnehin nur wenige Bildpunkte belegt und die Koma von vornherein nicht ganz ins Gesichtsfeld paßt.

Während dieser Zeit werden Aufnahmen der inneren Kometatmosphäre durch insgesamt 10 Filter gewonnen, um eine möglichst umfassende Analyse der Gas- und Staubzusammensetzung zu erreichen; dazu gehören Messungen im Bereich bestimmter Spektralbanden ebenso wie Polarisationsmessungen und Fotos mit sehr breitbandigen Filtern.

Rund 7 Minuten vor der größten Annäherung konzentriert sich die Elektronik dann nur noch auf den Kometenkern. Zwar wird auch dann immer noch nur der zentrale Bildteil direkt übertragen, doch hält gleichzeitig eine Speichereinheit ein »Vierfarben-Bild« des ganzen Gesichtsfeldes fest, das sogenannte Bestbild. Mit seiner Übermittlung beginnt die Elektronik aber erst, wenn die zwischenzeitlich immer wieder angestellten Testmessungen eine zunehmende Verschmutzung des Umlenkspiegels an der Außenfront der Sonde vor der Kamera feststellen. Dann nämlich kann man davon ausgehen, daß die Optik keine besseren Bilder mehr aufzeichnen wird und möglicherweise sogar eine Zerstörung des Fluggerätes durch den gefährlichen »Staubregen« bevorsteht. Damit aber auch wirklich das beste Bild übertragen wird, speichert die Elektronik in regelmäßigen Abständen eine jeweils neue Aufnahme aus immer geringerer Distanz.

Neben dieser »intelligenten« Kamera, deren Konzept von Horst-Uwe Keller am Max-Planck-Institut für Aeronomie in Lindau/Harz stammt, führt Giotto noch eine Reihe weiterer Instrumente an den Kometen heran. Dazu gehören ein Staubeinschlags-Massenspektrometer sowie ein Massenspektrometer zur Untersuchung neutraler Gase und elektrisch geladener Atomrümpfe (Ionen), die beide am Max-Planck-Institut für Kernphysik in Heidelberg entwickelt wurden; außerdem zwei Plasma-Analysatoren, ein optisches Staub-Experiment, Sensoren für schnelle Ionen, ein Magnetometer und ein Detektor für energiereiche Teilchen. Mit ihnen will man vor allem die Natur der Muttermoleküle enträtseln, also jener Materie, die wirklich im Kometenkern enthalten ist und bereits kurz nach ihrer Freisetzung durch chemische Prozesse umgewandelt beziehungsweise durch Energiezufuhr bei Zusammenstößen oder das auftreffende Sonnenlicht aufgespalten wird. Außerdem soll die Wechselwirkung der Kometengase mit dem anströmenden Sonnenwind untersucht werden, um an solchen Beobachtungen unter anderem auch die entsprechenden theoretischen Voraussagen überprüfen zu können – schließlich liefert ein Komet experimentelle Voraussetzungen, wie sie in keinem Plasmaforschungsinstitut auf der Erde realisierbar sind.

All diese Meßdaten fallen nur über einen sehr kurzen Zeitraum an und müssen dann mit einer sehr hohen Informationsrate direkt übertragen

werden – ein Speichern für die Zeit nach der Passage ist angesichts der erwarteten Zerstörung der Raumsonde in unmittelbarer Kernnähe nicht sinnvoll. Zum Datenempfang während der etwa vierstündigen Meßzeit muß man daher auf eine große Antenne des Deep-Space-Network der NASA zurückgreifen. Da der Komet – und mit ihm die Sonde – während der Passage ziemlich südlich am Himmel steht, ist eine Antenne auf der Südhalbkugel der Erde am besten geeignet; es kommt also nur der 64-Meter-Parabol-Reflektor des Radioobservatoriums Parkes in Australien in Frage: dort stehen Sonde und Komet immerhin mehr als 13,5 Stunden über dem Horizont, während die beiden 64-Meter-Antennen auf der Nordhalbkugel (in der kalifornischen Mojave-Wüste und unweit von Madrid) weniger als 10 Stunden Beobachtungszeit »bieten« können. Für die Dauer der übrigen Flugzeit genügt die 30-Meter-Antenne des europäischen Kontrollzentrums ESOC, die bei Weilheim im Odenwald steht.
Parallel zu den Messungen durch die Kometensonde soll Halley bei seiner Wiederkehr 1985/86 von vielen Sternwarten aus rund um die Uhr beobachtet werden. Ein entsprechendes Programm, das alle nur denkbaren Möglichkeiten nutzt, ist unter dem Namen »International Halley Watch« von einer Wissenschaftlergruppe zusammengestellt und abgesprochen worden. Sie wollen erreichen, daß nach Möglichkeit einheitliche Messungen mit weitgehend standardisierten Instrumenten durchgeführt werden, um eine gemeinsame Auswertung aller Daten zu erleichtern. Darüber hinaus bemühen sie sich um eine umfassende Dokumentation und Archivierung der Meßergebnisse, die dann allen interessierten Wissenschaftlern zur Verfügung stehen sollen, sowie um eine weitgehende Information der Öffentlichkeit.
Die angeregten Beobachtungen sollen die Entwicklung und das Verhalten großräumiger Strukturen in Koma und Schweif ebenso erfassen wie Geschehnisse in unmittelbarer Umgebung des Kometenkerns, sie sollen spektroskopische und photometrische Meßtechniken ebenso anwenden wie radioastronomische Messungen und Untersuchungen in anderen Spektralbereichen, und sie sollen eine möglichst exakte Bahnvermessung erlauben, um den Einfluß der nicht-gravitativen Kräfte genau einzugrenzen. Wenn der Komet sich dann im Frühjahr 1987 mit der Überquerung der Jupiterbahn nach außen allmählich wieder von den Astronomen »verabschiedet«, werden sie noch etliche Jahre mit der Auswertung der hoffentlich recht aufschlußreichen Daten beschäftigt sein.

Frühestens im Sommer 1985 wird man den Kometen am Morgenhimmel mit einem größeren Amateurfernrohr erspähen können; er steht dann zwischen den Sternbildern Zwillinge und Orion und bewegt sich langsam auf den Stier zu. Wer nur ein Fernglas oder einen Feldstecher zur Verfügung hat, wird noch bis zum November 1985 warten müssen, ehe er das neblige Fleckchen in der Nähe der Plejaden finden kann. Der Komet steht dann in Opposition zur Sonne und ist während der ganzen Nacht zu beobachten; er hat zu jenem Zeitpunkt die Marsbahn noch nicht überquert und ist noch etwa 100 Millionen Kilometer von der Erde entfernt. Am 27. November erreicht er in einer Distanz von knapp 93 Millionen Kilometer seine erste Annäherung an unseren Planeten.

Anschließend bewegt er sich immer schneller auf die Sonne zu, dürfte Mitte Januar für das bloße Auge am westlichen Abendhimmel sichtbar werden und Anfang Februar im hellen Dämmerungslicht verschwinden. Danach krebst er für Beobachter in Mitteleuropa den ganzen März über tief am morgendlichen Dämmerungshimmel entlang und taucht erst aus dem Dunst auf, wenn es schon zu hell für eine Beobachtung mit bloßem Auge ist, ehe er Ende April/Anfang Mai noch einmal am Abendhimmel erscheint. Zu jenem Zeitpunkt ist seine Helligkeit aber bereits wieder so sehr zurückgegangen, daß er ohne optische Hilfsmittel kaum auszumachen sein dürfte. Wir erleben diesmal die für Beobachter auf der Nordhalbkugel ungünstigste Erscheinung des Kometen während der letzten 2000 Jahre ...

Die Suche geht weiter

So bleibt eigentlich nur die Hoffnung, daß uns die nächsten Jahre noch ein paar unerwartete »große« Kometen bescheren, von denen in den 80er Jahren des vergangenen Jahrhunderts immerhin vier am irdischen Firmament auftauchten; die bekannten, kurzperiodischen Objekte jedenfalls lassen für die nahe Zukunft kaum einen aufsehenerregenden Anblick erwarten. Die letzte wirklich eindrucksvolle Erscheinung lieferte im Frühjahr 1976 der Komet West, dessen Schweif am Morgenhimmel immerhin eine Länge von 25 Grad erreichte.

Gerade bei »neuen« Kometen ist die Wahrscheinlichkeit groß, daß sie von Amateurastronomen entdeckt werden, und so soll das Kapitel über die Kometen mit ein paar Tips für angehende Kometensucher zu Ende gehen.

Daß man sich am Himmel auskennen muß, ist wohl jedermann klar, denn nur so kann man hoffen, ein fremdes Objekt gleich als »Eindringling« zu erkennen; außerdem wird dadurch die Verwechslungsgefahr reduziert – nicht umsonst hat Charles Messier, ein erfolgreicher Kometenjäger des 18. Jahrhunderts, zunächst einmal einen Katalog von nebligen Himmelsobjekten zusammengestellt. Dennoch wird man nicht ohne Sternkarte auskommen, um im Zweifelsfall nachsehen zu können, ob an der fraglichen Stelle des Himmels ein »gewöhnliches« Objekt steht oder nicht. Bis zur neunten oder zehnten Größenklasse sollte diese Karte schon reichen, vor allem aber alle »nebligen« Objekte (Gasnebel, kugelförmige Sternenhaufen und ferne Galaxien) enthalten. Für den Einsatz am Instrument empfiehlt sich das Aufziehen der Karten (oder guter Fotokopien) auf Karton und das »Einschweißen« in Klarsichtfolie; zum einen kann man so vermeiden, daß die Sternkarten feucht werden und sich dann wellen, zum anderen kann man auf der Folie leicht wieder abwaschbare Notizen machen, zum Beispiel die Position eines verdächtigen Objektes eintragen.

Dazu braucht man natürlich ebenso Licht wie zum Lesen der Karten. Licht ist aber der Feind einer »weitreichenden« Beobachtung, denn unsere Augen müssen sich zunächst an die Dunkelheit gewöhnen, die Pupillen sich erst so weit wie möglich ausweiten, ehe wir auch die wirklich lichtschwachen Sterne erspähen können – jede noch so kleine Taschenlampe aber hellt das angestrahlte Objekt so sehr auf, daß die Dunkeladaption stark beeinträchtigt wird. Zum Glück sind unsere Augen nicht für alle Lichtwellenlängen gleichermaßen empfindlich – rotes Licht stört weniger als gelbgrünes. Entsprechend benutzen viele Beobachter ein kräftiges Rotfilter zur Abschwächung der Lichtintensität; zwei oder drei Lagen rotes Transparentpapier erfüllen den gleichen Zweck.

Das Lämpchen hängt man sich sinnvollerweise um den Hals, dann hat man während der Beobachtung die Hände frei – und eine braucht man mindestens zur Steuerung des Beobachtungsinstrumentes, die andere gegebenenfalls zum Halten der Sternkarte.

Und welches Instrument ist für die Kometenjagd am besten geeignet (denn die Zeiten, da man Kometen noch mit dem bloßen Auge entdecken konnte, sind wohl endgültig vorbei)? Prinzipiell gilt hier: je lichtstärker,

desto besser. Natürlich muß es nicht der 5-Meter-Spiegel auf dem Mount Palomar sein, wenngleich er auch von allen voll nutzbaren Teleskopen der Erde das meiste Licht auffängt – für die Kometensuche wäre dieses Fernrohr viel zu unhandlich.
Ausschlaggebend für die Lichtstärke eines Teleskops ist auch nicht die Objektivöffnung allein, sondern das Verhältnis von Objektivdurchmesser zu Brennweite; daneben spielt die verwendete Vergrößerung noch eine wichtige Rolle. »Lichtstark« sind dann all jene Beobachtungsgeräte, bei denen das am Okular austretende Lichtbündel die gleiche Größe besitzt wie der Pupillendurchmesser, also (je nach Alter) 5 bis 6 Millimeter. Diesen Wert kann man berechnen, wenn man den Durchmesser des Objektivs, angegeben in Millimetern, durch die Vergrößerung teilt. Bei einem Fernglas oder Feldstecher ist die Rechnung einfach, denn die Bezeichnung eines solchen Gerätes nennt sowohl die Vergrößerung als auch den Durchmesser des Objektivs: ein 7 × 50 Glas liefert bei einem Linsendurchmesser von 50 Millimeter eine 7fache Vergrößerung und hat demnach eine Austrittspupille von 50:7 oder gut 7 Millimeter; ein solches Fernglas wäre daher für unsere Zwecke sehr wohl geeignet, zumindest im Hinblick auf die Lichtstärke. Natürlich ist ein 11 × 80 Feldstecher besser, weil er mit seiner größeren Eintrittsöffnung mehr Licht bündelt und in die Pupille lenkt – ein Fernglas ist ja durchaus mit einem »Lichttrichter« zu vergleichen, der möglichst viele Photonen des ankommenden Lichtstromes ins Auge leiten soll; auch bei diesem Instrument hat die Austrittspupille einen Durchmesser knapp über 7 Millimeter.
Verwendet man Fernrohre mit variabler Vergrößerung, so sollte man eine entsprechend schwache Vergrößerung einsetzen, die zu einer Austrittspupille von nicht mehr als 6 bis 7 Millimeter Durchmesser führt. Die Vergrößerung ist aber abhängig von Verhältnis Eintrittspupille (Objektivdurchmesser) zu Austrittspupille – bei einem Instrument von 10 Zentimeter Öffnung, das rund 5,5 Größenklassen weiter reicht als das bloße Auge, sollte man daher über eine 14fache Vergrößerung nicht hinausgehen. Die Vergrößerung läßt sich leicht berechnen, wenn man die Objektivbrennweite durch die Brennweite des eingesetzten Okulars teilt: je langbrennweitiger das Okular ist, desto geringer ist – bei gleicher Objektivbrennweite – dieser Wert. Geht man daher von einer Okularbrennweite von 50 Millimeter aus, so muß das 10-Zentimeterobjektiv eine Brennweite von rund 70 Zentimetern besitzen und damit ein

Öffnungsverhältnis von 1 zu 7 aufweisen. Für Linsenobjektive ist dies ein sehr ungebräuchlicher Wert, weil bei solch kurzer Brennweite die Abbildungsfehler eines Linsensystems nur sehr aufwendig zu korrigieren sind. Besser geeignet als Kometensucher erscheint daher ein Spiegelteleskop, dessen Öffnungsverhältnis in der Regel zwischen 1 zu 5 und 1 zu 8 liegt. Mittlerweile gibt es sogar spezielle »Kometensucher« zu kaufen, modifizierte Newton-Reflektoren mit einem Öffnungsverhältnis von weniger als 1 zu 4, deren »Erfinder« sicher von der Halley-Welle profitieren wollen.

Wo aber sollte man mit der Suche nach einem neuen, von anderen Beobachtern noch unentdeckten Kometen beginnen? Ist die Suche nach einem solchen Objekt nicht vergleichbar mit der sprichwörtlichen Suche nach der Nadel im Heuhaufen – schließlich hat selbst ein Feldstecher mit seiner geringen Vergrößerung ein Gesichtsfeld von nur knapp 40 Quadratgrad (und das Gesichtsfeld wird bei steigender Vergrößerung kleiner), während die Himmelskugel mehr als 40 000 Quadratgrad umfaßt; wollte man die alle gründlich absuchen, so käme man mit einer Nacht kaum hin.

Erfahrene Kometensucher beschränken sich daher auf einen Bereich von maximal 50 Grad Auslenkung zur Sonne, und das aus zwei Gründen: zum einen stehen diese Himmelsregionen bei ausreichender Dunkelheit so nahe zum Horizont, daß sie für professionelle Astronomen aufgrund der atmosphärischen Trübung und der Luftunruhe keine lohnenswerten Beobachtungsgebiete mehr darstellen, zum anderen sind rund die Hälfte aller während der letzten zwei Jahrhunderte visuell entdeckten neuen Kometen in einer Zone zwischen 30 und 70 Grad Sonnenabstand gefunden worden.

Für diese Eingrenzung des Suchgebietes sprechen schließlich auch noch himmelsmechanische Gesichtspunkte: wirklich neue Kometen bewegen sich zumeist auf sehr langgestreckten Ellipsen, die oft nahe an die Sonne heranführen; wenn sie überhaupt hell genug werden, um mit Amateurmitteln erkannt werden zu können, dann allenfalls im sonnennahen Bahnteil.

Sinnvollerweise sucht man den in Frage kommenden Himmelsausschnitt streifenweise ab, und zwar immer in der gleichen Richtung, also nicht im Zick-Zack-Muster; das hat den Vorteil, daß die Drehung der Erde sich bei jedem Streifen in der gleichen Weise bemerkbar macht und nicht zu

»Blindflächen« führt, die beim Zick-Zack-Verfahren nur durch eine sehr große Überlappung an den Enden kompensiert werden könnten – Überlappungen aber kosten Zeit.
William A. Bradfield, mit 12 Kometenentdeckungen innerhalb von knapp 12 Jahren einer der erfolgreichsten Amateurastronomen auf diesem Sektor, beginnt seine morgendlichen Suchaktionen in der Regel zwei Stunden vor Beginn der Dämmerung in einer Höhe von etwa 20 Grad über dem Horizont. Von dort aus arbeitet er sich »streifenweise« langsam bis auf 50 oder 60 Grad Höhe vor, um dann wieder unten weiterzumachen – dort ist nämlich in der Zwischenzeit der zuvor horizontnahe Streifen weit genug emporgestiegen, daß er nun auch genauer untersucht werden kann. Wenn dann die Dämmerung schon einsetzt, durchmustert er schließlich auch das noch fehlende Gebiet direkt vom Horizont aus aufwärts. Bei abendlichen Beobachtungszeiten geht er entsprechend umgekehrt vor.
Bradfield macht es von der jeweiligen Mondphase abhängig, welchen Himmelsausschnitt er durchforstet: wenn der Mond am Himmel steht, hat er »Pause«. Dabei sucht er keineswegs jeden Abend oder Morgen nach Kometen – er ist schließlich wie die meisten Amateurastronomen berufstätig und kann daher tagsüber den fehlenden Schlaf nicht beliebig nachholen: zwei oder drei Durchmusterungen, möglichst am Beginn und am Ende der mondscheinlosen Zeit morgens und abends reichen völlig – so schnell bewegen sich auch Kometen nicht am Himmel, und bei uns in Mitteleuropa können wir froh sein, wenn das Wetter überhaupt so viele Versuche pro Monat zuläßt.
Natürlich muß man das Fernglas oder Fernrohr auf ein Stativ oder eine Montierung stellen. Solange das Gerät nicht zu schwer ist, reicht dafür ein stabiles Fotostativ samt Kinoneiger völlig, bei größeren Instrumenten auch eine azimutale Montierung – eine aufwendige parallaktische Montierung mit elektrischer Nachführung ist für diese Zwecke eher hinderlich. Man braucht den Himmel ja nur horizontal abzuschwenken und nicht etwa parallel zum Himmelsäquator.
Sollte die Suche einmal auf ein kometenähnliches Objekt führen, auf ein nebliges Fleckchen also, das nicht als Gasnebel, kugelförmiger Sternhaufen oder Galaxie in einer Sternkarte verzeichnet ist, muß man vor allem versuchen, die Position möglichst genau zu ermitteln. Dazu ist es hilfreich zu wissen, wie groß das Gesichtsfeld am Himmel ist. Kennt man diesen

Wert, so läßt sich der Abstand des Kometen zu einigen Hintergrundsternen einigermaßen in Grad abschätzen und daraus der Ort am Himmel in den üblichen Koordinaten ableiten. Vernünftigerweise sollte man versuchen, den ungefähren Abstand zu mehreren Sternen zu bestimmen; dann zieht man auf der Sternkarte um die einzelnen »Anschlußsterne« im richtigen Maßstab Kreise mit dem jeweiligen Winkelabstand als Radius und erhält auf diese Weise eine mehr oder minder genaue Position dort, wo sich die einzelnen Kreislinien kreuzen oder zumindest am nächsten kommen – oft wird dies nur ein solches Fehler»quadrat« sein, doch ist das immer noch besser als eine einzelne Ortsbestimmung dieser Ungenauigkeit. Man kann diese Methode übrigens mit Sternen bekannter Himmelskoordinaten üben und daraus ein Gefühl für die Genauigkeit des Verfahrens bekommen.

Exakter ist natürlich eine fotografische Ortsbestimmung, die aber auf jeden Fall zeitaufwendiger ist, und bei der Entdeckungsmeldung kann es mitunter um Stunden gehen. Mit den so gewonnenen Koordinaten und einer Helligkeitsschätzung meldet man sich dann am besten telefonisch bei einer der Universitätssternwarten in unserem Lande. Sofern es die jeweiligen Umstände erlauben, wird man dort eine kurze Kontrollbeobachtung mit einem größeren Teleskop anstellen und bei einer Bestätigung die Entdeckung unter Wahrung der Erstlingsrechte an das zentrale Büro der Internationalen Astronomischen Union in Cambridge/Massachusetts weitergeben.

Mitunter wird es dabei aber auch herbe Enttäuschungen geben, dann nämlich, wenn einem der Observator am anderen Ende der Leitung sagt, daß man lediglich einen schon vor Tagen gefundenen Kometen aufgestöbert habe, von dessen Existenz nur noch nichts an die Öffentlichkeit gedrungen sei. Dann war man zwar ein paar Tage zu spät, doch kann dies nur Ermutigung und Ansporn zu weiterem Suchen sein, denn immerhin hat man den Kometen ja ohne »Hilfe« von Koordinatenangaben selbst »entdeckt«. Und wer nach einem Jahr noch immer keinen neuen Kometen aus dem Gewimmel der Sterne »herausgefischt« hat, darf sich nicht entmutigen lassen: William Bradfield suchte insgesamt 260 Stunden, ehe er zum ersten Mal fündig wurde, und war damit gar nicht einmal besonders »langsam« – Don Machholz verbrachte während 691 kalifornischer Nächte insgesamt 1700 Stunden mit der Suche nach einem Kometen, bevor er das Objekt 1978l entdeckte. Auch Roy Panther aus

Walgrave in England beobachtete knapp 700 Nächte, bis er »seinen« Kometen (1980u) fand – allerdings hatte er schon im Juli 1947 begonnen: das Wetter in England ist eben nicht sehr »kometenfreundlich«. Da kann man Rolf Meier aus Ottawa nur bewundern, der in bloßen 105 Suchstunden insgesamt 3 Kometen entdeckte (1978f, 1979g, 1980q); fairerweise muß dazugesagt werden, daß er mit einem 40-cm-Reflektor arbeiten konnte.

Doch ganz gleich, ob man nun versucht, selbst Kometen zu finden, oder nur bereits bekannte Kometen verfolgt – für Amateurastronomen bietet die Beobachtung dieser Weltenbummler die Gelegenheit, den professionellen Himmelsforschern ein wenig zu helfen, da sie sich in der Regel kaum um diese Vagabunden im Sonnensystem kümmern. Eine Ausnahme wird da lediglich der Komet Halley bilden, der sich gegenwärtig immer schneller auf das Perihel seiner Bahn zubewegt: Er, der vor rund 300 Jahren als erster Komet eindeutig als dem Sonnensystem zugehörig erkannt worden ist, wird diesmal zum Gegenstand einer konzertierten Beobachtungskampagne, mit der das Geheimnis der »fliegenden Eisberge« endlich gelüftet werden soll.

Man kann sich übrigens auch als Amateurastronom an einem Programm zur Beobachtung des Halleyschen Kometen beteiligen. Stephen Edberg vom Jet Propulsion Laboratory hat eine (englischsprachige) Anleitung zusammengestellt, die Anregungen zu wissenschaftlich verwertbaren Arbeiten enthält. Dieses IHW Amateur Observer's Manual kann unter der folgenden Adresse bestellt werden:

International Halley Watch
Jet Propulsion Laboratory
Mallstop T-1166
4800 Oak Grove Drive
Pasadena, CA 91109 (USA)

Meteore und Meteorite

Himmlische Quellen

Sternenregen

Der Morgen des 13. November 1833 dürfte vielen Bewohnern der nordamerikanischen Ostküste lange in Erinnerung geblieben sein. Wer an diesem Dienstagmorgen zum Firmament aufgeblickt hatte, mußte das Ende der Welt für gekommen erachtet haben, an dem »die Sterne vom Himmel fallen« sollten. Tausende von Leuchtspuren blitzten am Himmel auf, wie die Fächer eines gigantischen kosmischen Feuerwerks, und doch lief das ganze Schauspiel in gespenstischer Stille ab. Das Spektakel dauerte fast die gesamte zweite Nachthälfte, und erst die aufziehende Dämmerung ließ den »Spuk« allmählich verblassen.

Natürlich waren es keine Sterne, die damals vom Himmel fielen – als es am nächsten Abend wieder dunkel wurde, konnte man sie noch alle an ihrem gewohnten Ort finden. Was aber mochte es dann gewesen sein? Sollte am Ende der amerikanische Chemiker Benjamin Silliman, Professor am renommierten Yale College in New Haven, doch Recht gehabt haben? Silliman hatte 1807 berichtet, er habe zusammen mit einem Kollegen einen Stein vom Himmel fallen sehen, was sogleich heftigen Widerspruch sogar des damaligen amerikanischen Präsidenten, Thomas Jefferson, hervorgerufen hatte. Waren die »Sternschnuppen«, wie sie im Volksmund hießen, vielleicht auch fallende Steine oder zumindest Staubkörner, die mit der Erde zusammenstießen und beim Aufprall auf die Erdatmosphäre verglühten?

Ehe man diese Theorie, die einige Jahre zuvor schon von dem französischen Physiker Jean Baptiste Biot zur Erklärung der Meteorite angeführt worden war, akzeptieren konnte, bedurfte es noch einer Reihe ergänzender Argumente. Woher sollten beispielsweise die Steine und Staubkörner stammen, wenn sie wirklich von außen auf die Erdoberfläche stürzten? Konnte man ihren außerirdischen Ursprung überhaupt beweisen?

Dieser Perseiden-Meteor zeigte mehrere Helligkeitsausbrüche; die Aufnahme entstand mit stehender Kamera und einer Belichtungszeit von 10 Minuten.

Fragestellungen wie diese riefen die Astronomen auf den Plan, die nun nach Erklärungsmöglichkeiten suchten. Dazu benötigten sie aber zunächst einmal brauchbare Ausgangsdaten, zum Beispiel über die Höhe der Leuchterscheinungen.
Zu den ersten, die solche Messungen durchführten, gehörte der Astronom Johann Friedrich Benzenberg, der in Düsseldorf wirkte. Er hat zusammen mit Heinrich Wilhelm Brandes bereits Ende des 18. Jahrhunderts von zwei einige 10 Kilometer voneinander entfernten Beobachtungsorten aus Zeitpunkt und scheinbare Bahn der Meteore am Firmament aufgezeichnet und aus dem Vergleich der Daten Höhe und Geschwindigkeit der Teilchen bestimmen können.
Auch sie machten sich also den Parallaxeneffekt zunutze, der Tycho Brahe bereits von der Zugehörigkeit der Kometen zu den himmlischen Objekten überzeugt hatte: Für Beobachter an zwei verschiedenen Standorten erscheint eine Leuchtspur innerhalb der Erdatmosphäre an unterschiedlichen Stellen des Firmaments. Die Größe dieser Verschiebung ist abhängig von der Entfernung der beiden Beobachtungsorte und der Distanz zur Meteorspur – kennt man den Abstand der beiden Beobachter voneinander und den Verschiebungswinkel, so läßt sich daraus sofort die Strecke bis zum Beginn oder dem Ende der Spur errechnen, und wenn man dann auch noch die Höhe der Meteorspur über dem Horizont berücksichtigt, erhält man Anfangs- und Endhöhe der Leuchterscheinung über dem Erdboden.
Benzenberg und Brandes fanden auf diese Weise, daß die Meteore im wesentlichen jenseits von einhundert Kilometer Höhe auftreten. Ihr Kollege H.A. Newton ermittelte aus 260 Messungen zwischen 1798 und 1863 eine durchschnittliche Aufleuchthöhe von 120 Kilometern und ein Verlöschen etwa 80 Kilometer über dem Erdboden. Da die Leuchterscheinung immer nur von sehr kurzer Dauer ist – Sekundenbruchteile bis allenfalls ein, zwei Sekunden –, mußten die auftreffenden Teilchen eine ziemlich große Geschwindigkeit besitzen, da sie ansonsten wohl kaum trotz der Abbremsung in der Atmosphäre eine so weite Strecke würden zurücklegen können. Die Messungen führten auf einen mittleren Wert nahe 40 Kilometer pro Sekunde, der aber weit nach oben und unten

schwanken konnte! Allerdings zeigten die Abweichungen eine gewisse Systematik, waren sie doch für Meteore, die in Schwärmen auftauchten, jeweils ähnlich.

Solche Schwarm-Meteore zeigten noch eine andere innere Beziehung: verlängerte man ihre Spuren zurück, dann schienen sie sich immer in irgendeinem Sternbild zu überschneiden, gerade so, als würden die Meteore sich der Erde aus diesem Sternbild kommend nähern; man nennt dieses Sternbild daher auch Ausstrahlungspunkt oder Radiant. Es handelt sich dabei natürlich um einen rein perspektivischen Effekt, wie wir ihn auch von einer geraden Chaussee her kennen. Die Bäume, zwischen denen Straße und Autos Platz finden, scheinen zum Horizont immer näher zusammenzurücken, und erst, wenn man sich in diese Richtung bewegt, sieht man sie allmählich nach rechts und links »ausweichen«.

Wenn also Meteore eines Schwarmes für alle Beobachter auf unserem Planeten aus dem gleichen Sternbild zu kommen scheinen, muß man annehmen, daß sie aus den Tiefen des Raumes zur Erde vordringen. Dies paßt sehr gut zu der mittleren Aufprallgeschwindigkeit von etwa 40 Kilometer pro Sekunde: Mit einem solchen Tempo nämlich bewegen sich Teilchen auf langgestreckten Ellipsenbahnen, wenn sie sich gerade in einer Distanz von einer Astronomischen Einheit zur Sonne befinden.

Die Meteore am Morgen des 13. November 1833 waren alle aus dem Sternbild Löwe gekommen, das rund eine Stunde vor Mitternacht am Osthimmel aufgegangen war. Der Löwe gehört zu den Eklipsternbildern, jenen Sternbildern, die etwa in der Ebene der Erdbahn liegen. Ein Objekt, das aus dem Sternbild Löwe zu kommen schien, konnte sich also nicht auf einer sehr stark gegen die Ekliptik geneigten Bahn bewegen. So wurde die Vermutung bestärkt, daß es sich um Himmelskörper aus dem Sonnensystem handeln müsse, um Trümmerstücke vielleicht von den ein paar Jahrzehnte zuvor entdeckten Kleinplaneten – auch sie umrundeten die Sonne ähnlich wie die sieben damals bekannten großen Planeten auf Bahnen, die annähernd mit der Ekliptikebene zusammenfallen.

Gestützt wurde diese Annahme einer Zugehörigkeit zum Sonnensystem durch das mehr oder minder periodische Auftreten des Leonidenschwarms, wie der Sternschnuppenstrom aufgrund seines Ausgangspunktes, dem Sternbild Löwe (lat. leo), genannt wurde: so hatte Alexander von Humboldt von einem ähnlichen »Meteorregen« berichtet, den er am 12. November 1799 zusammen mit seinem Reisegefährten Aimé Bonpland von der venezolanischen Hafenstadt Cumaná aus hatte beobachten können; daneben wurde jedes Jahr um dieses Datum herum eine deutliche Häufung von Meteorerscheinungen registriert.

Kometentrümmer

30 Jahre nach dem großen Sternschnuppenfall an der amerikanischen Ostküste versuchte A.H. Newton die Bahn der Leoniden durch das Sonnensystem zu rekonstruieren. Er ging dabei von der Überlegung aus, daß diese Bahn die Bahn der Erde an jenem Punkt kreuzen oder zumindest streifen mußte, an dem sich unser Planet jeweils um den 13. November herum befindet. In alten Chroniken hatte er den Meteorschwarm bis ins Jahr 902 zurückverfolgen können und wollte nun aus den Beobachtungszeitpunkten seine Umlaufperiode ableiten.

Als kürzestmöglicher Zeitabschnitt kam ungefähr ein halbes Jahr in Frage – nicht genau sechs Monate, denn sonst hätten die Leoniden ja jedesmal zum 13. November nach zwei Umläufen um die Sonne zu einem

Pseudo-räumliche Darstellung der Bahnen von P/Halley und P/Giacobini-Zinner; die beiden Kometen gelten als Quelle für die Meteorströme der η-Aquariden (Anfang Mai), der Oktober-Draconiden (9./10. Oktober) und der Orioniden (21. Oktober); zu den genannten Terminen kommt die Erde jeweils besonders nahe an die Kometenbahnen heran.

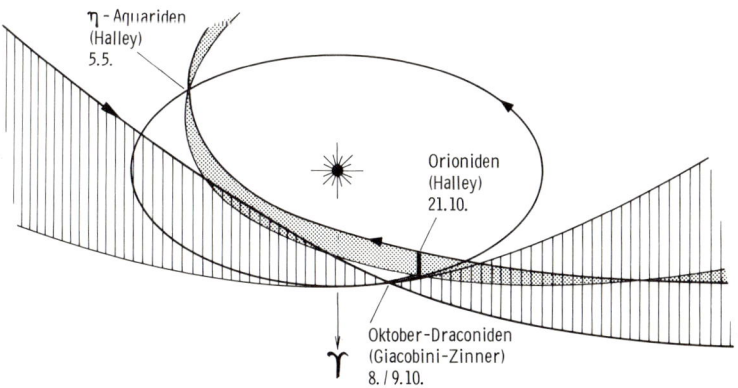

spektakulären Sternschnuppenfall führen müssen. Noch kürzere Umlaufzeiten waren aus himmelsmechanischen Gründen auszuschließen, denn schon bei einem Zeitraum von vier Monaten (entsprechend drei Umläufen pro Jahr) hätte die Meteorwolke gar nicht mehr bis zur Erdbahn hinausreichen können, weil die große Bahnhalbachse dann lediglich 0,48 AE betragen hätte.
So kam Newton auf fünf mögliche Perioden zwischen 0,49 und 33,25 Jahren, je nachdem, ob er einen räumlich eng begrenzten Pulk von Teilchen voraussetzte oder aber eine etwas ausgedehntere Wolke; im einen Extrem führte die geringe Ausdehnung des Teilchenschwarms in den meisten Fällen zu einem »Verpassen« des Rendezvous-Termins, im anderen Extremfall sorgten Vorläufer und Nachzügler auch noch ein, zwei Jahre um den eigentlichen Treffzeitpunkt herum zu schwächeren Meteorschauern.
Welche dieser fünf Umlaufzeiten nun die richtige war, konnten nur Störungsrechnungen zeigen. Der Ausgangspunkt der Leoniden, der sogenannte Radiant, war nämlich während der über 900 Jahre, die Newton den Strom zurückverfolgt hatte, um mehr als 14 Grad in östlicher Richtung gewandert. John Couch Adams, einer der »Berechner« des Planeten Neptun, konnte anhand dieser eingrenzenden Angabe zeigen, daß einzig die mit der langen Umlaufzeit verbundene stark elliptische und weit über die Jupiterbahn hinausreichende Leonidenbahn eine solche Störung erfahren könne. Daraus ließ sich eine Wiederholung des Sternschnuppenregens von 1833 für den 13. November 1866 voraussagen, die dann auch beobachtet wurde.
Zumindest die Leoniden also stammten offenbar wirklich aus dem Sonnensystem, waren Teilchen, die die Sonne auf einer langgestreckten Ellipse umrunden und dabei der Erdbahn so nahe kommen, daß sie mit unserem Planeten zusammenstoßen können. Es stellte sich dann aber sofort die Frage, wie denn dieser Teilchenstrom die zahlreichen Kollisionen mit der Erde überleben konnte – immerhin hatte Newton den periodischen Meteorregen über mehr als 900 Jahre oder knapp 30 Begegnungen mit der Erde zurückverfolgt. Irgendwoher mußte offenbar ein Nachschub kommen, wenn man die Leoniden nicht als bloße »Zeiterscheinung« ansehen wollte.
In dieses Rätselraten platzte die Entdeckung eines Kometen durch Guillaume Tempel in Marseille und Horace Tuttle am Harvard College

nahe Boston. Tempel hatte ihn am 19. Dezember 1865 im Bereich zwischen dem Kleinen Bären und dem Drachen beobachtet, während Tuttle ihn 17 Tage später unterhalb des Pegasus fand. In jener Zeit, als es noch keine globalen Nachrichtennetze gab, dauerte der Austausch von Beobachtungsmeldungen viel länger als heute, und so stellte sich erst einige Monate später heraus, daß dieses schnell wandernde Objekt von den beiden Astronomen unabhängig entdeckt worden war.

Ein Jahr später konnte der österreichische Astronom Theodor von Oppolzer aus den Beobachtungen die Bahn des Kometen Tempel-Tuttle berechnen. Kaum war die Arbeit in den Astronomischen Nachrichten veröffentlicht, erkannte sein italienischer Kollege Virginio Schiaparelli (der Entdecker der »Marskanäle«) die große Ähnlichkeit der Bahnelemente mit denen der von ihm berechneten Leonidenbahn: beide Bahnen sind um rund 162 Grad gegen die Ekliptik geneigt, so daß die Leoniden ebenso wie der Komet die Sonne rückläufig umrunden (dieser der Erdbewegung entgegen gerichtete Umlaufsinn führte übrigens auch zu der sehr raschen Wanderung des Kometen Tempel-Tuttle um die Jahreswende 1865/66). Beide Bahnen schneiden die Ekliptik an derselben Stelle, besitzen annähernd die gleiche Exzentrizität und eine ähnliche Periheldistanz; lediglich die Längen der beiden Perihelpunkte weichen um vier Grad voneinander ab.

Für Schiaparelli war dieser offensichtliche Zusammenhang von Komet und Meteorschwarm eine Bestätigung seiner Theorie zur Natur der Kometen; schon vorher hatte er nämlich zeigen können, daß auch die August-Meteore aus dem Sternbild Perseus, die sogenannten Perseiden, in Verbindung mit einem Kometen stehen, der 1862 beobachtet worden war.

Der amerikanische Amateurastronom Lewis Swift hatte diesen Kometen am 15. Juli 1862 im Sternbild Giraffe entdeckt, seine Beobachtungen aber nicht gemeldet, da er glaubte, lediglich ein bereits einige Wochen zuvor gefundenes Objekt gesehen zu haben. So konnte Horace Tuttle vom Harvard Observatorium den Kometen drei Nächte später unabhängig von Swift aufspüren.

Swift-Tuttle oder 1862 III zog am 23. August 1862 durch das Perihel seiner Bahn, das nur wenig innerhalb der Erdbahn liegt. Da die Erde sich gerade in der gleichen Gegend befand, kam er Ende August bis auf 50 Millionen Kilometer an unseren Planeten heran und erschien als Objekt der zweiten oder dritten Größenklasse mit einem etwa 25 Grad langen Schweif.

Aus den Positionsbestimmungen ergab sich eine Umlaufzeit von annähernd 120 Jahren auf einer Bahn, die nahezu identisch mit der Bahn des Perseiden-Meteorschwarms war. Dies führte Schiaparelli zu der Überlegung, zwischen beiden Erscheinungen müsse ein ursächlicher Zusammenhang bestehen. Allerdings nahm er an, die Kometen seien lediglich Verdichtungen des Meteorstromes, lokale Konzentrationen, die sich durch die wirksame Anziehungskraft der Teilchen untereinander noch allmählich vergrößern oder zumindest den Materieverlust ausgleichen konnten, der durch die abströmende Schweifmaterie entstand.

Dieses »Schwarm-Modell« einer »fliegenden Sandbank« hielt sich etliche Jahrzehnte hindurch, bis Fred Whipple um 1950 seinen »schmutzigen Eisberg« entwarf und damit die von Schiaparelli vorgezeichnete Entwicklungsrichtung umkehrte: Kometen entstehen nicht aus einer langsam wachsenden Verdichtung von Staubkörnern, sondern sie zerfallen im Laufe der Zeit in kleine und kleinste Bröckchen, die sich dann längs der Kometenbahn verteilen. Wenn sich Kometenbahn und Erdbahn kreuzen oder wenigstens ziemlich nahe kommen, beobachten wir jedes Jahr zur gleichen Zeit einen mehr oder minder heftigen Meteorschauer.

Bei einer Umlaufzeit von rund 120 Jahren hätte der Perseidenkomet um das Jahr 1982 herum wieder in Sonnennähe gelangen müssen. Allerdings haben wir im Zusammenhang mit dem Halleyschen Kometen bereits gesehen, daß die Periode eines solchen Objektes nicht nur von der großen Bahnhalbachse bestimmt wird, sondern gravitativen Störungen durch den Einfluß der Planeten und nichtgravitativen Kräften unterliegt, die sich aus dem Abströmen der Kometengase ergeben.

Brian Marsden und Donald K. Yeomans, der schon die Halley-Bahn rekonstruiert hat, versuchten 1981 Voraussagen für die Wiederkehr von P/Swift-Tuttle, die diese Störeinflüsse mit berücksichtigten. Ihre Ergebnisse wichen nur geringfügig voneinander ab: Nach Yeomans wäre eine Rückkehr am 30. Juni 1981 zu erwarten gewesen, während Marsden als wahrscheinlichstes Datum für den Periheldurchgang den 17. September des gleichen Jahres errechnete. Beide Termine verstrichen jedoch, ohne daß man an den entsprechenden Stellen einen Kometen gefunden hätte: P/Swift-Tuttle gilt bis heute als »verschollen«.

Irrläufer

Inzwischen läßt sich eine ganze Reihe von Meteorströmen mit bekannten Kometen identifizieren, angefangen von den Tauriden, die mit dem Kometen P/Encke in Verbindung stehen, bis hin zu den Aquariden und Orioniden, die auf P/Halley zurückgeführt werden können. Aber nicht nur kurzperiodische Kometen mit Umlaufzeiten von weniger als 200 Jahren kommen als Quelle für Meteorschauer in Frage; so werden die April-Lyriden um den 22. April mit dem Kometen Thatcher (1861 I) erklärt, der immerhin 415 Jahre für eine Umrundung der Sonne benötigt. Es gibt aber auch noch etliche Sternschnuppenschwärme, deren Ursprungskomet unbekannt ist – sie werden in der Regel als »ekliptikal« bezeichnet. Vermutlich handelt es sich dabei jedoch lediglich um Trümmer längst zerfallener Kometen. Für diese Deutung spricht jedenfalls die Häufung solcher Meteorströme mit ungeklärter Herkunft in der Nähe der Ekliptikebene – eine derartige Bahnlage ist typisch für ein Mitglied der Jupiterfamilie, das ja keine sehr große Lebenserwartung besitzt und sich daher nach nur einigen tausend Jahren aufgelöst haben dürfte.

Umgekehrt gibt es auch eine Vielzahl bekannter Kometen, die anscheinend keine Meteorströme in ihrem Gefolge haben. Jack Drummond vom Physical Science Laboratory der New Mexico State University in Las Cruces hat vor einigen Jahren eine Liste möglicher Radianten zusammengestellt, um die Suche nach diesen Meteoren zu erleichtern. Dazu suchte er sich aus dem Katalog der Kometenbahnen all jene heraus, die bis auf 0,2 AE an die Erdbahn herankommen, und berechnete Zeitpunkt und Ausgangsort der dazugehörigen »theoretischen« Meteorschauer.

Die Aufstellung enthält immerhin 178 Kometen, die insgesamt 240 Meteorströme hervorrufen sollten. Weil manche dieser Kometen sowohl auf dem Weg zur Sonne hin als auch auf dem »Rückweg« nach draußen der Erde näher als 0,2 AE kommen können, ist die Zahl der Meteorströme größer als die der auslösenden Kometen. Dennoch konnten bislang nur fünf dieser möglichen Schwärme wirklich beobachtet werden. Vielleicht hat Jack Drummond die Grenzen zu weit gezogen, vielleicht müssen die Kometenbahnen näher an die Erdbahn heranführen, damit wir von den Staubkörnern überhaupt getroffen werden. Natürlich hat Drummond seine Randbedingungen nicht willkürlich gewählt, sondern daran orientiert, wie groß der weiteste Abstand zwischen der Erdbahn und einem Kometen ist, der noch einen Meteorschwarm produziert. Den Rekord hält offenbar der Komet Encke, dessen Bahn auf dem Weg nach innen in rund 30 Millionen Kilometer oder eben 0,2 AE Entfernung an der Erdbahn vorüberführt. P/Encke ist aber bekanntlich der Komet mit der kürzesten Umlaufzeit. Entsprechend kann er sich nie sehr weit von der Sonne entfernen, so daß die Staubteilchen längs der Bahn ständig einem vergleichsweise starken Lichtdruck ausgesetzt sind. Man wird daher annehmen dürfen, daß sie sich inzwischen besonders weit von der ursprünglichen Kometenbahn entfernt haben und so eine ziemlich breite Flugschneise füllen.

Andererseits klafft bei zwei der fünf identifizierten Meteorschauer langperiodischer Kometen eine Lücke von immerhin 18 Millionen Kilometer oder 0,12 AE zwischen Kometen- und Erdbahn, so daß man nicht generell sagen kann, langperiodische Kometen besäßen allenfalls sehr eng begrenzte Meteorwolken. Mit Sicherheit spielt hierbei auch die Zusammensetzung des Kometenkerns eine Rolle. Vergessen werden darf in diesem Zusammenhang aber auch nicht, daß vor allem langperiodische Kometen sich nicht unbedingt auf ihren »Originalbahnen« durch das Innere des Planetensystems bewegen: Störungen durch die großen Planeten können zu Abweichungen führen, die dann aber in dieser Form nur für die Kometen selbst gelten, nicht jedoch auch für die Staubwolken, die ein paar Jahre früher oder später ankommen – dann nämlich sind die Planeten längst weitergezogen und lenken die Staubteilchen in ganz andere Richtungen ab. Wir brauchen uns also nicht zu wundern, daß nicht mit jedem Kometen, dessen Bahn nahe genug an die Erdbahn herankommt, auch gleichzeitig ein Sternschnuppenschwarm verbunden ist.

Der gleiche Prozeß – die stark voneinander abweichenden Einwirkungen der großen Planeten auf einzelne »Wolken« potentieller Meteore längs einer Kometenbahn – kann auch für die Entstehung der sogenannten sporadischen Meteore verantwortlich gemacht werden. Von ihnen kann man in einer wolkenlosen Nacht mit bloßem Auge etwa sechs bis zehn pro Stunde beobachten: Sternschnuppen, deren Bahnen am Himmel nicht von einem bestimmten Radianten ausgehen, sondern vollkommen zufällig ausgerichtet sind. Sie lassen sich keinem der bekannten Meteorströme zuordnen, da jede von ihnen aus einer anderen Gegend des Sonnensystems kommt und auf einer anderen Bahn zwischen den Planeten herumvagabundierte.

Etwa zehn Meteore pro Stunde – das hört sich nicht nach sehr viel an. Wenn man aber bedenkt, daß ein einzelner Beobachter ja jeweils nur einen kleinen Ausschnitt der Himmelsfläche überblicken kann, kommt man sehr rasch auf ziemlich große Zahlen: im Schnitt stößt die Erde jeden Tag mit einigen hunderttausend bis eine Million Bröckchen zusammen, die groß genug sind, um beim Aufprall auf die Atmosphäreschichten die Luftmoleküle zum Leuchten anzuregen. Daneben gibt es noch weit mehr Meteore, die zu lichtschwach sind, als daß man sie mit bloßem Auge beobachten könnte. Ihre Masse ist so gering, daß die Aufheizung der Atmosphäre nur für ein schwaches Glühen reicht, das dann nur mit optischen Beobachtungsgeräten bemerkt werden kann. Unterhalb einer bestimmten Mindestmasse reicht die kinetische Energie der Staubkörnchen nicht einmal dazu aus, und so sinken sie nahezu unversehrt durch die Luftschichten zu Boden und können hier nachgewiesen werden; da es sich aber um sehr winzige Objekte von der Größe einiger tausendstel Millimeter handelt, bedarf es schon geeigneter Auffanggeräte und einer sicheren Zuordnung zur kosmischen Materie, denn die Schornsteine irdischer Fabriken blasen ähnlich kleine Teilchen in die Atmosphäre.

Man schätzt heute die Gesamtmasse an kosmischem Material, das Tag für Tag auf die Erdoberfläche herabregnet, auf etwa 100 Tonnen. So riesig diese Menge auch erscheinen mag – bei gleichbleibender Einfallrate würde dies in den 4,5 Milliarden Jahren, die unsere Erde inzwischen besteht, allenfalls eine Schicht von ein oder zwei Metern Dicke meteoritischen Staubes ausmachen.

Kosmische Geschichtsbücher

Treffer

Nicht alle Eindringlinge aus dem Kosmos sind jedoch so klein, daß sie beim Durchgang durch die Atmosphäre der Erde verglühen oder gar unversehrt zum Erdboden niederschweben können. Größere Objekte erfahren vielmehr bei ihrem Sturz durch die Lufthülle nur eine auf die äußeren Schichten begrenzte Aufschmelzung, so daß das Innere solcher

Brocken unbeschadet bis zum Erdboden vordringen kann; diese Überbleibsel werden dann Meteorite genannt. Entsprechend ihrer chemischen Zusammensetzung unterscheiden die Wissenschaftler zwei Hauptgruppen von Meteoriten und eine Übergangsklasse: Überwiegt der Metallgehalt, spricht man von Eisenmeteoriten, enthalten die Objekte dagegen mehr Silizium-Verbindungen, werden sie zu den Steinmeteoriten gezählt; im Bereich dazwischen sind die Stein-Eisen-Meteorite zu finden. Zwar können die verschiedenen chemischen Elemente in unterschiedlichen Konzentrationen auftreten, doch zeigt die Mittelung der Werte über eine ausreichend große Zahl von Meteoriten, daß diese Unterteilung in nur zwei Hauptgruppen durchaus genügt: die Eisenmeteorite enthalten zu rund 90 Prozent Eisen, dem etwa 9 Prozent Nickel beigemischt sind, während Silizium und Magnesium nur in Zehntel-Promille-Anteilen vorkommen und Sauerstoff gar nicht nachgewiesen werden konnte; demgegenüber stellen die drei letztgenannten Elemente mehr als zwei Drittel des Materials eines Steinmeteoriten. Diese Häufigkeitsverteilung läßt übrigens vermuten, daß Meteorite im Gegensatz zu den Meteoren nicht mit den Kometen in Verbindung gebracht werden können. Verfolgt man ihre Bahnen zurück, landet man meist im Bereich des Asteroidengürtels, jener Zone zwischen Mars und Jupiter, in der ungezählte Brocken und Bröckchen umherschwirren.

Das nahezu völlige Fehlen von Sauerstoff in Eisenmeteoriten führt dazu, daß das Eisen weitgehend in gediegener Form vorkommt. Je nach Nickelgehalt unterscheidet man zwischen den beiden Mineralien Kamazit (ca. 5 Prozent Nickel) und Taenit (30 Prozent Nickel), die beide auf der Erde nicht vorkommen und so einen sicheren Nachweis des außerirdischen Ursprungs ermöglichen – sofern man den angesichts des gediegen vorkommenden Eisens überhaupt noch benötigt. Der Nachweis dieser beiden Mineralien läßt sich mit Hilfe von verdünnter Salpetersäure führen. Ätzt man damit eine polierte Schnittfläche meteoritischen Eisens, so werden eigenartige Linienmuster erkennbar: Neumannsche Linien, wenn der Block nur aus Kamazit besteht, oder Widmanstättensche Figuren, wenn außerdem noch Taenit und eine Mischung aus beidem, sogenanntes Plessit, vorhanden sind.

Da gediegenes Eisen in der Erdkruste oder an der Erdoberfläche nicht vorkommt, wird ein solcher Eisenklumpen immer Verdacht erregen und die Aufmerksamkeit auf sich lenken. Demgegenüber fällt ein herumlie-

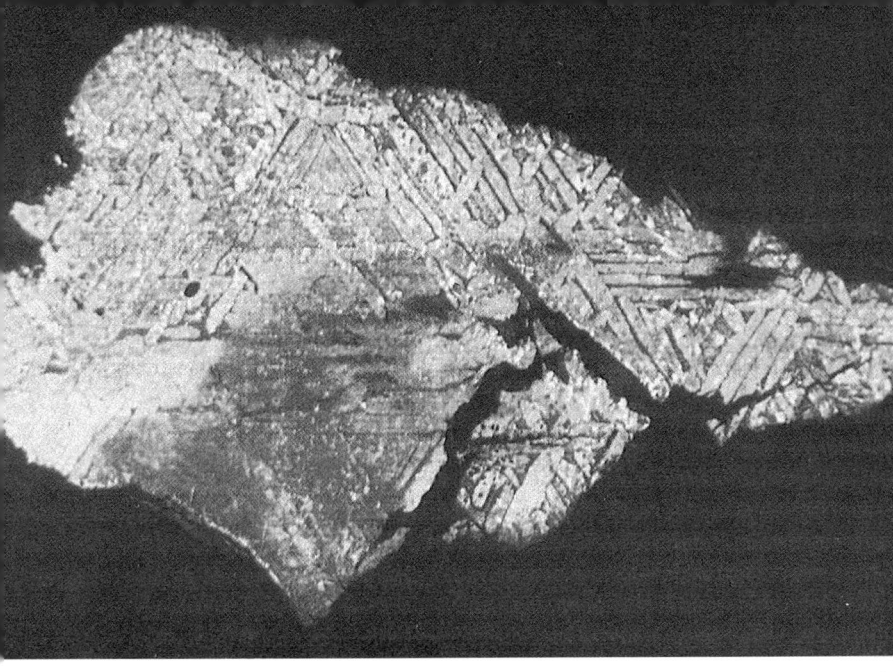

Der Nachweis des außerirdischen Ursprungs eines Eisenmeteoriten gelingt zweifelsfrei anhand der Widmanstättenschen Figuren, die sich nach dem Ätzen einer polierten Schnittfläche zeigen.

gender Steinmeteorit weniger auf. Die meisten Steinmeteorite sind daher nur gefunden worden, weil man ihren »Absturz« durch die Erdatmosphäre beobachtet hat und dann mit einer gezielten Suche beginnen konnte. Ist ein verdachtiges Objekt erst einmal gefunden, läßt sich dagegen normalerweise sehr rasch seine kosmische Herkunft beweisen: Steinmeteorite enthalten nämlich in den meisten Fällen bis zu erbsengroße Kügelchen aus einer glasähnlichen Substanz, die sogenannten Chondren, die vorwiegend aus Olivin, Pyroxenen und Plagioklas bestehen. Solche Chondrite stellen rund 85 Prozent aller Steinmeteorite. Gelegentlich kommt noch ein auffällig großer Gehalt an kohlenstoffhaltigen Verbindungen hinzu, der dann zu einem sehr dunklen Aussehen des Meteoriten führt. Lediglich bei den Achondriten, Steinmeteoriten ohne Chondren, gestaltet sich der Nachweis einer außerirdischen Herkunft etwas schwieriger; hier ist eine chemische Analyse der Mineralien notwendig. Da sie allerdings auffallend wenig Sauerstoff enthalten, treten die normalerweise mit Sauerstoff reagierenden Elemente Calcium, Chrom, Magnesium, Mangan, Titan und Kalium, die allesamt Bestandteile irdischer Gesteine sind, als Schwefel- beziehungsweise Stickstoff-Verbindungen auf, als Sulfide oder Nitride.

Typisch für alle Meteorite ist eine dünne, dunkle Kruste, die sogenannte Schmelzrinde, die allerdings schon nach kurzer Zeit verwittert. Sie entsteht, wenn der Meteorit bei seinem Sturz durch die Atmosphäre abgebremst und dabei aufgeheizt wird; die Temperaturen müssen während dieser Flugphase also mindestens den Schmelzpunkt von Magneteisenstein oder Feldspat erreichen, aus denen die Schmelzrinden der Eisen- beziehungsweise Steinmeteorite bestehen. Allerdings kann die Wärme nicht sehr tief in den Meteoritenkörper eindringen, da das Kristallgefüge, das zur Entstehung der Widmanstättenschen Figuren führt, bei einer Erwärmung auf 900 bis 1000 °C allmählich zerstört wird. Gelegentlich wurde bei frisch gefallenen Steinmeteoriten sogar beobachtet, daß sich auf ihnen eine dünne Eiskruste bildete, weil sich die Luftfeuchte an dem »weltraumkalten« Körper niederschlagen konnte, nachdem die Reibungshitze erst einmal verflogen war.

Schmelzrinde und Eiskruste sind aber nur vorübergehende Erscheinungen, die sich bald verlieren und einen Steinmeteoriten dann nicht mehr länger von irdischen Gesteinsbrocken abheben. Nur so ist zu erklären, daß man mehr Eisenmeteorite gefunden hat als Steinmeteorite, obwohl ihre relative Häufigkeit anderes erwarten lassen sollte. Wenn man nämlich davon ausgeht, daß Beobachtungen von Meteoritenfällen unabhängig von der jeweiligen Zusammensetzung des einzelnen Objektes sind und damit ein repräsentatives Bild von der Meteoritenverteilung liefern, so muß man annehmen, daß Steinmeteorite rund 15 mal häufiger sind als Eisenmeteorite: nur knapp 6 Prozent aller beobachteten Meteoritenabstürze entpuppten sich als Eisenklumpen, während in 92 Prozent der Fälle ein Gesteinsbrocken am Aufschlagort gefunden wurde; die restlichen 2 Prozent entfielen auf die Mischform der Stein-Eisen-Meteorite.

Interessanterweise ist die Häufigkeit der Meteoritenfunde regional sehr unterschiedlich. In Europa und Asien wurden weit mehr Steinmeteorite aufgelesen als Eisenmeteorite, in Afrika ist das Verhältnis fast ausgeglichen und in Südamerika und Australien sogar umgekehrt. Offenbar spielen hier kulturgeschichtliche Entwicklungen eine entscheidende Rolle. Dort, wo in der Voreisenzeit bereits »technisierte« Kulturen heranwuchsen, wurden die Eisenmeteorite systematisch gesucht und zur Werkzeug- und Waffenherstellung genutzt – entsprechend gering ist in diesen Gegenden der Anteil der an sich viel langlebigeren Eisenmeteorite. Erst, als man lernte, Eisenerz zu verhütten, konnten unsere Vorfahren auch irdische Eisenvorkommen ausbeuten und in entsprechender Weise einsetzen.

»Atomuhren«

Läßt man einmal die sicher sehr unterschiedlichen Massen der Meteorite außer acht, so ist allein das Verhältnis der Häufigkeit von Stein- zu Eisenmeteoriten schon auffällig, erinnert es doch in etwa an das Verhältnis von Gestein zu Eisen auf unserem Planeten. Auch die Erde enthält überwiegend Gesteinsmaterial, das einen im wesentlichen aus Eisen und Nickel bestehenden Kern umschließt. Schon früh nahm man daher an, daß die Meteorite zumindest aus der gleichen Materie entstanden sein mußten wie die erdähnlichen Planeten. Ob es sich bei ihnen aber um Überreste jener Gas- und Staubwolke handelte, aus der vor 4,5 Milliarden Jahren Erde, Sonne und Planeten entstanden, oder um Trümmerstücke eines zerplatzten Planeten, um Material also, das vorübergehend in einem größeren Objekt eingekapselt war, konnten erst genauere Untersuchungen klären. Vor allem radiometrische Altersbestimmungen lieferten hierzu wertvolle Hinweise, Messungen, die gewissermaßen versuchten, den »Stand« der radioaktiven Uhren zu bestimmen.
Bekanntlich sind nicht alle chemischen Elemente stabil: jenseits von Wismut kennen wir nur noch instabile Atomkerne, radioaktive Elemente, die über mehrere Stufen in leichtere Atomsorten zerfallen. Diese Radioaktivität tritt aber nicht nur bei den schweren Elementen auf, sondern kann praktisch bei allen 92 in der Natur vorkommenden Atomarten beobachtet werden. Die Wissenschaftler unterscheiden nämlich zwischen verschiedenen sogenannten Isotopen, Atomgeschwistern sozusagen, die sich chemisch alle gleich verhalten, aber über unterschiedlich viele elektrisch neutrale Teilchen in ihrem Kern verfügen. Da das chemische Verhalten und damit die Elementzugehörigkeit von der Zahl der Elektronen in der Außenhülle eines Atoms abhängt, diese Elektronenzahl ihrerseits aber identisch ist mit der Zahl der Protonen im

Atomkern (nur so kann die elektrisch positive Ladung der Protonen im Kern durch die elektrisch negative Ladung der Elektronen in der Atomhülle praktisch vollständig kompensiert werden), macht sich die abweichende Neutronenzahl nur im Atomgewicht der einzelnen Isotope bemerkbar.

Von jedem chemischen Element gibt es wenigstens drei Isotope, von denen (mit Ausnahme der schon erwähnten »vollständig« radioaktiven Elemente jenseits von Wismut) meist mehrere stabil sind. In allen Fällen gibt es aber wenigstens ein radioaktives Isotop, und oft genug ist die Liste der instabilen Atomgeschwister eines Elementes wesentlich länger als die der beständigen Isotope.

Diesen radioaktiven Zerfall, der für ein einzelnes Isotop unabhängig von den physikalischen »Umweltbedingungen« wie Temperatur oder Druck abläuft, kann man sich zur Altersbestimmung einer Bodenprobe zunutze machen. Dazu brauchen nur das Zerfallstempo und die Menge des anfangs vorhandenen Materials bekannt zu sein, und schon kann man die »radioaktive Uhr« wie eine Eieruhr ablesen: Aus dem Verhältnis der noch verbliebenen radioaktiven Substanz zu den Zerfallsprodukten läßt sich die Laufzeit dieser Uhr recht genau ermitteln – je weniger von dem Ausgangsmaterial übrig ist, desto länger »tickt« die Uhr schon. Das ist ganz ähnlich wie bei einer Sanduhr, wo man ja auch anhand der oberen und unteren Sandmenge erkennen kann, wie lange der Sand bereits vom einen ins andere Gefäß rinnt.

Die Sache ist allerdings nicht ganz so einfach, wie sie sich anhört. Zum einen weiß man nicht von vornherein, wieviel des radioaktiven Isotops in der Probe enthalten war, zum anderen bleibt zunächst offen, ob die Zerfallsprodukte vollständig in der Probe festgehalten wurden oder sich im Laufe der Zeit verflüchtigen konnten, und schließlich handelt es sich in der Regel um winzige Mengen, deren Nachweis einen großen apparativen Aufwand und peinliche Sauberkeit erfordert. Unlösbar sind die sich daraus ergebenden Schwierigkeiten zum Glück nicht, wie am Beispiel der viel verwendeten Kalium-Argon-Uhr beschrieben werden soll. Kalium kommt in der Natur in zwei stabilen Sorten und einer »pseudostabilen« Form vor, die mit einer Halbwertszeit von 1,3 Milliarden Jahren zerfällt; daneben gibt es noch eine Reihe kurzlebiger Isotope, die aber für die Messung astronomischer Zeiträume ohne Bedeutung sind. Zur Unterscheidung der verschiedenen Kaliumarten ist es sinnvoll, das jeweilige

Atomgewicht, also die Zahl der im Atomkern enthaltenen Protonen und Neutronen, anzugeben: Kalium-39 (mit 19 Protonen und 20 Neutronen) und Kalium-41 (mit 19 Protonen und 22 Neutronen) sind stabil; Kalium-40 dagegen ist radioaktiv, denn der Atomkern kann eines der Elektronen aus seiner Hülle einfangen, das sich dann mit einem Proton zu einem Neutron verbindet – so entsteht im Laufe der Zeit Argon-40 mit 18 Protonen und 22 Neutronen im Kern.

Argon reagiert als Edelgas mit keinem anderen chemischen Element und bleibt daher unverändert erhalten, solange es nicht nach außen aus der Probe entweichen kann; ein solcher Argonverlust ist aber nur bei höheren Temperaturen möglich, wenn das Material aufgeschmolzen wird. Dies wiederum bedeutet, daß die »Kalium-Argon-Uhr« bei jeder Temperaturerhöhung bis in den Bereich des Schmelzpunktes erneut auf »Null« zurückgestellt wird – man erhält also nicht das »wahre Alter« des Gesteins, sondern lediglich eine Aussage über den Zeitraum, der seit der letzten Erstarrung des Materials vergangen ist. Inwieweit er mit dem Lebensalter des Gesteins identisch ist, läßt sich nur aus plausibel erscheinenden Annahmen über die Geschichte der jeweiligen Materialprobe abschätzen.

Setzen wir einmal voraus, daß ein bestimmter Gesteinsbrocken seit seiner Entstehung kalt und »dicht« genug geblieben ist, damit er alles Argon-40 aus dem Zerfall von Kalium-40 festhalten konnte, und daß es darüber hinaus keine andere Quelle für die Bildung von Argon-40-Atomen gibt, dann hätten wir – um bei unserem Vergleich mit der Sanduhr zu bleiben – jetzt die Möglichkeit, den »Füllstand« des unteren Glasgefäßes zu messen. Als zweite Größe brauchen wir noch eine Angabe darüber, wieviel Kalium-40 noch »im oberen Gefäß« verblieben ist, um zusammen mit der Zerfallsrate die Laufzeit der Uhr errechnen zu können.

Spätestens an dieser Stelle macht sich die chemische Identität der Isotope eines Elementes störend bemerkbar, denn wir können weder die Menge Argon-40 noch die von Kalium-40 direkt ermitteln – solche chemischen Messungen würden durch die Anwesenheit der anderen Isotope stark verfälscht. Man muß daher versuchen, die Atome mit physikalischen Methoden nach ihrem Atomgewicht zu trennen. Das geeignete Gerät dazu ist ein sogenanntes Massenspektrometer. In ihm werden die Atome zunächst ionisiert, d. h. sie werden eines Teils ihrer Elektronen beraubt, damit sie anschließend aufgrund ihrer elektrischen Ladung von einem

Magnetfeld abgelenkt werden können. Atome mit mehr Kernteilchen, also einem höheren Atomgewicht, werden vom Magnetfeld in ihrer Flugbahn weniger stark beeinflußt und treffen an einer anderen Stelle auf die Nachweisapparatur als leichtere Isotope.

Jetzt braucht man nur noch an die einzelnen Isotope in der Gesteinsprobe heranzukommen, und das nach Möglichkeit ohne allzu große Zerstörung des Materials. Hier ergibt sich gleich eine neue Schwierigkeit, da das Kalium natürlich nicht elementar vorkommt, sondern mit anderen chemischen Elementen die unterschiedlichsten Verbindungen eingeht – unabhängig von dem jeweiligen Kalium-Isotop. Anders liegen die Verhältnisse beim Argon, das als Edelgas mit keinem anderen Element reagiert und daher in »reinem« Zustand erhalten bleibt: Argon läßt sich verhältnismäßig leicht durch Erwärmung »austreiben«.

Zur Lösung dieses Problems müssen die Wissenschaftler auf einen Trick zurückgreifen, der den Alchimisten des Mittelalters alle Ehre gemacht hätte – sie müssen auch das an sich stabile Kalium-39-Isotop in Argon umwandeln. Da dies auf natürlichem Wege nicht geht, wird die Gesteinsprobe mit schnellen Neutronen »beschossen«; sie können bis in die Atomkerne vordringen und dabei einzelne Protonen herausschlagen. Da man weiß, in wieviel Prozent solcher Kollisionen genau ein Proton aus dem Kern entfernt und dafür ein Neutron angelagert, aus dem Kalium-39 also ein Argon-39 wird, kann man anschließend aus der Menge des freigesetzten Argon-39 auf die Gesamtmenge des Kalium-39 in dem zu untersuchenden Materiebröckchen schließen. Argon-39 ist für diese Zwecke besonders gut geeignet: seine Halbwertszeit ist mit 269 Jahren einerseits kurz genug, um sicher zu sein, daß kein ursprüngliches Argon-39 mehr vorhanden ist, andererseits aber hinreichend lang, so daß der radioaktive Zerfall während der Meßzeit außer acht gelassen werden kann.

Beim Beschuß des meteoritischen Materials wird also ein bestimmbarer Anteil Kalium-39 in Argon-39 umgewandelt und durch die gleichzeitige Erwärmung freigesetzt. Außerdem dringt in gleicher Weise das aus dem natürlichen Zerfall des Kalium-40 entstandene Argon-40 nach außen. Das Verhältnis von beiden läßt sich im Massenspektrometer bestimmen. Damit ist die gestellte Aufgabe aber immer noch nicht gelöst, denn wir kennen jetzt zwar die Mengen des entstandenen Argon-40 und des stabilen Kalium-39, nicht aber den Anteil des verbliebenen Kalium-40-

Isotops. Sollten die ganzen Arbeiten am Ende umsonst gewesen sein?

Aus Untersuchungen irdischer Gesteinsproben ist bekannt, daß das Isotopenverhältnis, also der prozentuale Anteil der einzelnen Isotope an der Gesamtmenge eines Elementes, offenbar konstant ist. Es drängt sich dann die Vermutung auf, daß diese jeweiligen Isotopenverhältnisse etwas mit der Entstehung der Elemente oder wenigstens mit der Bildung des Sonnensystems zu tun haben müssen und daher – zumindest bei den »temperatur-unempfindlichen« Elementen – im Sonnensystem überall gleich sind. Lediglich bei Gasen, die in der Regel sehr niedrige Verdampfungstemperaturen besitzen, und anderen »leicht-flüchtigen« Elementen wird man erwarten müssen, daß sich das Isotopenverhältnis temperaturabhängig verändert, daß im sonnennahen Bereich also vorwiegend die schwereren Isotope zurückgeblieben sind, die aufgrund der geringfügig größeren Masse nicht so rasch Entweichgeschwindigkeit erreichen konnten wie ihre leichteren »Geschwister«.

Mit anderen Worten, man kann bei entsprechender »Vorsicht« das Kalium-Isotopenverhältnis irdischer Gesteine zunächst einmal auf meteoritisches Material übertragen, solange man von einem Ursprung dieser Körper im Sonnensystem ausgeht. Dann aber legt die bis heute unverändert gebliebene Menge des Kalium-39-Isotops die ursprüngliche Menge des inzwischen weitgehend umgewandelten Kalium-40-Isotops fest, und man hat endlich die erforderlichen Daten für die Entzifferung der Kalium-Argon-Uhr zusammen: aus dem Vergleich der ursprünglichen Kalium-40-Menge mit der inzwischen entstandenen Menge an Argon-40 läßt sich unter Kenntnis der Halbwertszeit von 1,3 Milliarden Jahren sehr genau berechnen, wieviel Zeit für die Umwandlung von Kalium in Argon zur Verfügung gestanden hat.

Altersangaben

Neben dieser Kalium-Argon-Uhr gibt es noch eine Reihe weiterer Isotopen-Uhren bei anderen chemischen Elementen, vorzugsweise bei den langlebigen »natürlichen« radioaktiven Elementen jenseits von Wismut und ihren stabilen Zerfallsprodukten. Sie alle führen zu sehr ähnlichen, wenn nicht sogar übereinstimmenden Resultaten. So dürfen die Wissenschaftler beruhigt davon ausgehen, daß ihre Messungen und die eingebrachten Annahmen (z. B. hinsichtlich der innerhalb des Sonnensystems weitgehend einheitlichen Isotopenverhältnisse) richtig sind.

Die so bestimmten Altersangaben für Meteorite häufen sich um den Wert 4,55 Milliarden Jahre und sind damit identisch mit dem Alter des Sonnensystems: das Material, das heute noch »vom Himmel fällt«, ist also zur gleichen Zeit entstanden wie Sonne und Planeten – es handelt sich um Überreste aus der Anfangszeit, die möglicherweise die ursprüngliche Materie in einer ähnlich unverfälschten Weise erhalten haben wie die Kometen. Brauchen wir also am Ende gar keine besondere Untersuchung kometarischer Materie, können wir uns den Aufwand einer Kometensonde sparen, weil wir lediglich die herumliegenden Meteorite aufsammeln und analysieren müssen?

Der Grad der Erhaltung ursprünglicher Materie-Eigenschaften hängt nach Ansicht der Wissenschaftler ganz entscheidend von der Größe des jeweiligen Körpers ab: je größer er ist, desto mehr Masse vereint er in sich und desto wahrscheinlicher ist das Material bei der Entstehung des Körpers verändert worden. Es wird heute allgemein angenommen, daß die Objekte im Sonnensystem aus der Anlagerung zahlreicher kleinerer Brocken heranwuchsen, und mit der Masse nahm auch die Anziehungskraft zu; wenn dabei eine bestimmte Schwelle überschritten war, hing schließlich die Aufprallgeschwindigkeit nicht mehr so sehr von der Relativgeschwindigkeit ab, sondern wurde zunehmend von der Schwerkraft beherrscht, die eine immer größere Fallgeschwindigkeit erzwang. Entsprechend nahm die Aufprallenergie zu, wurden bei jedem weiteren Aufschlag immer größere Energiemengen freigesetzt. Sie reichten schließlich aus, weite Teile des Himmelskörpers aufzuschmelzen, wobei sie von der Abwärme des Zerfalls der radioaktiven Elemente unterstützt wurden. So konnten schwerere Bestandteile zum Zentrum des Objektes absinken, während die leichteren Elemente sich an der Oberfläche sammelten. Eine solche chemische Differenzierung in schwere Kernmaterialien und leichtere Krustenbestandteile ist daher ein deutliches Anzei-

Vergleich von chondritischem (oben) und achondritischem Meteorit (unten). Im oberen Fundstück erkennt man einige der runden Einschlüsse (Chondren), denen dieser Meteoritentyp seinen Namen verdankt.

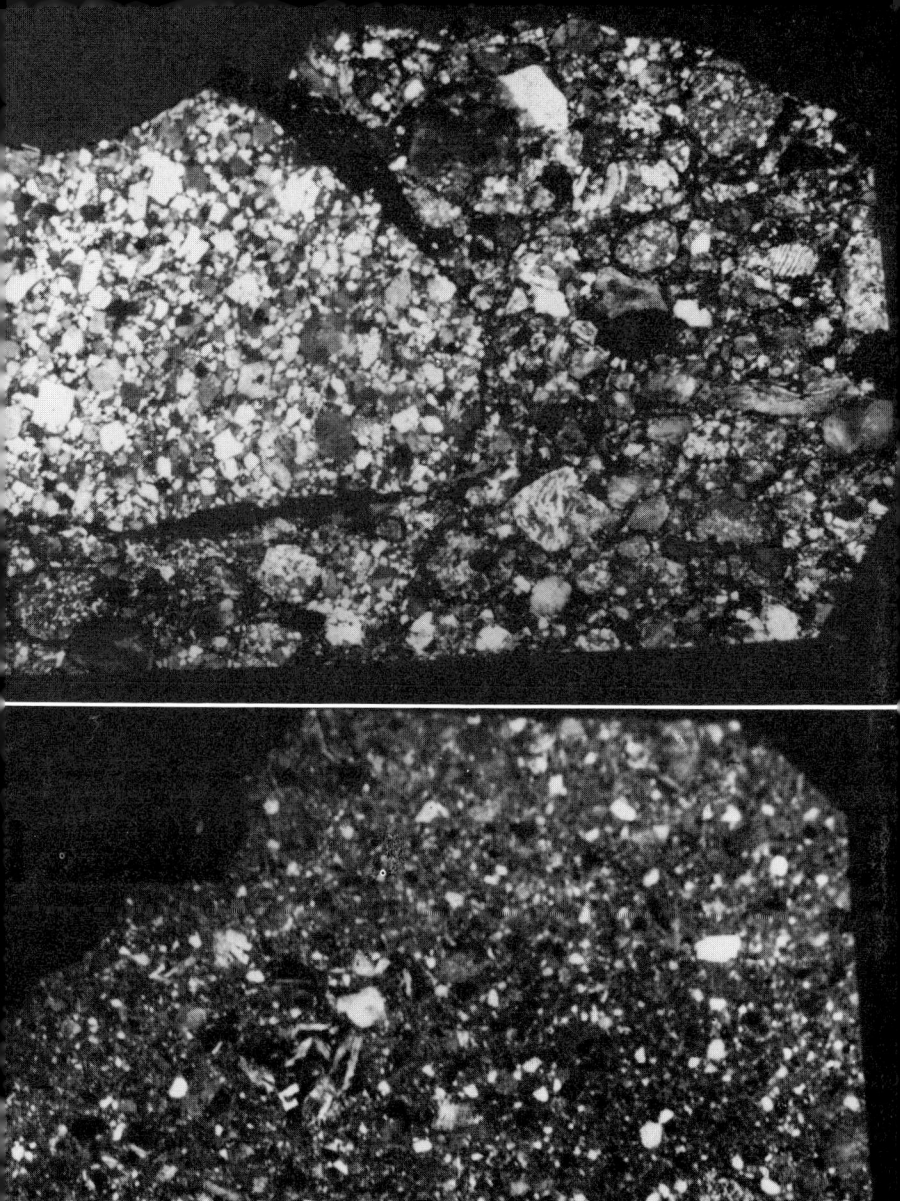

chen für eine glutheiße Epoche in der Vergangenheit; wir kennen eine derartige Aufspaltung bei der Erde, bei der Venus und bei Merkur, während die Daten für den Mond noch nicht ausreichend genau sind. Wären die Meteoriten Trümmerstücke oder Splitter von solch großen Himmelskörpern, dann könnten sie kaum die Materie im Urzustand bewahrt haben. Solange aber nicht eindeutig bewiesen ist, daß die Asteroiden, aus deren Bereich die Meteoriten ja weitgehend stammen, Reste eines explodierten größeren Objektes sind, kann man über den »Erhaltungszustand« der aus dieser Region kommenden Materie wenig aussagen. Läßt sich vielleicht auf eine andere Weise erkennen, ob es sich bei ihnen um Überreste aus der Anfangszeit oder um Trümmer einer Zwischenphase handelt?

Es gibt in der Tat noch eine weitere Möglichkeit, diese strittige Frage zu klären: Neben dem Isotopenalter einer Probe kann man auch ihr Bestrahlungsalter bestimmen, kann man herausfinden, wie lange die Materie dem direkten Bombardement der kosmischen Strahlung oder des Sonnenwindes ausgesetzt war. Da diese Partikel nicht sehr tief eindringen können, ist das Bestrahlungsalter ein Maß für den Zeitraum, der seit der »Bloßlegung« der Oberfläche vergangen ist.

Die Spuren, die dieses Strahlungsbombardement hinterläßt, sind verhältnismäßig auffällig, wenngleich sie sich nicht immer sehr leicht nachweisen lassen: beim Zusammenstoß energiereicher Partikel des Sonnenwindes oder der kosmischen Strahlung mit »normaler« Materie kann eine Reihe von einzelnen Protonen oder Neutronen aus dem Kern geschlagen werden. Dabei entstehen meist radioaktive Atomkerne, die dann entsprechend ihrer Halbwertszeit zerfallen. Man spricht in diesem Zusammenhang von Spallation oder Vielfachzerlegung.

Natürlich sind längst nicht alle chemischen Elemente für die Bestimmung des Bestrahlungsalters gleichermaßen geeignet. »Brauchbar« in unserem Sinne sind nur verhältnismäßig kurzlebige Isotope, die noch dazu in äußerst seltene Atome zerfallen. Nur so können die Wissenschaftler einigermaßen sicher sein, daß eine beobachtete Aktivität nicht mehr aus der Entstehungsphase des Objektes stammt, sondern erst in jüngster Vergangenheit durch den Beschuß mit energiereichen Teilchen angeregt worden ist, und nur dann brauchen sie nicht mühsam zu versuchen, die entstandenen Zerfallsprodukte von den ursprünglich vorhandenen Atomen zu unterscheiden.

Die entsprechenden Messungen führten zu sehr aufschlußreichen Ergebnissen. So ist das Bestrahlungsalter zunächst einmal abhängig von der Meteoritenart: Steinmeteoriten sind mit durchschnittlich 10 Millionen Jahren weit »jünger« als Eisenmeteoriten, die es leicht auf 500 Millionen Jahre bringen.

Da diese Bestrahlungsalter auf jeden Fall aber sehr viel kürzer sind als die radiometrischen Altersangaben, muß man annehmen, daß die heute herabfallenden Meteoriten zumindest Bruchstücke etwas größerer Objekte und erst vor etwa 10 beziehungsweise 500 Millionen Jahren beim Zusammenstoß solcher Objekte abgesplittert sind. Während sie zuvor unter der Oberfläche dieser größeren Gebilde vor dem Teilchenbombardement sicher gewesen sein mögen, waren sie nun rundherum dem Schauer energiereicher Partikel ausgesetzt und wurden so allmählich mit Zerfallsprodukten jener radioaktiven Elemente angereichert, die bei diesem Beschuß entstanden.

Der große Unterschied in den mittleren Bestrahlungsaltern von Stein- und Eisenmeteoriten läßt sich auf zweierlei Weise deuten: Entweder spiegelt er die ungleiche Stabilität der Materialien gegen Kollisionen wider, oder er ergibt sich aus zwei verschiedenen Ursprüngen für Stein- und Eisenmeteorite. Sicher zerbrechen stark eisenhaltige Brocken, treffen sie aufeinander, nicht so leicht wie Gesteinsklumpen. Trotzdem muß man sich dann fragen, warum es bei den genannten Werten für die Bestrahlungsalter so auffällige Häufungen gibt. Möglicherweise verbirgt sich dahinter der Schlüssel zum Verständnis der Vorgeschichte der Kleinplaneten.

Was aber, wenn Eisen- und Steinmeteorite verschiedenen Ursprungs sind? Könnten als Quelle für die Steinmeteorite vielleicht doch die Kometen herhalten? Immerhin vergehen nach Ansicht der Astronomen einige Millionen bis 10 Millionen Jahre, ehe ein Komet, der irgendwann einmal durch die Störwirkung des Jupiter eingefangen worden ist, mit der Erde oder einem anderen Planeten zusammenstößt. Bruchstücke, die sich schon während der kurzen Aktivitätsphase von einem solchen Kometenkern gelöst haben, könnten es dann sehr wohl auf ein entsprechendes Bestrahlungsalter bringen.

Zumindest bei einem kleinen Teil der Steinmeteoriten ist der Verdacht einer Zusammengehörigkeit mit den Vagabunden des Sonnensystems besonders groß – bei den kohligen Chondriten, die neben einer sehr luftigen, lockeren Struktur auch noch eine Reihe kohlenstoffreicher Verbindungen aufweisen. Sie können in ihrer Vergangenheit nie unter größeren Gesteinsmengen »begraben« gewesen sein, da sie ansonsten kaum ihren lockeren Aufbau hätten erhalten können. Von ihrer Analyse erhoffen sich die Wissenschaftler daher am ehesten einen Hinweis auf die Frühgeschichte des Sonnensystems, Rückschlüsse auf die Zusammensetzung und die Konsistenz der Materie, aus der sich Sonne und Planeten bildeten und die dann (auf Umwegen) auch die Entstehung von Leben auf der Erde ermöglichte. Und für kohlige Chondrite braucht man wirklich nicht erst auf den Halleyschen Kometen zu warten oder gar auf die Verwirklichung einer Probenentnahme- und -rückholmission – kohlige Chondrite liegen zuhauf gewissermaßen »auf der Straße«, genauer gesagt: in der Antarktis.

Erkenntnisse

Lagerstätte Antarktis

Im Dezember 1969 waren japanische Polarforscher im Bereich der Yamato-Berge auf mehrere Meteorite gestoßen. Zunächst wurde dem Fund keine große Bedeutung zugemessen: man sah die räumliche Nähe der Fundstätten untereinander als ein untrügliches Zeichen für die Zusammengehörigkeit der Brocken an, glaubte also, daß es sich lediglich um Trümmer eines beim Durchgang durch die Atmosphäre zerplatzten Objektes handele. Als dann jedoch 1973 auf einer Tagung der Internationalen Meteorologischen Gesellschaft in Davos die ersten Untersuchungsergebnisse bekannt wurden, horchten die Meteoritenforscher gespannt auf: Ihre japanischen Kollegen hatten zwar erst vier der neun Stücke analysiert, doch gab es zwischen diesen keine innere Verwandtschaft – sie konnten nicht Bruchstücke eines einzigen Meteoritenfalls sein.
William Cassidy von der Pittsburgher Universität erkannte sehr rasch die Bedeutung dieser Verschiedenheit. Eine solche Häufung von Meteoriten unterschiedlicher Herkunft an einem Ort erschien statistisch gesehen

nahezu unmöglich, selbst, wenn man das langsame Verwitterungstempo unter den besonderen arktischen Bedingungen berücksichtigte. Also konnte diese Ansammlung nur nachträglich herbeigeführt worden sein. Wer aber könnte in der lebensfeindlichen Umgebung der Antarktis Meteoriten aus den verschiedensten Gegenden an einer Stelle zusammengetragen haben?
Bekanntlich ist Eis eine verhältnismäßig plastische Masse, die schon bei geringem Gefälle deutliche Fließstrukturen entwickelt. Meteorite, die auf den weiten Eisflächen der Antarktis niedergehen, werden schon bald von nachfolgenden Schneemassen zugedeckt, von Schneemassen, die sich im Laufe der Zeit zu Eis umwandeln. Dieses Eis gleitet dann allmählich von den antarktischen Hochländern zur Küste, wo es in Form von Eisbergen abbricht oder vom Meerwasser aufgetaut und fortgespült wird. Entsprechend werden die eingelagerten Meteorite mitgeschleppt und stürzen ins Meer. Nur dort, wo das abströmende Eis auf eine Barriere trifft, staut es sich und kann von den heftigen Winden abgetragen werden, so daß ältere, tiefere Eisschichten freigelegt werden – und mit ihnen die angeschleppten Meteorite vergangener Jahrtausende.
Wenn diese Überlegung stimmte, dann sollte man an geeigneten Stellen wahre »Schutthaufen« finden, ähnlich den Endmoränen von Gletscherausläufern. Noch bevor William Cassidy seine Erkenntnis in die Tat umsetzen konnte und eine Genehmigung der Nationalen Wissenschaftsstiftung zur Suche nach antarktischen Meteoriten erhielt, fanden japanische Kollegen knapp eintausend weitere Objekte!
1976 begann William Cassidy zusammen mit Edward Olsen vom Naturgeschichtlichen Museum in Chicago im Umfeld der amerikanischen Antarktisstation McMurdo mit der Suche. Gleich zu Beginn, so erinnerte sich Edward Olsen später in einem Gespräch, stieß man auf zwei Meteorite, doch dann folgten sechs enttäuschende Wochen ohne jeden weiteren Erfolg. Erst kurz vor der Abreise kehrte ein Hubschrauberpilot mit der Meldung zurück, er habe im Bereich der Allan-Berge, etwa 350 Kilometer westlich der Station, ein Eisfeld mit dunklen Steinen gesehen. Hier fanden Cassidy und Olsen in nur zwei Tagen rund 80 Meteorite; dreiunddreißig davon lagen etwas abseits und könnten Bruchstücke eines größeren Brockens sein, drei weitere ließen sich sogar wie Puzzlestücke zusammenfügen.
Hatte man die ersten Exemplare noch wie »normale« Meteorite behan-

delt, so wurden für die weiteren Sammelaktionen besondere Vorkehrungen getroffen, um eine nachträgliche Verunreinigung der Materiebrocken weitgehend zu vermeiden – immerhin hatten die Stücke zum Teil viele tausend Jahre unter fast sterilen Bedingungen im ewigen Eis gelegen und boten damit die einmalige Chance, außerirdisches Material »frisch wie aus der Tiefkühltruhe« aufzulesen und zu analysieren. Sie wurden weder mit bloßen Händen noch mit Handschuhen angefaßt, sondern in sterilisierte Teflonbeutel bugsiert und dann in gefrorenem Zustand zum Johnson-Raumflugzentrum in Houston/Texas transportiert. Dort, im Lunar Receiving Laboratory, das eigens für die Analyse des von den Apollo-Astronauten mitgebrachten Mondgesteins errichtet worden war, standen die geeigneten Wissenschaftler, Geräte und Methoden zur Untersuchung der »geschichtsträchtigen« Ladung bereit.

Auf dem Weg zum Leben

Es stellte sich bald heraus, daß dieser Aufwand nicht umsonst gewesen war. Einige der Mitbringsel von Cassidy und Olsen konnten der Klasse der seltenen kohligen Chondriten zugeordnet werden, jener Gruppe also, die sich durch einen hohen Anteil an Kohlenwasserstoff-Verbindungen auszeichnet. Bei ihnen hatte man schon vorher Hinweise auf die Existenz organischer Moleküle gefunden – Aminosäuren, die Bausteine der Proteine und der Erbträgersubstanz DNA. Weil die älteren Funde aber in der Regel erst einige Zeit nach dem Aufschlag geborgen wurden, hatte man eine Verunreinigung durch irdische Substanzen nicht völlig ausschließen können. Anfangs glaubten die Wissenschaftler zwar, die räumliche Struktur der Aminosäuremoleküle erlaube eine deutliche Unterscheidung zwischen organischem und nichtorganischem Ursprung der Substanzen, zwischen irdischem und außerirdischem Material also. Doch hat sich diese Hypothese in den letzten Jahren als fehlerhaft erwiesen.
Komplexe Moleküle wie Aminosäuren können nämlich unterschiedliche innere Strukturen besitzen, weil es für die einzelnen Atome oftmals mehrere »erlaubte« Positionen gibt; die Chemiker sprechen in diesem Zusammenhang von Isomerie. Ist der Molekülaufbau asymmetrisch, weil etwa ein Atom oder eine Atomgruppe sowohl rechts als auch links der Molekülkette sitzen kann, liegt eine Spiegelbildisomerie vor – sie ist

Der Murchison-Meteorit, der am 28. September 1969 über Westaustralien niederging, enthielt unter anderem eine Reihe von Aminosäuren, die jedoch alle nichtbiologischen Ursprungs sind.

vergleichbar mit der Existenz von rechter und linker Hand, die zwar beide über je vier Finger und einen Daumen verfügen, sich aber in der Anordnung dieser »Bausteine« eindeutig unterscheiden lassen. »Links ist da, wo der Daumen rechts ist«, sagt etwas ironisch ein Merkspruch zur Identifizierungshilfe und baut dabei stillschweigend darauf auf, daß man durch bloßes Drehen aus einer rechten Hand keine linke Hand machen kann (oder umgekehrt).

Auch im Falle der Aminosäuren verhindert die Spiegelbildisomerie, die sich aus den zwei möglichen Positionen der Aminogruppe (H_2N) ergibt, eine vollständige Identität der beiden Molekülformen; für irdische Lebewesen hat dies entscheidende Konsequenzen: da immer nur Moleküle einer Sorte miteinander reagieren können, sind Nährstoffe (Proteine) der einen Art für Organismen, die aus Molekülen der anderen Art bestehen, völlig wertlos.

Zu welcher der beiden Gruppen ein Molekül gehört, läßt sich in aller Regel mit einer optischen Prüfmethode erkennen. Die asymmetrische

Anordnung der Aminogruppe führt nämlich zu einer Beeinflussung eines durchtretenden Lichtstrahls. Stellt man sich die Lichtausbreitung in Form von Wellen vor, so können diese Wellen in allen beliebigen Ebenen schwingen – senkrecht, waagerecht und schräg dazu; solches Licht heißt aus physikalischen Gründen, die wir an dieser Stelle nicht ausführlicher zu erläutern brauchen, »nichtpolarisiert«. Im Gegensatz dazu gibt es auch Licht, dessen Schwingungsebenen parallel zueinander liegen oder dessen Schwingungsebene mit fortschreitender Ausbreitung rotiert (linear oder zirkular polarisiert).

Polarisiertes Licht läßt sich mit Hilfe spezieller Filter (Polarisationsfilter) gewinnen, die aufgrund ihrer inneren Struktur nur Lichtwellen mit einer bestimmten Ausrichtung der Schwingungsebene durchlassen. Solchermaßen polarisiertes Licht ist ein geeigneter Detektor zur Unterscheidung der zwei möglichen Aminosäure-Konfigurationen. Der asymmetrische Aufbau der Moleküle bewirkt nämlich eine Drehung der Polarisationsebene, und der Drehsinn hängt von der jeweiligen Position der Aminogruppe relativ zum Molekülstrang ab. Wird die Schwingungsebene im Uhrzeigersinn, also rechts herum, gedreht, spricht man von einer d-Konfiguration (von dexter, lat. rechts), im anderen Fall von einer l-Konfiguration (von laevus, lat. links, für links herum, gegen den Uhrzeigersinn).

Biologisch produzierte Aminosäuren besitzen interessanterweise einheitlich die l-Konfiguration, während bei der Synthetisierung dieser Stoffe beide Arten in gleicher Häufigkeit entstehen. Dieser Unterschied, so glaubten die Meteoritenforscher anfangs, reicht aus, um irdische Verunreinigungen auf Meteoriten eindeutig zu identifizieren. In der Tat schien es zunächst auch so, als ob die Aminosäuren in meteoritischem Material racemisch seien, daß bei ihnen beide Molekülstrukturen gleich häufig auftreten. Dies jedenfalls hatten Wissenschaftler im Ames-Forschungszentrum der NASA am Südende der Bucht von San Francisco bereits in den 60er und frühen 70er Jahren herausgefunden. Als besonders ergiebig erwies sich damals der Murchison-Meteorit, dessen Fall am 28. September 1969 über der westaustralischen Stadt Murchison beobachtet worden war und dessen Bruchstücke bereits wenig später geborgen werden konnten, so daß sich eine Verunreinigung durch irdische Mikroorganismen weitgehend ausschließen ließ. Das Team, zu dem damals James Lawless und Cyril Ponnamperuma gehörten, stützte sich bei seinen Untersuchungen aber nicht nur auf die optische Aktivität der Aminosäuren, sondern setzte darüber hinaus die zu jener Zeit relativ neue Technik der Gaschromatographie ein. Dieses Verfahren baut auf geringfügig unterschiedlichen Geschwindigkeiten auf, mit denen verschiedenartige Stoffe ein enges Kapillargefäß durchwandern. Da die beiden Konfigurationen einer Aminosäure für sich genommen gleichartig mit der Lösungsflüssigkeit an der Kapillarwandung reagieren, müssen sie zunächst noch mit einem leicht-flüchtigen Alkohol gekoppelt werden; mit diesem bilden sie dann zwei unterschiedliche Verbindungen, die sich im Gas-Chromatographen trennen und mengenmäßig bestimmen lassen. Dabei lieferten beide Substanzen ein gleich starkes Signal, was auf ein gleich häufiges Auftreten von l- und d-Konfiguration im Meteoriten hindeutet.

Demgegenüber fanden Michael Engel und Bartholomew Nagy von der University of Arizona bei einer erneuten Analyse eines Murchison-Splitters eine auffällige Ungleichverteilung der beiden Konfigurationen. Nach ihren Untersuchungen, die mittlerweile von anderen Wissenschaftlern bestätigt wurden, enthält der Murchison-Meteorit mehr l-Aminosäuren als d-Moleküle. Dies muß nicht notwendigerweise bedeuten, daß die Aminosäuren auf biologischem Wege produziert wurden, da in diesem Falle wahrscheinlich eine sehr viel ausgeprägtere Bevorzugung einer Konfiguration zu erwarten wäre – es könnte aber vielleicht erklären helfen, warum allein die l-Version innerhalb der irdischen Biochemie von Bedeutung ist: nach diesen Messungen könnte es den Anschein haben, als würde die l-Version auch schon bei der nichtbiologischen Produktion bevorzugt. Dies zu begründen, bliebe dann Aufgabe der Biochemiker, vielleicht aber auch der Elementarteilchenphysiker. Wenn nämlich erst einmal ein gewisser Überschuß an l-Aminosäuren vorhanden ist, weil er sich »automatisch« einstellt, besorgt die Evolution schon die notwendige »Auslese«, die zur biologischen Beschränkung auf diese Konfiguration führt.

Geburt aus dem Tod

Das Jahr 1969 brachte noch einen zweiten bedeutenden Meteoritenfall, der am 8. Februar über dem nordmexikanischen Pueblito de Allende beobachtet wurde. Die Analyse der gefundenen Bruchstücke erhellte ein anderes »dunkles« Kapitel aus der Frühzeit des Sonnensystems.

Zu jenem Zeitpunkt hatten die Astronomen bereits die Modellvorstellung entwickelt, daß die Sonne mit ihren Planeten, Monden und den zahllosen Kleinkörpern, denen dieses Buch gewidmet ist, aus einer kollabierenden Gas- und Staubwolke entstanden ist. Solche Gas- und Staubwolken gibt es zuhauf im Weltall, doch enthalten sie immer genügend Masse für eine ganze Sternengruppe. Schon der englische Astronom James Hopwood Jeans hatte 1926 errechnet, daß bei den in solchen Wolken herrschenden Bedingungen erst oberhalb von rund tausend Sonnenmassen die Eigengravitation stark genug wird, um die Wolke gegen den inneren Gasdruck zusammensinken zu lassen.

Als Sterne sind solch gewaltige Massenansammlungen aber offenbar nicht stabil; zumindest kennen die Astronomen (mit einer Ausnahme) kein Objekt, dessen Masse fünfzig Sonnenmassen übersteigt, und die theoretischen Sternmodelle lassen eine solche Obergrenze auch durchaus plausibel erscheinen. So suchte man damals verzweifelt nach einem Prozeß, der die kollabierende Gas- und Staubwolke in viele Teile »zerbrechen« ließ, wiewohl die Astrophysiker wußten, daß die Sonne auf diese Weise kaum entstanden sein konnte, weil sie eben keinem derartigen Sternenhaufen anzugehören scheint.

1962 entwickelte Harold Urey zusammen mit Rama Murthy die Überlegung, daß die Entstehung von Sternen aus Gaswolken auch durch das Einwirken von Schock- oder Stoßwellen ausgelöst werden könne. Ihre Hypothese beruhte auf der Beobachtung, daß eine Assoziation von jungen Sternen im Perseus sich mit einer Geschwindigkeit von 12 km/s in alle Richtungen ausdehnte. Geht man von einer konstanten Geschwindigkeit aus, so mußten die Sterne vor etwa 1,2 Millionen Jahren noch dicht zusammengedrängt gestanden haben. Hatte hier möglicherweise die Explosionswelle einer Supernova die sie umgebende Gaswolke zu zahllosen Kollapsen angeregt und den daraus entstandenen Sternen mittels Impulsübertragung die beobachtete Geschwindigkeit aufgeprägt? Entstanden Sterne am Ende nur deshalb neu aus kosmischen Gas- und Staubwolken, weil irgendwo in der Nachbarschaft ein alter Stern das Ende seiner Existenz erreicht hatte und explodiert war?

Die Untersuchung von Fundstücken des Allende-Meteoriten macht eine solche Annahme zumindest für die Entstehung der Sonne plausibel, wenn nicht sogar zwingend notwendig. Die zahlreichen Analysen jedenfalls förderten einen ungewöhnlich hohen Gehalt an Magnesium-26 zutage, einem stabilen Isotop, dessen »Überkonzentration« auf den Zerfall von radioaktivem Aluminium-26 zurückgeführt wird; die Halbwertszeit von Aluminium-26 aber beträgt nur etwa 720 000 Jahre. Wenn diese Annahme stimmt, wenn also die auffallende Häufigkeit an Magnesium-26 wirklich durch die Umwandlung aus Aluminium-26 entstanden ist, dann kann zwischen der Bildung dieser Aluminium-26-Atome und der Entstehung des Meteoriten nur eine Zeitspanne vergangen sein, die klein gegenüber der Halbwertszeit des radioaktiven Aluminiums war, in der Größenordnung einiger zehntausend Jahre. Das Alter des Meteoriten konnte radiometrisch zu etwa 4,5 Milliarden Jahren bestimmt werden – er ist also zusammen mit den großen Körpern im Sonnensystem geformt worden.

Wirklich aufregend wird die ganze Sache aber erst, weil die Astrophysiker sehr genau eingrenzen können, woher dieses – im astronomischen Zeitmaßstab – kurzlebige Aluminium-Isotop stammen mußte. Nach heutigen Vorstellungen werden solche exotischen Atome während einer Supernova-Explosion zusammengebacken, wenn durch den gravitativen Kollaps des Sterninnern gewaltige Energiemengen freigesetzt werden. In diesem letzten Aufbäumen eines Sternes entstehen alle schweren Elemente bis zum Uran (und darüber hinaus), aber auch viele der leichteren Atomkerne, die »eigentlich« nicht zusammenpassen und daher meist schon nach kurzer Zeit wieder zerfallen. Sie alle werden gewissermaßen als Vermächtnis bei der anschließenden Explosion der äußeren Sternregionen in den Weltraum hinausgeschleudert.

Wenn die Ausläufer dieser kosmischen Katastrophen in der näheren Umgebung auf interstellare Gas- und Staubwolken treffen, können sie die Entstehung neuer Sterne einleiten: wie gewaltige Schneepflüge schieben sie den Stoff, aus dem die Sterne werden, vor sich her, »türmen« ihn auf und erhöhen so abrupt die mittlere Dichte im Gebiet unmittelbar vor ihnen. Die Kompression kann dabei so weit getrieben werden, daß schließlich die Massenanziehung wirksam wird und die Gas- und Staubwolke zu kollabieren beginnt. Schwerere Atomkerne im Gefolge der Explosionswelle spüren die wachsende Gravitationswirkung, werden abgebremst und schließlich eingefangen, mit in den neu entstehenden Stern oder seine Planeten eingebaut.

Es dürfte also schon ein ziemlich naher Stern gewesen sein, der vor etwas mehr als 4,5 Milliarden Jahren explodieren mußte, damit die Sonne und mit ihr Planeten, Monde und sonstiger »Kleinkram« erst entstehen konnten. Wenn wir auch heute nichts mehr von diesem Stern oder seinen direkten Überresten wissen oder gar sehen können – ein Erbstück haben die Wissenschaftler in Form der Magnesium-26-Atome identifizieren können, die aus dem während der Explosion gebildeten Aluminium-26 durch radioaktiven Zerfall entstanden sind.

So haben uns die Meteorite also einen konkreten und damit entscheidenden Hinweis zum Verständnis der Entstehung des Sonnensystems geliefert, den wir sonst allenfalls indirekt aus der Interpretation von Beobachtungen im Bereich interstellarer Gas- und Staubwolken hätten gewinnen können. Darüber hinaus geben sie uns handfeste Anhaltspunkte über die Zusammensetzung einer weiteren Klasse von Objekten in unserem Sonnensystem, die sich ebenfalls zwischen den Planeten bewegen: Wenn man nämlich die Bahnen beobachteter Meteoritenfälle zurückverfolgt, führen die Spuren immer in den Bereich zwischen Mars- und Jupiterbahn.

Asteroiden

Lückenfüller

Späte Entdeckung

Bislang haben wir in diesem Buch Himmelsobjekte kennengelernt, die jedermann mit bloßem Auge sehen und beobachten kann. Zwar werden längst nicht alle Kometen so hell, daß sie ohne optische Hilfsmittel erkannt werden können, und es gibt sicher weit mehr lichtschwache, »unsichtbare« Meteore als solche, die auch astronomischen Laien »ins Auge springen«, doch wurden die jeweils hellsten Objekte dieser beiden Klassen schon seit vielen Jahrtausenden staunend oder auch ängstlich

Die Bewegung des Kleinplaneten (5) Astraea innerhalb von drei Nächten wird beim Vergleich dieser beiden Aufnahmen eines Amateurastronomen deutlich.

verfolgt. Entsprechend verbindet der Volks(aber)glaube mit beiden Erscheinungen ziemlich unwissenschaftliche Vorstellungen – von der Kometenangst bis hin zu der Meinung, man könne sich etwas wünschen, wenn man eine Sternschnuppe sieht.

Etwas Ähnliches finden wir bei den Asteroiden nicht, da sie erst entdeckt wurden, nachdem die nüchterne, wissenschaftliche Weltanschauung bereits weiten Raum einnahm und eine allmähliche Entkopplung von Naturbeobachtung und Alltagsleben einsetzte: Bis auf eine Ausnahme können sie alle nur mit einem Fernglas oder Fernrohr gefunden werden, und selbst diese Ausnahme, Vesta, ist immer nur für einige Wochen so hell, daß man sie ohne Fernglas finden kann – vorausgesetzt, man weiß genau, wo man nach ihr suchen soll.

Es ist daher gar nicht verwunderlich, daß die Asteroiden erst so spät aufgespürt wurden. Vermutlich hätten sie noch länger unentdeckt die Sonne umkreisen können, wenn man nicht irgendwann gezielt mit der Suche nach einem Objekt zwischen Mars und Jupiter begonnen hätte.

Nachdem Johannes Kepler mit seinem dritten Planetengesetz eine Beziehung zwischen der Umlaufzeit der Planeten und ihren Entfernungen zur Sonne gefunden hatte, waren die Astronomen erstmals in der Lage, die Abstände der einzelnen Sonnenbegleiter relativ zueinander zu ermitteln. Die Umlaufzeiten lassen sich selbst mit Beobachtungen ohne Fernrohr einfach bestimmen, und so wußte man bald, daß der sonnennahe Merkur nur rund 2/5 mal so weit von der Sonne entfernt ist wie die Erde, der sonnenferne Saturn dagegen 9,5mal so weit wie diese. Zwischen Mars und Jupiter klaffte zwar eine große Lücke, doch fand Kepler darin nichts Ungewöhnliches – im Gegenteil: bei seinem Versuch, die Abstände der einzelnen Planeten zur Sonne mit Hilfe der fünf regelmäßigen Körper darzustellen, benötigte er eine solche »Lücke« sogar. Keplers Bemühen, auf diese Weise eine »Harmonie der Welten« im klassischen, Platonschen Sinne zu konstruieren, blieb zwar erfolglos, doch war seine Autorität bei den Folgegenerationen an Astronomen offenbar so groß, daß niemand auf den Gedanken kam, zwischen Mars und Jupiter noch einen weiteren Planeten zu vermuten.

Die Situation änderte sich erst, nachdem Immanuel Kant im Jahre 1755 seine Nebularhypothese zur Entstehung des Sonnensystems veröffentlichte, nach der Sonne und Planeten aus Wirbeln in einer Gas- und Staubwolke entstanden sein sollten. In dieser Theorie gab es keinen zwingenden Grund für eine Lücke zwischen Mars und Jupiter; sie verlangte viel eher einen ziemlich regelmäßigen Aufbau des ganzen Systems.

Einige Jahre später glaubte der in Wittenberg lehrende Mathematiker Johann Daniel Titius diese Regel gefunden zu haben. In der Übersetzung der 2. Auflage des Buches »Betrachtungen über die Natur« von Charles Bonnet weist er in einer Fußnote auf ein Ordnungsschema hin, dessen Entwurf er bei dem Philosophen Christian Wolf gesehen hatte: Teilt man die Strecke zwischen der Sonne und dem fernsten damals bekannten Planeten Saturn in 100 Teile, so ist Merkur vier solcher Teile von der Sonne entfernt, die Venus $4 + 3 = 7$ Teile, die Erde $4 + 2 \times 3 = 10$ Teile, der Mars $4 + 4 \times 3 = 16$ Teile, Jupiter $4 + 16 \times 3 = 52$ Teile und Saturn $4 + 32 \times 3 = 100$ Teile. Der spätere Direktor der Berliner Akademie-Sternwarte, Johann Bode, las diese Fußnote von Titius und übernahm sie für die 2. Auflage seiner »Anleitung zur Kenntnis des gestirnten Himmels«, die ebenfalls 1772 in Hamburg erschien; seither ist die Beziehung als »Titius-Bodesche Reihe« bekannt.

Als Wilhelm Herschel 1781 den Planeten Uranus jenseits der Saturnbahn fand, konnte man seine Entfernung zur Sonne auf annähernd das Doppelte der Saturnentfernung bestimmen. So paßte auch Uranus recht gut in dieses »Ordnungsschema« (für ihn ergibt sich aus der Titius-Bodeschen Reihe der Ort bei $4 + 64 \times 3 = 196$ Teilen).
Die Beziehung hatte jedoch trotzdem einen entscheidenden Schwachpunkt: wo war der Planet, der an die Stelle $4 + 8 \times 3 = 28$ Teile der Saturnentfernung hingehörte, seine Bahn also zwischen Mars und Jupiter ziehen sollte?
Im Herbst des Jahres 1800 trafen sich in Lilienthal bei Bremen sechs Astronomen, darunter Heinrich Olbers und Karl Ludwig Harding, im Hause von Johann Hieronymus Schröter, der dort eine Privatsternwarte betrieb; Schröters Fernrohr gehörte zu den größten Teleskopen, die damals im Einsatz waren. Man beschloß, von nun an gezielt nach diesem Planeten zwischen Mars und Jupiter zu suchen.
Doch bevor noch die Arbeit überhaupt koordiniert oder gar begonnen worden war, stieß der italienische Astronom und Direktor der Sternwarte Palermo, Giuseppe Piazzi, am 1. Januar 1801 im Sternbild Stier auf ein Objekt, das in seiner Sternkarte nicht verzeichnet war. Vergleichende Beobachtungen in den folgenden Nächten offenbarten eine verhältnismäßig langsame Eigenbewegung vor den Sternen, so daß Piazzi zunächst an einen Kometen dachte. In einem Brief informierte er Johann Bode über seine Entdeckung, weil dieser Herausgeber des Berliner Astronomischen Jahrbuches war. Bode glaubte jedoch nicht an einen Kometen. Er ahnte aufgrund der langsamen Bewegung des Objektes, daß es der langgesuchte Planet zwischen Mars und Jupiter sein könnte, und bemühte sich verzweifelt um die genauere Berechnung der Bahn – ein Problem, das angesichts der wenigen, zeitlich kurz aufeinanderfolgenden Beobachtungen nicht ganz einfach zu lösen schien. Der junge Mathematiker Carl Friedrich Gauß nahm sich in Göttingen dieser Aufgabe an und konnte innerhalb weniger Wochen die Positionen des neuen Planeten für die nächste Sichtbarkeitsperiode bestimmen.
Ceres, wie Piazzi »seinen« Planeten nach der Tochter des Saturn und der Schwester des Jupiter getauft hatte, bewegte sich tatsächlich nahe ihrer »Sollentfernung«, die ihr die Titius-Bodesche Regel zuschrieb. Dennoch paßte Ceres nicht so recht in das Bild, das man sich von einem Planeten an dieser Stelle machte: Sie erschien so lichtschwach, daß sie – ein mittleres

Reflexionsvermögen der Oberfläche vorausgesetzt – kaum größer als einige hundert Kilometer sein konnte; darüber hinaus war die Bahnneigung mit mehr als 10 Grad auffallend groß.
Am 28. März 1802 fand Heinrich Olbers bei der Suche nach Ceres einen weiteren Lichtpunkt, der in seiner Sternkarte nicht enthalten war. Auch er wurde durch die Bahnbestimmung in den Bereich zwischen Mars- und Jupiterbahn verwiesen. Pallas, so benannt nach einer Tochter des Zeus, umrundete die Sonne auf einer für Planeten ungewöhnlich langgestreckten Ellipse, die noch dazu stark gegen die Ebene der Ekliptik geneigt war. Als Olbers fünf Jahre später, am 29. März 1807, auf das vierte Objekt in dieser Gegend stieß (Nummer 3 war 1804 von Klaus Harding gefunden worden), kamen allmählich Zweifel daran auf, daß es sich um »normale« Planeten handeln könne. Olbers vermutete daher, sie seien Überreste eines zerplatzten Planeten, der dort früher einmal existiert haben müsse. Solche »Katastrophentheorien« waren damals sehr modern, ließen sich doch durch sie ansonsten unverständlich erscheinende Zusammenhänge oder vermeintliche Entwicklungssprünge »erklären«.
Erst im Jahre 1845 wurde der fünfte Kleinplanet entdeckt, zwei Jahre später Nummer 6, und dann verging kein Jahr mehr, ohne daß neue hinzukamen. Bis 1891 war ihre Zahl bereits auf über 300 angestiegen. Dann, am 22. Dezember, leitete der Heidelberger Astronom Max Wolf eine neue Epoche ein: er suchte mit Hilfe langbelichteter Himmelsaufnahmen nach kleinen Planeten. Da die Fotoplatten zu jener Zeit noch nicht sehr lichtempfindlich waren, mußten die Platten oft mehrere Stunden belichtet werden; und während dieser Zeit bewegt sich ein Kleinplanet in aller Regel ein deutliches Stück voran, so daß er auf der Himmelsaufnahme als kurzer Strich erscheint.
Nun brauchten die »Planetoidenjäger« nicht länger den Himmel Stück für Stück nach unbekannten, in ihren Sternkarten nicht enthaltenen Objekten abzusuchen, wiewohl einige diese Methode sehr erfolgreich betrieben hatten, wie zum Beispiel der Düsseldorfer Robert Luther, der zwischen 1852 und 1890 immerhin 23 Kleinplaneten aufstöbern konnte. So verdoppelte sich die Zahl der bekannten Kleinplaneten innerhalb von nur 16 Jahren und überschritt im August 1923 die Zahl 1000. Dieses Objekt erhielt den Namen Piazzia, während 1001 auf Gaussia getauft wurde.
Inzwischen kennen wir weit über 2000 Objekte, die die Sonne vorwiegend im Bereich zwischen Mars und Jupiter umrunden, wenngleich sich auch

nicht alle auf diesen Raumsektor beschränken. Doch erst in den 60er Jahren unseres Jahrhunderts lernten die Astronomen, mehr über die Planetoiden in Erfahrung zu bringen als ihre Bahnelemente.

Fernerkundung

1964 veröffentlichte der amerikanische Wissenschaftler Edward Anders in einer Fachzeitschrift einen Artikel, in dem er auffällige Zusammenhänge zwischen Meteoriten und Kleinplaneten beschrieb und den Beweis führte, daß Meteoriten vornehmlich von diesen Himmelsobjekten stammten. Im gleichen Jahr konnte John Wood vom Harvard Smithsonian Center für Astrophysik zeigen, daß Eisenmeteorite Bruchstücke von Objekten sein mußten, die mindestens einige hundert Kilometer Durchmesser besessen haben müssen – nur solch große Körper könnten bei der Entstehung genügend aufgeheizt werden, daß sich das Eisen in einer Kernregion sammeln und bei Zertrümmerung des Objektes schließlich freigesetzt werden könne.
Damit war klargestellt, daß zumindest die Eisenmeteorite aus dem Bereich des Asteroidengürtels stammten, daß also Altersbestimmungen an Meteoriten auch gleichzeitig Hinweise auf die Geschichte der Kleinplaneten lieferten. Methoden und Ergebnisse dieser Untersuchungen haben wir im Zusammenhang mit den Meteoriten kennengelernt. Sie deuten insgesamt auf ein »radiometrisches Alter« der Proben von etwa 4,5 Milliarden Jahren hin, unabhängig von der Zusammensetzung des Materials. Wenn aber Eisenklumpen, die ursprünglich im Innern eines größeren Körpers »ruhten«, von dort auf die Erdoberfläche fallen konnten, dann sollten auch Bruchstücke der äußeren, gesteinshaltigen Kruste den Weg bis zu uns finden. Stammten am Ende die meisten, wenn nicht alle Meteorite, aus dem Bereich zwischen Mars und Jupiter? Sind selbst die kohligen Chondrite nicht Bruchstücke erloschener Kometenkerne, für die man sie inzwischen hielt?
Um eine Antwort auf diese Fragen zu finden, war es erforderlich, Hinweise auf die mögliche Zusammensetzung der Kleinen Planeten zu bekommen. Zwar wurden bereits in den 70er Jahren Raumsonden-Projekte in den Asteroidengürtel vorgeschlagen, doch konnte und wollte man so lange nicht warten.

Einige Astronomen, unter ihnen Thomas McCord vom Massachusetts Institute of Technology und Clark Chapman vom Planetary Science Institute in Tucson (US-Bundesstaat Arizona), versuchten es mit spektroskopischen Beobachtungen – sie studierten das von den Planetoiden reflektierte Sonnenlicht und kombinierten diese Daten mit der Albedo, dem Rückstrahlvermögen also. Etwas Ähnliches hatte Nicholas Bobrovnikoff bereits in den 20er Jahren an der Lick-Sternwarte auf dem kalifornischen Mount Hamilton unternommen, doch blieben seine Messungen damals wenig beachtet. Anhand der Spektren bot sich zunächst eine Dreiteilung der Kleinplaneten an, die sich auch in unterschiedlichen Albedowerten widerspiegelte. Da gab es eine große Gruppe von ziemlich dunklen Objekten, die in den drei vermessenen Wellenlängenbereichen annähernd gleich wenig Sonnenlicht reflektierten, also keinen Wellenlängenbereich bevorzugten (was zu einer »Einfärbung« des reflektierten Lichtes geführt hätte). Sie zeigten damit ein ähnliches Verhalten wie die kohlenstoffreichen Chondrite und wurden entsprechend der Klasse C zugeordnet. Eine zweite große Gruppe mit deutlich höherem Rückstrahlvermögen zeichnete sich durch eine auffällige Rotfärbung aus, gerade so, wie man es von metallreichem Silikatgestein erwartet – daraus entstand die Klasse S. Die dritte, weitaus kleinere Gruppe schließlich lag irgendwo dazwischen, sowohl hinsichtlich der Albedo als auch der »Farbe« (die Betonung des Rotanteils ist weniger stark ausgeprägt als bei den S-Typen, aber durchaus zu erkennen). Ein solches spektrales Bild entspricht etwa dem von reinen Metalloberflächen, und so wurde diese dritte Klasse mit dem Buchstaben M belegt. Zwar verwiesen die Wissenschaftler darauf, daß diese »Einteilung« lediglich auf spektralen Beobachtungen der Oberflächen beruhte und damit kaum etwas über die mineralogische Zusammensetzung der darunterliegenden Schichten oder gar des gesamten Objektes aussagen konnte, doch erscheint eine solche »Extrapolation« nach innen zumindest nicht völlig abwegig.

Familien

Solange wir keine direkt entnommenen Bodenproben von Kleinplaneten in irdischen Laboratorien mineralogisch untersuchen können, muß der innere Aufbau der Asteroiden spekulativ bleiben. Spekulationen

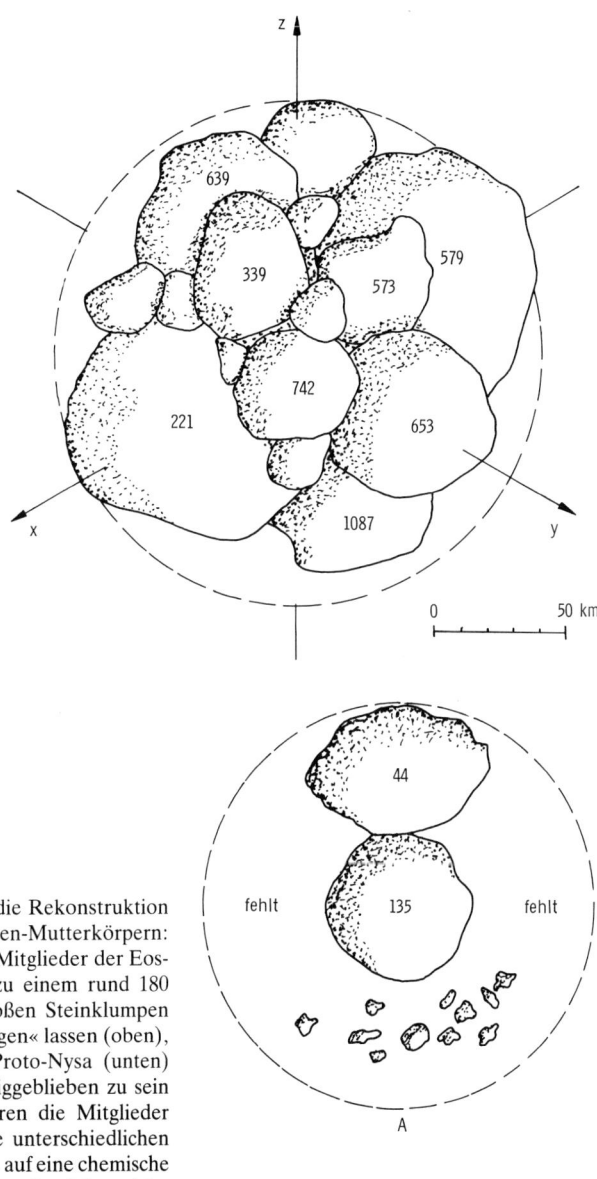

Beispiele für die Rekonstruktion von Asteroiden-Mutterkörpern: Während die Mitglieder der Eos-Familie sich zu einem rund 180 Kilometer großen Steinklumpen »zusammenfügen« lassen (oben), scheint von Proto-Nysa (unten) nicht viel übriggeblieben zu sein – dabei gehören die Mitglieder dieser Familie unterschiedlichen Typen an, was auf eine chemische Differenzierung des Mutterkörpers hindeutet.

können aber durch zusätzliche, wenn auch indirekte Beweise erhärtet werden (oder durch Gegenargumente entkräftet). Gibt es weitere Aspekte, die eine Abwägung in der einen oder anderen Richtung erlauben? Eine Chance bietet vielleicht die Beobachtung, daß sich die Vielzahl der Kleinplaneten offenbar in eine Reihe von Gruppen oder »Familien« zusammenfassen läßt. Der japanische Astronom Kiyotsugu Hirayama wies jedenfalls bereits 1918 auf Ähnlichkeiten der diversen Bahnelemente hin und bildete daraus zunächst drei Familien, zu denen später 4 weitere hinzukamen.

Nachdem sich inzwischen die Zahl der bekannten Asteroiden nahezu verdoppelt hat, konnten neuere, ausführlichere Untersuchungen zu diesem Komplex angestellt werden. Yoshihide Kozai vom Astronomischen Observatorium Tokio beispielsweise präsentierte 1979 eine Liste mit insgesamt 72 Asteroidenfamilien, deren innere Zusammengehörigkeit er aufgrund von umfangreichen Störungsrechnungen nachwies. Vier Jahre zuvor hatte James G. Williams am Jet Propulsion Laboratory sogar 104 Kleinplanetengruppen zusammengestellt.

Bei mindestens fünf dieser Familien besteht der begründete Verdacht, daß die einzelnen Mitglieder Trümmerstücke jeweils eines einzigen »Mutterkörpers« sind; drei dieser Familien, nämlich die Themis-, Eos- und Koronis-Familie, waren bereits von Hirayama aufgeführt worden. (Familien werden immer nach dem Mitglied benannt, das die kleinste Asteroidennummer trägt, wobei diese Numerierung in aller Regel nach dem Datum der Entdeckung erfolgt; in der astronomischen Fachliteratur wird diese Nummer meist dem Namen vorangestellt, also zum Beispiel (1) Ceres oder (666) Desdemona.) Zumindest von den größeren Mitgliedern dieser Familien liegen nämlich mittlerweile Spektren vor, die eine Klassifizierung ermöglichen. Danach besteht die Themis-Familie hauptsächlich aus Asteroiden des Typs C, während die Mitglieder der Koronis-Familie sich im wesentlichen als S-Typen erwiesen haben und die Angehörigen der Eos-Familie vielfach aus dem Grenzbereich zwischen C und S stammen. Nach Ansicht von Edward F. Tedesco von der University of Arizona könnte die Themis-Familie aus der Zertrümmerung eines großen C-Typ-Asteroiden entstanden sein, der etwa 300 Kilometer Durchmesser besessen haben dürfte – ein Objekt also, das mit (65) Cybele vergleichbar gewesen sein sollte. Jonathan Gradie von der

Cornell University in Ithaca (US-Bundesstaat New York) schätzt den Durchmesser des Eos-Mutterkörpers auf mindestens 180 Kilometer, während Proto-Koronis wenigstens 90 Kilometer groß gewesen sein soll. Allerdings sind diese letztgenannten Größen lediglich das Ergebnis eines kosmischen Puzzle-Spiels, bei dem versucht wurde, die einzelnen »Bruchstücke« wieder zusammenzufügen, wobei mangels weitergehender Daten nur die unterschiedliche Albedo der einzelnen Körper berücksichtigt werden konnte, nicht aber die (unbekannte) chemische Zusammensetzung, die eigentlich – je nach Entfernung zum ursprünglichen Kern des Mutterkörpers – variieren sollte.

Demgegenüber ist die Budrosa-Familie, die aus nur 6 Mitgliedern besteht, vergleichsweise inhomogen aufgebaut, die einzelnen Objekte werden unterschiedlichen Klassen zugeordnet: (338) Budrosa und (613) Ginevra gehören zu den M-Asteroiden, während (349) Dembowska aus achondritischem Material zu bestehen scheint, Material also, das aus dem Mantelbereich eines größeren, chemisch differenzierten Körpers stammt. Die Rekonstruktion des Budrosa-Mutterkörpers deutet auf ein Objekt von knapp 300 Kilometer Größe hin, enthält aber – anders als die vorgenannten »Ur-Planetoiden« – auffallend viele Lücken. Da sich die Mitglieder der Budrosa-Familie aber alle nahe einer sogenannten Kirkwood-Lücke bewegen, ist anzunehmen, daß die übrigen Bruchstücke mittlerweile aus dem Asteroidengürtel herausgeschleudert wurden. Möglicherweise stammen die achondritischen Meteorite aus dieser Quelle.

Resonanzen

Auf die Existenz solcher Lücken hatte der amerikanische Astronom Daniel Kirkwood bereits 1867 hingewiesen: Raumbereiche, in denen auffallend wenig Asteroiden zu finden sind. Kirkwood lieferte auch gleich eine Erklärung für diese »Leerzonen«: ein Objekt, das die Sonne in einer solchen Entfernung umrunden würde, besäße eine Umlaufzeit, die in einem kleinen ganzzahligen Verhältnis zur Umlaufperiode des Jupiter stünde. Dies hätte zur Folge, daß ein solcher Asteroid nach jeweils nur wenigen Umläufen den Riesenplaneten Jupiter immer wieder an der gleichen Stelle seiner Bahn überholen und dessen Anziehungskraft verstärkt spüren würde. Dadurch käme es zu einem »Aufschaukeln« der Bahnstörungen, das sich vor allem bei der Bahnexzentrizität und der Bahnneigung bemerkbar machen würde – daher spricht man in diesem Zusammenhang, in Analogie zur mathematischen Behandlung von Schwingungserscheinungen, auch von Resonanzen.

Besonders ausgeprägt sind die Lücken, die einem Verhältnis der Umlaufzeiten von 1:3, 2:5, 3:7 und 1:2 entsprechen; die dazugehörigen großen Bahnhalbachsen liegen bei 2,5 AE, 2,82 AE, 2,96 AE und 3,28 AE, gehören also zum Bereich des sogenannten Hauptgürtels. Daß diese Lücken eine Folge der Resonanzen sind, daran gibt es eigentlich keinen Zweifel, doch ist der »Säuberungsmechanismus« selbst vorerst noch ungeklärt. Rein gravitative Einflüsse reichen nach allen bisherigen Berechnungen nicht aus, so daß man eine Zeitlang annahm, auf die erhöhte Kollisionswahrscheinlichkeit zurückgreifen zu müssen: Wenn in einem Umfeld nahezu kreisförmiger Bahnen ein Körper auf eine stark elliptische Bahn gerät, wird er mehr Bahnen kreuzen als im Falle einer ebenfalls kreisförmigen Umlaufbahn, und entsprechend steigt die Wahrscheinlichkeit eines Zusammenstoßes mit anderen Asteroiden. Genauere Rechnungen zeigten dann aber, daß die Kollisionsgeschwindigkeiten kaum ausreichen, um solche »Irrläufer« nachhaltig zu »pulverisieren«. Vielleicht ist dies aber auch gar nicht nötig, denn die Einflüsse auf die Bahnexzentrizität können durch die Störeinflüsse Jupiters so stark anwachsen, daß die ursprünglichen »Lückenfüller« auf der Innenseite gefährlich nahe an Mars, auf der Außenseite dagegen an Jupiter selbst herankommen und dann durch zusätzliche Einflüsse aus der Bahn geworfen werden können.

Nicht alle Resonanzen sorgen jedoch für eine allmähliche »Säuberung« des dazugehörigen Raumbereiches – vielmehr findet man bei der 2:3-, der 3:4- und der 1:1-Resonanz eine Konzentration von Kleinplaneten. In einem Umfeld, das jenseits des äußeren Randes des Asteroidengürtels liegt, trifft man bei 3,97 AE, bei 4,29 AE und in Höhe der Jupiterbahn selbst auf drei Planetoidengruppen: die Hilda-Gruppe, Thule und die Trojaner. Dabei läßt sich die Existenz dieser letzten (Doppel-)Gruppe noch am ehesten verstehen, bilden die Trojaner doch eine Sonderlösung des sogenannten Dreikörper-Problems in der Himmelsmechanik. Die strenge mathematische Behandlung des Kräftespiels zwischen drei sich gegenseitig beeinflussenden Himmelskörpern ist nämlich wesentlich schwieriger zu lösen als im Falle zweier Objekte. Zwar gibt es einige Näherungsverfahren, doch exakte Lösungen existieren nur für sehr spezielle Fälle, wie der französische Astronom Joseph Louis Lagrange schon 1772 zeigen konnte. Er fand fünf sogenannte Librations- oder Gleichgewichtspunkte, die dem dritten Himmelskörper eine weitgehend stabile Bahn ermöglichen. Zwei dieser Punkte liegen auf der Bahn eines der beiden Hauptkörper jeweils 60 Grad vor oder hinter diesem, so daß die drei Objekte die Eckpunkte eines gleichseitigen Dreiecks bilden. Dabei muß diese »Sollposition« übrigens nur angenähert erreicht werden: Je größer die Abweichungen allerdings sind, desto stärker schwankt der exakte Ort um diese Sollposition, und desto größer wird die Gefahr störender Einflüsse von außerhalb des Systems.

Am 22. Februar 1906 fand Max Wolf den ersten der Trojaner, (588) Achilles, der die Sonne in einer mittleren Entfernung von 5,17 AE umrundet; seine Bahn demonstriert die Freizügigkeit des Dreikörper-Problems bereits recht deutlich, denn sie besitzt gegenwärtig eine Exzentrizität von 0,15 (Jupiter: 0,048) und eine Neigung von 10,3 Grad (Jupiter: 1,3 Grad). Achilles kreuzt rund 60 Grad vor Jupiter, begleitet von rund einem Dutzend weiterer griechischer Kämpfer des Trojanischen Krieges. Auf der anderen Seite, in einem Abstand von etwa 60 Grad dem Riesenplaneten Jupiter folgend, finden wir ebenfalls etwa ein Dutzend benannter Objekte – sie tragen die Namen trojanischer Verteidiger. Darüber hinaus fand man in den 70er Jahren im Zusammenhang mit vorbereitenden Beobachtungen für den Vorbeiflug der Pionier-Sonden an Jupiter eine Reihe weiterer Asteroiden, so daß gegenwärtig rund 70 Objekte dieser Art bekannt sind.

Da es unter den gegenwärtigen Verhältnissen im Planetensystem kaum die Möglichkeit gibt, daß einer der Trojaner aufgrund von Störungen durch andere Planeten aus seiner Gleichgewichtslage relativ zu Jupiter und zur Sonne herausgedrängt wird, darf man annehmen, daß sich diese Objekte seit der Frühphase des Sonnensystems dort befinden. Zwar deuten ihre Spektren auf Ähnlichkeiten zu erloschenen Kometen hin, doch ist dies nicht notwendigerweise ein Argument für ihren späteren Einfang, zumal ein solcher Prozeß im Bereich der Librationspunkte kaum verständlich wäre. Es ist aber umgekehrt nicht auszuschließen, daß in der Frühphase der Planetenentstehung sich auch in Jupiterentfernung bereits kometenähnliche Objekte bilden konnten – schließlich muß es

dort draußen auch während der heißen Anfangsphase kühl genug geblieben sein, daß die Gase zu Eis ausfrieren konnten.
Etwas anders sieht die Situation bei den Mitgliedern der Hilda-Gruppe und bei (279) Thule aus. Betrachtet man lediglich die großen Bahnhalbachsen, dann sollte man annehmen, daß sie sich dem Riesenplaneten auf weniger als 1 AE nähern können und dabei eine ständige Bahnveränderung erleiden müßten, die schließlich zu einer Entfernung aus der vorgegebenen Umlaufbahn führt. Genauere Rechnungen haben jedoch gezeigt, daß periodische Schwankungen der Bahnelemente die Abstände zu Jupiter nicht unter 1,1 AE sinken lassen – zumindest über einige Millionen oder Zehnmillionen Jahre scheinen auch diese Bahnen stabil zu sein. Es ist allerdings nicht auszuschließen, daß ein möglicher Verlust immer wieder durch Nachschub von außen aufgefüllt wird. Auffällig ist jedenfalls, daß einige kurzperiodische Kometen der Jupiterfamilie verblüffend ähnliche Bahnen besitzen wie Asteroiden der Hilda-Gruppe, so zum Beispiel die Objekte P/Oterma, P/Gehrels 3 und P/Smirnova-Chernykh. Ihre Bahnen sind zwar im Gegensatz zu denen der Hilda-Kleinplaneten nicht langfristig stabil, sondern erst vor kurzem durch vergleichsweise enge Begegnungen mit Jupiter erreicht worden; wenn es ihnen jedoch gelingen sollte, sich über längere Zeit vor weiteren engen Passagen an Jupiter zu »hüten«, könnten zwischenzeitlich nicht-gravitative Einflüsse die Umlaufbahnen soweit entschärfen, daß keine Gefahr mehr besteht. Immerhin zeigen einige Mitglieder der Hilda-Gruppe Spektren, wie man sie von erloschenen Kometenkernen erwarten könnte.

Gefahr oder Rettung?

Ausreißer

Bislang haben wir unsere Betrachtungen auf jene Asteroiden beschränkt, die sich im Raumbereich zwischen Mars- und Jupiterbahn aufhalten. Sie bilden den sogenannten Hauptgürtel zwischen 2,2 und 3,3 AE Sonnendistanz und lassen sich in eine Reihe von Familien einordnen, die –

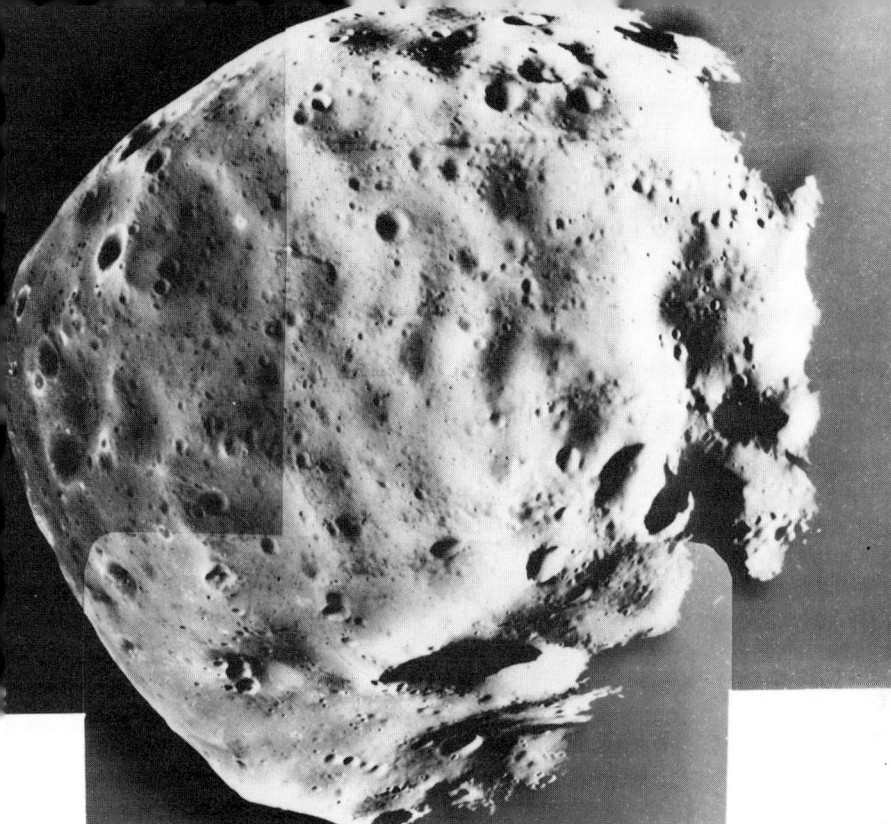

Der Marsmond Phobos. – So stellen sich die Asteroidenforscher das Aussehen eines Kleinplaneten vor: unregelmäßig geformt und von vielen Einschlagkratern zernarbt.

zumindest teilweise – auf auseinandergebrochene Mutterkörper zurückgeführt werden. Darüber hinaus gibt es aber auch eine Reihe von Objekten, die während eines Sonnenumlaufes quer durch das halbe Sonnensystem fliegen beziehungsweise gar nicht zwischen Mars und Jupiter zu finden sind.

Der erste Kleinplanet, der solchermaßen aus der Reihe tanzt, ist (433) Eros, der am 13. August 1898 von dem Berliner Astronomen Georg Witt entdeckt wurde: Seine große Bahnhalbachse ist mit 1,46 AE kleiner als die des Planeten Mars, und dank seiner Exzentrizität von 0,22 kann er sich der Erde bis auf etwa 22 Millionen Kilometer nähern. Am 24. April 1932 fand Karl Reinmuth in Heidelberg gar ein Objekt, das – wie Eros – eine große Bahnhalbachse kleiner als die des Planeten Mars besitzt, aufgrund der großen Exzentrizität von 0,56 bis auf 0,65 AE an die Sonne herankommt, sich im sonnennahen Bahnteil also sogar noch innerhalb der Venusbahn bewegt. Eigentlich hätte (1862) Apollo die Nummer 1243 verdient, doch weil das Objekt wieder aus den Augen verloren wurde, ehe die Bahn mit hinreichender Genauigkeit bestimmt werden konnte, blieb es mehr als 40 Jahre verschollen. Erst am 28. März 1973 fanden Richard F. McCrosky und Cheng-Yuan Shao das Objekt wieder – auf Fotoplatten, die sie mit dem 155-cm-Reflektor der Agassiz-Station des Harvard College Observatory aufgenommen hatten.

Apollo ist der erste bekannt gewordene Earth-Crosser, wie die Objekte genannt werden, die die Erdbahn kreuzen. Sechs Wochen vor Reinmuths erster Beobachtung des Apollo-Asteroiden hatte E. Delporte am Observatorium Uccle (Belgien) einen weiteren bemerkenswerten Kleinplaneten gefunden, der der Erde ähnlich nahe kommen kann, ohne die Bahn jedoch zu schneiden: (1221) Amor umrundet die Sonne zwischen 1,08 und 2,76 AE, ist also ein Mars-Crosser und »Erd-Streifer«. Umfangreiche Störungsrechnungen haben inzwischen gezeigt, daß Asteroiden, deren sonnennächster Bahnpunkt knapp außerhalb der Erdbahn liegt, sich sehr wohl zu Earth-Crossers entwickeln können; man sprach daher eine Zeitlang übergreifend von Apollo-Amor-Objekten.

1976 schließlich mußte die »gefährliche« Gruppe noch einmal erweitert werden, nachdem Eleanor Helin am Mount Palomar Observatorium am 7. Januar den Kleinplaneten (2062) Aten entdeckt hatte. Anders als die Apollo-Objekte besitzt Aten eine große Bahnhalbachse, die kleiner als 1 AE ist, so daß seine Umlaufzeit um die Sonne weniger als ein Jahr dauert. Trotzdem führt auch seine Bahn über die Erdbahn hinweg, und zwar bis auf 1,14 AE Sonnendistanz.

Bis Ende 1983 waren rund 35 Apollo-Asteroiden, 35 Amor-Objekte und 4 Kleinplaneten vom Typ Aten bekannt. Eleanor Helin und Eugene Shoemaker vom California Institute of Technology in Pasadena, die sich in den letzten Jahren eingehend mit der Suche nach solchen Earth-Crossers beschäftigt haben, schätzen die Gesamtzahl bis herunter zu einem Durchmesser von etwa einem Kilometer auf rund 2500; etwas mehr als die Hälfte davon sollte sich auf Bahnen bewegen, die potentiell zu Zusammenstößen mit der Erde führen können. Anhand von Rechnungen mit zufällig gewählten Ausgangsdaten (»Monte-Carlo-Methode«, in Anlehnung an die absolut zufällige Zahlenfolge beim Roulette) konnte George Wetherill von der Carnegie Institution in Washington 1976 zeigen, daß die mittlere »Lebenserwartung« eines Earth-Crossers in der Größenordnung von einigen zehn Millionen Jahren liegt. Innerhalb dieser Zeit führen enge Begegnungen zu einer so starken Bahnveränderung, daß das Objekt entweder aus dem Sonnensystem herausgeschleudert wird oder aber mit der Erde beziehungsweise dem Mond zusammenstößt. Daraus ergibt sich, zusammen mit der geschätzten Häufigkeit, eine Kollisionswahrscheinlichkeit von rund 4 Zusammenstößen innerhalb einer Million Jahre.

Zusammenstöße

Wenn dieser Wert stimmt, dann sollte die Erdoberfläche noch etliche Spuren solcher Ereignisse aufweisen, denn die Neugestaltung der Landschaft durch Erosion beziehungsweise tektonische Veränderungen (Bewegungen der Erdkruste) vollzieht sich in sehr viel längeren Zeiträumen. Tatsächlich kennen wir heute mehr als 250 solcher Astrobleme – Krater, die beim Einschlag eines größeren »Brockens« aus dem Kosmos entstanden.
Eine der ersten Strukturen, die auf einen solchen »vom Himmel fallenden Stein« zurückgeführt werden konnte, ist der nach seinem »Entdecker« benannte Barringer-Krater im Südwesten der Vereinigten Staaten, etwa 50 Kilometer westlich von Winslow, einem Provinznest im Bundesstaat Arizona. In diesem Loch von 175 Meter Tiefe und knapp 1300 Meter Durchmesser haben vor etlichen Jahren die Apollo-Astronauten ihren Einsatz auf dem Mond erprobt. Heute steht am Rand des etwa 30 000 Jahre alten Kraters ein privat betriebenes Museum, das – ausgestattet mit einigen Leihgaben des US Geological Survey, der University of Arizona und der NASA – den von weit her angereisten Touristen für teures Geld die Spuren eines Zusammenstoßes der Erde mit einem Brocken von 50 bis 100 Meter Durchmesser zeigt.
Man braucht aber gar nicht bis Arizona zu reisen, um die Überreste eines

solchen kosmischen Einschlags zu sehen: Rund 80 Kilometer östlich von Stuttgart liegt das Nördlinger Ries, das vor rund 14 Millionen Jahren beim Aufprall eines vielleicht kilometergroßen Brockens entstand; der »Krater« hat einen Durchmesser von etwa 25 Kilometer.
Die Folgen eines solchen Zusammenstoßes kann man durchaus als verheerend bezeichnen: Ein Objekt von 1 Kilometer Durchmesser, das mit der Erde kollidiert, besitzt eine kinetische Energie, die der Sprengkraft von eintausend Wasserstoffbomben mit je 100 Megatonnen entspricht. Nur ein Bruchteil davon wird verbraucht, um den Eindringling selbst zu verdampfen. Der Rest reicht immer noch aus, um einen Krater von mehr als 20 Kilometer Durchmesser auszuheben, der nach Berechnungen des Münchner Geologie-Professors Kurt Lemcke mindestens 4 Kilometer tief wäre. Noch in einer Entfernung von 1500 bis 2000 Kilometer könnten höherentwickelte Lebensformen vernichtet werden. In weniger als 1 Minute würde eine riesige Wolke aus Staub und Gestein mehr als 20 Kilometer hoch in die Atmosphäre geschleudert, eine Wolke, die nicht ohne Wirkung auf das irdische Klima bliebe: eine solchermaßen getrübte Atmosphäre könnte vorübergehend die Intensität des auftreffenden Sonnenlichtes reduzieren, so daß eine globale Abkühlung, vielleicht sogar eine Eiszeit, die Folge wäre.
Mehr als 70 Prozent der Erdoberfläche sind jedoch mit Ozeanen bedeckt, und der Sturz eines kosmischen Brockens ins Meer hätte noch schlimmere Konsequenzen: nicht nur, daß die verdampfenden Wassermassen schon bald wieder als sintflutartige Regenfälle auf die Erdoberfläche niederprasseln würden – daneben gäbe es eine globale »Springflut« von 50 bis 100 Metern Höhe, die küstennahe Landstriche vollständig glattfegen würde. So apokalyptisch sich diese Visionen auch anhören mögen – wir dürfen sicher sein, daß unsere Vorfahren mehrere dieser scheinbaren »Weltuntergänge« überlebt haben. (Ob die in vielen Mythologien immer wieder erwähnten Sintfluten an ein solches Ereignis erinnern, muß dahingestellt bleiben, da wir dies heute wohl kaum mehr rekonstruieren können.) Nach Ansicht von Walter Alvarez von der University of Berkeley (US-Bundesstaat California) war jedoch das Sauriersterben vor rund 65 Millionen Jahren die Folge einer derartigen Kollision. Alvarez und sein Vater stützen sich bei dieser Hypothese auf Untersuchungen von Sedimentgesteinen aus jener Zeit, die erdgeschichtlich an der Grenze zwischen Kreidezeit und Tertiär liegt: Hier fanden sie je nach »Ausgra-

bungsort« einen sprunghaften Anstieg des Iridiumgehaltes um den Faktor 25 bis 460 im Vergleich zu den darunterliegenden Schichten. Diese Zunahme kann – so Alvarez – nur auf Einflüsse von außerhalb der Erde zurückgeführt werden. Ein erster Gedanke nahm eine Sternexplosion als Quelle dieses Iridium-Überschusses an, denn Elemente solch hoher Ordnungszahl (Iridium steht im Periodensystem an 77. Stelle) werden nur bei heftigen Supernova-Explosionen zusammengebacken. Weil jedoch andere Spuren einer derartigen Katastrophe nicht aufzufinden waren, macht Alvarez mittlerweile den Aufprall eines etwa 10 Kilometer großen Brockens für das große Massensterben verantwortlich. Nicht, daß die Saurier durch den Aufprall direkt vernichtet worden wären – ihr Tod kam langsamer. Vorsichtigen Schätzungen zufolge herrschte im Anschluß an den Zusammenstoß eine etwa vier Jahre dauernde Dunkelheit, hervorgerufen durch die gewaltigen Staubmengen, die bei der Kollision in die Atmosphäre geschleudert wurden. Ohne Sonnenlicht konnten aber Pflanzen und Plankton nicht mehr wachsen, so daß die Nahrungskette unterbrochen wurde: Pflanzenfresser fanden schon bald nichts Eßbares mehr, und den fleischfressenden Arten blieb nach dem Aasfraß nur noch der Ausweg in den Kannibalismus.
Zum Glück sind die meisten Earth-Crossers heute wesentlich kleiner als jenes Objekt, das damals möglicherweise die Geschichte der Evolution auf unserem Planeten verändert hat. Trotzdem könnte sich etwas Ähnliches jederzeit wiederholen, vielleicht sogar mit sehr viel einschneidenderen Folgen, denn der Absturz eines auch nur 1 Kilometer großen Brockens über dicht besiedeltem Gebiet würde sicher als atomarer Angriff der gegnerischen Seite fehlgedeutet, auf den man nur mit einem konzentrierten Gegenschlag antworten kann, und schon haben wir den globalen Holocaust, der wahrscheinlich mehr als nur die vermeintlichen »Herrscher« auf diesem Planeten auslöschen dürfte. Da bleibt nur zu hoffen, daß die Astronomen durch umfangreiche Beobachtungsprogramme möglichst viele dieser vorhandenen Earth-Crossers entdecken und verfolgen können, um eine eventuell drohende Gefahr frühzeitig zu erkennen. Dann ließe sich der »Weltuntergang« vielleicht verhindern, indem man dem kosmischen Rammbock eine gewaltige Sprengladung entgegenschickt und ihn weit draußen in ungefährliche Einzelteile zerlegt, die dann als eindrucksvoller »Sternschnuppenregen« auf die Erde niedergehen.

Kosmischer Bergbau

Earth-Crossers hängen aber nicht nur wie Damoklesschwerter am irdischen Firmament – sie werden mittlerweile auch als Ersatzquellen für knapp werdende irdische Bodenschätze angesehen. Geht man nämlich davon aus, daß die Asteroiden aus dem gleichen Ausgangsmaterial entstanden sind wie die erdähnlichen Planeten, dann sollte man auf ihnen ähnliche Häufigkeiten der chemischen Elemente vorfinden wie innerhalb der Erde. Da viele der Kleinplaneten außerdem kaum groß (und damit massereich) genug sind, um eine schwerkraftbedingte Differenzierung ihrer Bestandteile erfahren zu haben, dürften die schwereren Elemente kaum weitgehend nach innen abgesackt sein wie auf unserem Planeten, sollten also leichter zu fördern sein. Doch selbst ein Untertage-Bergbau wäre auf einem Asteroiden aufgrund seiner geringen Anziehungskraft nicht mit einem sehr großen Energieaufwand verbunden, ebensowenig der Abtransport von der Oberfläche der Rohstoffquelle. Um den Anziehungsbereich eines rund 10 Kilometer großen Objektes zu verlassen, genügt eine Geschwindigkeit von etwa 25 Kilometer pro Stunde – auf Apollo reicht das Tempo eines mittelmäßigen Hundertmeter-Läufers für den Start in die Tiefen des Alls aus.

Energiezehrend ist lediglich das Abbremsen auf eine Geschwindigkeit, die den Frachter aus dem Asteroidengürtel zurück zur Erde bringt. Wollte man dies auf treibstoffsparenden Hohmann-Bahnen realisieren, so wären immer noch je Tonne Nutzlast 64 Tonnen Treibstoff erforderlich.

Hier kommen uns die Amor-Objekte sehr entgegen, und das im doppelten Sinne: nicht nur, daß der Transportweg weniger weit ist – auch der Energiebedarf ist weitaus geringer. Für ein typisches Amor-Objekt, das einerseits die Erdbahn nahezu streift, andererseits aber bis in den Asteroidengürtel vordringt, kommt man mit siebenmal weniger Treibstoff aus, wenn man im erdnächsten Bahnpunkt startet.

Nicht zuletzt, um die Rohstoffreserven der Asteroiden realistisch abschätzen zu können, wäre eine genauere Erkundung der Kleinplaneten durch unbemannte Raumsonden dringend erforderlich. Entsprechende Projekte sind sowohl von der NASA als auch von der ESA untersucht worden, doch warten die Wissenschaftler bislang vergeblich auf eine Realisierung ihrer Pläne. Im Januar 1978 veranstaltete die Universität von Chicago mit Unterstützung der NASA ein Treffen, auf dem die einzelnen Möglichkeiten einer Asteroiden-Mission ausgearbeitet und diskutiert wurden: Vorbeiflüge, Rendezvous-Manöver (Einschwenken in Umlaufbahnen), Lande-Unternehmungen mit automatischer Probenanalyse oder Rücktransport von Bodenproben zur Erde. Sogar eine Modell-Nutzlast wissenschaftlicher Instrumente für eine Mehrfach-Rendezvous-Mission wurde entwickelt. Als Antrieb sollte ein noch zu realisierendes elektrisches System genutzt werden, ein sogenanntes Ionentriebwerk, das anders als die bislang verwendeten chemischen Treibstoffe einen zwar nur schwachen, dafür aber über längere Zeit anhaltenden Schub liefert. Eine vorgeschlagene Tour hätte am 1. Januar 1988 gestartet werden können und wäre dann an den Objekten (21) Lutetia, (308) Polyxo, (533) Sara, (34) Circe und (4) Vesta vorbeigeflogen, jedesmal verbunden mit einer mehrwöchigen »Pause« zur genaueren Erkundung der verschiedenen Himmelskörper. Da bislang weder die Sonde in Auftrag gegeben worden ist noch die Entwicklung des Ionentriebwerks abgeschlossen werden konnte, besteht für dieses Unternehmen keine realistische Chance mehr – wieder einmal wurde geistige Arbeit für den Papierkorb produziert.

Fließende Grenzen

Earth-Crossers sind aber nicht die einzigen Asteroiden, die aus dem Bereich des Hauptgürtels ausbrechen und irgendwann entweder mit der Erde oder dem Mars zusammenstoßen beziehungsweise durch Bahnänderungen schließlich aus dem Sonnensystem herausgeschleudert werden. Die lange Liste der Asteroiden enthält auch noch andere bemerkenswerte Objekte, die zum Teil auf ziemlich chaotischen Bahnen durch das Sonnensystem wirbeln.
Bekanntestes Beispiel dafür ist wohl (944) Hidalgo, der am 31. Oktober 1920 von Walter Baade an der Sternwarte Hamburg-Bergedorf gefunden wurde: Hidalgos Bahnhalbachse ist deutlich größer als die der Jupiterbahn, so daß seine Umlaufzeit jene des Riesenplaneten übertrifft. Die gleichzeitig große Exzentrizität läßt Hidalgos Bahn sehr langgestreckt werden, so daß er sich im sonnenfernsten Punkt noch jenseits der Saturnbahn bewegt.
Ein weiteres außergewöhnliches Objekt wurde am 18. Oktober 1977 von

Charles T. Kowal im Sternbild Widder entdeckt. Aus der vergleichsweise langsamen Bewegung während einer Nacht schloß er zunächst auf einen weit entfernten Kometen. Bei dem Versuch einer Bahnbestimmung aus mehreren Positionen fand Kowal das Lichtpünktchen zusätzlich auf zwei Platten, die sein Kollege Tom Gehrels eine Woche vor ihm aufgenommen hatte; der notwendige dritte Satz an Beobachtungsdaten schließlich konnte aus zwei Aufnahmen vom 3. und 4. November 1977 entnommen werden. Weil der zwischenzeitlich zurückgelegte Weg am Himmel kaum größer war als der scheinbare Durchmesser des Vollmondes, mußten die Rechnungen zu noch recht groben Werten führen, doch reichten sie aus, um das Objekt auf alten Fotoplatten aus dem Jahre 1969 wiederzufinden. Damit hatte man nun einen fast dreißig Grad langen Bahnbogen, aus dem Brian Marsden eine vorläufige Bahn bestimmte. Sie plazierte den neuen Sonnenbegleiter in eine mittlere Distanz von 13,7 AE, wobei die große Exzentrizität von 0,38 eine Periheldistanz von nur 8,5 AE ermöglicht (Saturn 9,54 AE), während der sonnenfernste Punkt bei 18,9 AE liegt (Uranus 19,18 AE). Das Objekt 1977 UB, von Kowal bereits Chiron genannt, kreuzte also die Saturnbahn.

Edgar Everhardt von der University of Denver (US-Bundesstaat Colorado) und Hans Scholl vom Astronomischen Recheninstitut Heidelberg haben mittlerweile zeigen können, daß Chiron sich auf einer »chaotischen« Bahn bewegt, deren Lebensdauer zeitlich begrenzt ist: »Genügend« enge Begegnungen mit Saturn sind innerhalb eines Zeitraumes von nur 10 000 Jahren zu erwarten, Begegnungen, die Chiron mit hoher Wahrscheinlichkeit so abbremsen, daß er anschließend nahe genug an Jupiter herankommen und von dessen Störkräften erneut beeinflußt werden kann. Am Ende könnte Chiron auf eine Bahn geraten, die vergleichbar ist mit der eines kurzperiodischen Kometen der Jupiterfamilie. Ist Chiron am Ende gar kein Asteroid, sondern ein Komet, der sich gerade in der Übergangsphase von einem langperiodischen zu einem kurzperiodischen Objekt befindet?

Dagegen spricht eigentlich sein angenommener Durchmesser von mehr als 400 Kilometern, den man aus seiner gegenwärtigen Helligkeit und einem vernünftig erscheinenden Albedowert abgeleitet hat. Genaueres wird man aber erst sagen können, wenn Chiron 1996 das nächste Mal durch den sonnennächsten Punkt seiner Bahn wandert – möglicherweise stößt man dann zumindest auf Spuren einer kometarischen Aktivität. Ein

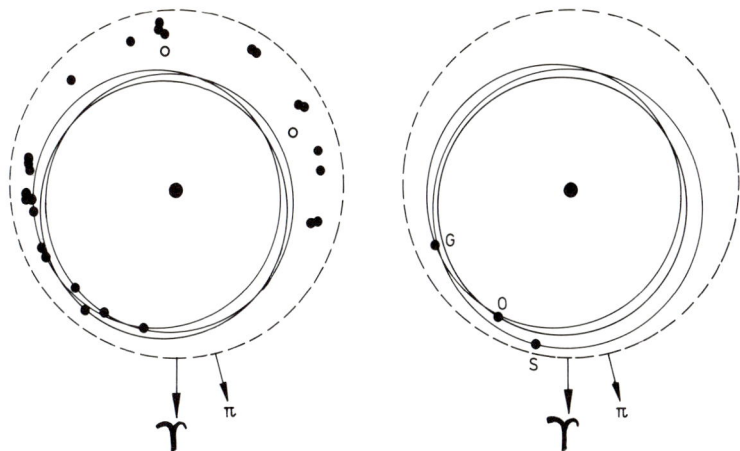

Die Grenzen zwischen Kometen und Planetoiden können fließend sein, wie die Ähnlichkeit der Bahnen von drei Mitgliedern der Hilda-Gruppe (links) mit denen der Kometen P/Oterma (O), P/Gehrels 3 (G) und P/Smirnova-Chernykh (S) zeigt. Allerdings sind die Bahnen der Hilda-Asteroiden gegenüber Störungen durch Jupiter stabil, während die Kometen solchen Störungen allenfalls noch durch eine weitere Abbremsung aufgrund nichtgravitativer Kräfte entrinnen können, um so eine Bahn ähnlich der des Kometen P/Encke zu erreichen.

»neuer« Komet, der noch nicht sehr nahe an die Sonne herangekommen ist, sollte ja eine Menge Gas in gefrorenem Zustand enthalten und somit vielleicht schon bei geringer Erwärmung Anzeichen einer Koma entwickeln.

Auch bei den Earth-Crossers scheint der Übergang zwischen Asteroiden und Kometen eher fließend zu sein. Zwar läßt sich ein Teil dieser Objekte durchaus als Bruchstücke von Asteroiden verstehen, die auf dem Umweg über einen der Resonanzbereiche schließlich auf ihre jetzige Bahn gebracht wurden, doch glaubt Eugene Shoemaker, daß ein ebenfalls nicht zu vernachlässigender Anteil dieser Gruppe aus erloschenen Kometenkernen besteht. Die Zahl jener kurzperiodischen Kometen jedenfalls, die sich – wie gegenwärtig P/Encke – mit Hilfe nichtgravitativer Kräfte in den Raumbereich innerhalb der Jupiterbahn hinüberretten, ohne von Jupiter aus dem Sonnensystem hinauskatapultiert zu werden, reicht seiner

Ansicht nach aus, um die geschätzte Zahl der Earth-Crossers trotz deren Verlustrate durch Aufprall oder »Ausriß« (aus dem Sonnensystem) konstant halten zu können. Wenn man bedenkt, daß nur ein neuer Kometenkern in 50 000 Jahren »dazukommen« muß, die Lebensdauer eines solchen kurzperiodischen Kometen aber nur einige tausend Jahre beträgt, dann ist es fast schon ein Zufall, wenn wir diesen Prozeß gerade am Kometen Encke mitverfolgen können. Nach Vermutungen von Zdenek Sekanina wird Encke denn auch in spätestens einhundert Jahren weitgehend erloschen sein.

Zertrümmerte Bausteine

Planetare Zwerge

Schon kurz nach der Entdeckung der Ceres zu Beginn des 19. Jahrhunderts war deutlich geworden, daß es sich dabei kaum um einen Planeten im bislang üblichen Sinne handeln konnte: nicht nur die Helligkeit blieb weit hinter dem zurück, was man für einen »ordentlichen« Planeten in diesem Sonnenabstand erwarten würde – selbst mit den größten damals vorhandenen Fernrohren konnte man kaum ein Planetenscheibchen erkennen. Daraus ließ sich zwar allenfalls eine obere Grenze für den Durchmesser dieses und der weiteren Kleinplaneten ableiten, doch reichte sie völlig aus, um Ceres und die übrigen im Raumbereich zwischen Mars und Jupiter gefundenen Körper einer neuen Objektklasse zuzuordnen. Ihrem sternähnlichen Aussehen entsprechend nannte man sie Asteroiden. Aber auch der Begriff Planetoid wurde geprägt, weil es sich um Himmelskörper auf planetenähnlichen Bahnen handelte, um Körper dazu, die sicher wie die Erde eine feste Oberfläche besaßen. »Planetenähnlich« wird dem Aussehen der Asteroiden aber eigentlich nicht gerecht, und so spricht man besser von den Kleinplaneten, wenn man die zahllosen Gesteinsbrocken im interplanetaren Raum meint. Wie ungenau aber auch diese Bezeichnung ist, wird deutlich, wenn man bedenkt, daß sicher eine Reihe von Kleinplaneten nichts anderes als erloschene Kometenkerne sind; Kometen aber sind »Schweifsterne«, so daß sich erloschene Kometenkerne am ehesten noch unter den Begriff Asteroiden einordnen lassen. Man merkt, wie fließend die Grenzen in diesem Bereich sind.

Einer der ersten, der versucht hat, den Durchmesser zumindest der größten Asteroiden zu messen, war der amerikanische Astronom Edward Emerson Barnard. Kurz vor der Jahrhundertwende veröffentlichte er das Ergebnis seiner Untersuchungen: danach sollte Ceres 760 km groß sein, Pallas 490 km, Juno 190 km und Vesta 480 km. Zusammen mit den mittleren Oppositionshelligkeiten konnte man daraus die Albedo ermitteln, für die man recht unterschiedliche Werte erhielt: Ceres warf etwa 22 Prozent des auftreffenden Sonnenlichtes zurück, Pallas 31 Prozent, Juno 56 Prozent und Vesta 88 Prozent. Vor allem dieser letzte Wert erschien von Anfang an fragwürdig, denn eine solch hohe Albedo ist kaum bei einem von einer dichten Wolkenhülle umgebenen Planeten zu erwarten, und die Anziehungskraft von Vesta dürfte nicht ausgereicht haben, auch nur Spuren einer Atmosphäre festzuhalten. Vermutlich waren die Messungen Barnards so delikat, daß sie an der Meßgenauigkeit lagen und entsprechend auch einen Fehler von bis zu 50 Prozent enthalten konnten. Dennoch hielten sich seine Größenangaben mehr als ein halbes Jahrhundert, ehe in den 70er Jahren einige neue Verfahren angewendet werden konnten. 1967 schlug der österreichische Astronom T. Widorn eine Methode vor, mit der man aus Polarisationsmessungen bei verschiedenen Reflexionswinkeln das Rückstrahlvermögen errechnen und daraus – zusammen mit der gemessenen Helligkeit – die Größe des reflektierenden Objektes bestimmen konnte. Kurz darauf wurde eine weitere Möglichkeit der indirekten Durchmesserbestimmung vorgestellt, die von der Annahme ausging, daß es ein Gleichgewicht geben müsse zwischen der auftreffenden Sonnenenergie einerseits sowie der reflektierten Strahlung und der Aufheizung des Asteroiden andererseits, dessen Temperatur man im Bereich der Infrarotstrahlung messen konnte; statt der nur in engen Spektralzonen bis zur Erdoberfläche durchdringenden Infrarotstrahlung ließ sich auch die längerwellige Radiostrahlung für diese Zwecke auswerten.

Bei den entsprechenden Messungen stellte sich heraus, daß die Größenangaben Barnards alle rund 25 bis 30 Prozent zu klein ausgefallen waren. Die Tabelle S. 198 enthält die heute akzeptierten Durchmesser der vier zuerst gefundenen Asteroiden sowie ausgewählter weiterer Objekte.

Nr.	Name	Durchmesser (km)
1	Ceres	1025
2	Pallas	583
3	Juno	249
4	Vesta	555
6	Hebe	206 (186)
18	Melpomene	164 (135)
433	Eros	20 (12–23)
532	Herculina	219 (217)

Die vier letztgenannten Objekte konnten zusätzlich bei sogenannten Sternbedeckungen vermessen werden (Zahlen in Klammern). Bei einem solchen Ereignis zieht der Asteroid für einen Beobachter auf der Erdoberfläche vor einem weit entfernten Stern her, so daß er in einem mehr oder minder schmalen Streifen einen Schatten wirft. Werden die Ein- und Austrittszeiten (Anfang und Ende der kurzen »Sternfinsternis«) an verschiedenen Orten in der Schattenzone gemessen, so kann man daraus die Form des Schattens und damit eine ungefähre Größenangabe ermitteln. Da die meisten Kleinplaneten aber keine kugelrunde Form besitzen, sondern eher eine unregelmäßig gestaltete Oberfläche, stellen die so gewonnenen Werte nur Näherungen dar.

Monde

Bei einer solchen Sternbedeckung durch einen kleinen Planeten am 7. Juni 1978 fanden einige Wissenschaftler Anzeichen für einen Asteroidenmond. An jenem Datum zog (532) Herculina vor dem Stern mit der Katalogbezeichnung SAO 120 774 her. Edward Bowell und Michael A'Hearn verfolgten das Ereignis am Lowell-Observatorium in Flagstaff (US-Bundesstaat Arizona) und registrierten etwa 2 Minuten vor der angekündigten Zeit einen rund 5 Sekunden dauernden Abfall des Sternenlichtes, gerade so, als wäre ein zweiter Körper vor dem Stern hergezogen. Zunächst schenkten sie diesem zusätzlichen Helligkeitsschwund keine besondere Beachtung, weil Herculina zu jenem Zeitpunkt in Flagstaff nur noch 3 Grad über dem Horizont stand und somit auch ein irdischer Gegenstand diesen Schatten hätte werfen können. Als sie dann aber von einer ähnlichen Beobachtung durch den kalifornischen Amateurastronomen James McMahon hörten, wuchs ihr Interesse. Genaue Analysen der beiden Beobachtungen ließen die zeitliche Übereinstimmung deutlich werden, und damit waren irdische Einflüsse weitgehend ausgeschlossen. Offenbar wurde Herculina doch von einem kleineren Himmelskörper begleitet. Zum Zeitpunkt der Sternbedeckung, so las Edward Bowell schließlich aus den fotometrischen Aufzeichnungen heraus, war der etwa 46 Kilometer große Mond rund 977 Kilometer von Herculina entfernt; für den Durchmesser des Asteroiden selbst erhielt Bowell einen Wert von 243 Kilometern.

In der Folgezeit gab es mehrere ähnliche Berichte, deren Aussagekraft aber nicht von allen Astronomen akzeptiert wird. Auffällig ist, daß – übrigens auch beim Herculina-Ereignis – Helligkeitsabfall und -anstieg wesentlich langsamer ablaufen als bei der eigentlichen Bedeckung durch den jeweiligen Asteroiden; darüber hinaus sank die Helligkeit während der Sekundär-Verfinsterungen nur in den seltensten Fällen auf genau den Helligkeitswert des Asteroiden. Andererseits ist es mehr als nur unwahrscheinlich, daß bei zwei weit voneinander entfernten Beobachtern die Fernrohrnachführung gleichzeitig ausfiel, so daß der Stern vorübergehend aus der Meßblende wanderte und so eine zweite Verfinsterung nur vorgetäuscht wurde.

Unabhängig von der endgültigen Aussagekraft der Meßstreifen gibt es aber eigentlich keine berechtigten Zweifel mehr an der Existenz von Asteroiden-Monden. So fanden Astronomen am Purple Mountain Observatory in der Volksrepublik China auf Fotografien des Kleinplaneten (6) Metis eine »Beule«, die periodisch alle 4,6 Tage auftauchte und nach kurzer Zeit wieder verschwand; eine ähnliche Beule hatte 1977 zur Entdeckung des Plutomondes Charon geführt. Nach Angaben der chinesischen Astronomen wird Metis in einer Entfernung von 1100 Kilometern von einem etwa 60 Kilometer großen Satelliten umrundet. Dieses System würde Beobachtungen venezolanischer Amateurastronomen während einer Sternbedeckung durch Metis im Jahre 1979 erklären können, die ebenfalls eine Sekundärverfinsterung gesehen haben wollen.

Ein unzweifelhafter Beweis für die Existenz von Asteroiden-Monden wäre sicherlich eine direkte, visuelle Beobachtung des Sekundärkörpers. Aber auch mit Hilfe der sogenannten Speckle-Interferometrie ließe sich die Anwesenheit eines Trabanten in der Umgebung eines Kleinplaneten zuverlässig belegen. Bei diesem Verfahren werden äußerst kurz belichtete Momentaufnahmen übereinanderkopiert und dann ausgewertet. So läßt sich die störende Luftunruhe der irdischen Atmosphäre buchstäblich unterlaufen und entsprechend das Auflösungsvermögen eines Teleskops bis in die Nähe der theoretischen Leistungsgrenze verbessern. Am Beispiel von (2) Pallas konnte Keith Hege vom Steward-Observatory zusammen mit einigen Kollegen einen solchen Begleiter nachweisen: er war zum Zeitpunkt der Aufnahmen etwa 750 Kilometer von Pallas entfernt und besitzt einen Durchmesser von rund 175 Kilometern. Pallas selbst ist, wie wir gesehen hatten, 583 Kilometer groß.

Interessanterweise berichteten die beiden als erfahren geltenden Doppelsternbeobachter W. van den Bos und W. Finsen 1926 von einem engen Doppelstern, den sie in den Sternkarten der »Fotografischen Durchmusterung der Kapsternwarte« nicht identifizieren konnten. Wie sich nach eingehenden Untersuchungen herausstellte, mußten sie offenbar den Kleinplaneten Pallas »doppelt« gesehen haben. Als Pallas schließlich am 29. Mai 1978 den Stern SAO 085 009 bedeckte, registrierte Richard Raddick mit dem 1-Meter-Teleskop der University of Illinois 3 Sekunden nach der eigentlichen Bedeckung eine kurze Sekundärverfinsterung von etwa 50 Millisekunden Dauer. Für ein 175 Kilometer großes Objekt wäre dies einiges zu kurz, sofern man nicht annehmen möchte, daß lediglich eine Spitze des sicher unregelmäßig geformten Körpers vor dem Stern hergezogen ist – oder hat Pallas am Ende mehrere Monde?

Vermutlich brauchen wir nicht mehr sehr lange zu warten, um endgültig Gewißheit über Sein oder Nichtsein der Asteroidenmonde zu bekommen. Das Space-Telescope, das 1986 in eine Erdumlaufbahn gebracht werden soll, wird mit seiner Öffnung von 2,4 Metern Durchmesser ein Auflösungsvermögen von 1/20 Bogensekunde besitzen und damit im Bereich der Kleinplaneten Einzelheiten bis herunter zu etwa 65 Kilometer Größe erkennen können – spätestens dann sollten wir in der Lage sein, mögliche Trabanten auch direkt fotografieren zu können.

Daß solche Satelliten existieren können, daran gibt es keinen Zweifel. Rechnungen haben gezeigt, daß der schwerkraftbedingte Einflußbereich bei den typischen Dichtewerten eines Asteroiden etwa hundertmal so groß ist wie der Durchmesser des Kleinplaneten; alle zuvor genannten möglichen Monde erfüllen diese Voraussetzung. Allerdings umkreist ja

nicht ein einziger Kleinplanet zusammen mit seinem Satelliten die Sonne, sondern die Zahl der Asteroiden geht eher in die Hunderttausende. Bei diesem Gewimmel sind Zusammenstöße oder Beinahe-Kollisionen nicht auszuschließen. Was also geschähe mit einem Satelliten, wenn er von einem anderen Objekt getroffen würde? Auch dies läßt sich rechnerisch abschätzen, wobei man als Ergebnis bekommt, daß lediglich Monde kleiner als 100 Meter Durchmesser während der ersten 4,5 Milliarden Jahre unseres Sonnensystems hätten weggeschleudert werden können.
Wie aber steht es schließlich um die Stabilität des Systems gegenüber den Gezeitenkräften? Immerhin beobachten wir, daß sich der Mond aufgrund der durch die Gezeiten hervorgerufenen Abbremsung der Erdrotation allmählich von unserem Planeten entfernt. Entsprechende Überlegungen haben gezeigt, daß solche Gezeitenkräfte einen Satelliten noch am ehesten aus der Umlaufbahn entfernen können, weil sie zu einer zunehmenden Bahnexzentrizität führen müssen, sofern sich der Mond von Anfang an außerhalb der Synchron-Entfernung befunden hat, jener Distanz also, in der er »seinen« Asteroiden in der gleichen Zeitspanne umrundet, die jener für eine Drehung um seine Achse benötigt. Kennt man die Umlaufperiode und ihre gezeitenbedingte Änderung – beides sollte man mit Hilfe des Weltraumteleskops messen können –, so läßt sich daraus sogar die »Lebenserwartung« des Systems ableiten und damit eine Aussage über die wahrscheinliche Entstehung der Asteroiden machen. Ist die »Lebenserwartung« nämlich in allen Fällen viel kleiner als das Alter des Sonnensystems, dann wäre dies ein starkes Argument für die Überlegungen von Thomas van Flandern, der den Ursprung der Kleinplaneten in dem Auseinanderbrechen eines größeren Objektes vor einigen Millionen Jahren vermutet. Findet man dagegen solche kürzeren Stabilitätsphasen nur bei einigen wenigen Systemen, so ließe sich dies durch die nachträgliche Abspaltung des Mondes bei einem Zusammenstoß mit einem anderen Kleinplaneten erklären. Auf diese Weise sollen ja schließlich auch die Asteroiden-Familien entstanden sein.
Noch eine weitere wichtige Größe läßt sich aus der Beobachtung und Vermessung von Asteroiden-Mond-Systemen ableiten: die Masse der beteiligten Körper. Kennt man den Abstand zwischen Kleinplanet und Satellit sowie die Umlaufzeit, so kann man daraus mit Hilfe der Gravitationstheorie die Gesamtmasse des Systems bestimmen und – unter der Annahme gleicher Dichte – über die Radienverhältnisse auch die Mas-

senanteile der beiden Körper. Damit würde eine Lücke geschlossen, die bislang die Entwicklung einer Vorstellung über den Aufbau eines Kleinplaneten sehr erschwert hat.

Solange der vorgenannte Weg nicht beschritten werden kann, läßt sich eine Abschätzung der Masse eines Planetoiden nämlich nur aus seinen Bahnstörungen auf einen anderen Himmelskörper (etwa einen zweiten Planetoiden) gewinnen. In den 60er Jahren erkannte H.G. Hertz aufgrund umfangreicher Bahnanalysen, daß etwa alle 18 Jahre der Kleinplanet (197) Arete ziemlich nahe an (4) Vesta vorbeizieht. Sechsmal hat diese Begegnung seit der Entdeckung von Arete durch Johann Palisa am 11. Mai 1879 stattgefunden, wobei die Minimalentfernung von anfangs 2,7 Millionen Kilometer auf zuletzt 5,2 Millionen Kilometer angewachsen ist. Aus den Veränderungen der Arete-Bahn während dieses Zeitraumes konnte die Masse der Vesta auf rund 1/270 der Masse des Erdmondes bestimmt werden, was bei einem angenommenen Durchmesser von 555 Kilometern zu einer mittleren Dichte von etwa 3,1 Gramm pro Kubikzentimeter führt.

Gravitative Wechselwirkungen gibt es auch zwischen den beiden zuerst gefundenen Kleinplaneten, Ceres und Pallas, hervorgerufen durch die Beinahe-Übereinstimmung ihrer Umlaufzeiten: Ceres umrundet die Sonne innerhalb von 1682 Tagen, Pallas braucht dazu knapp 5 Tage oder 0,3 Prozent mehr. Auch hier lassen sich die Massen der beteiligten Himmelskörper berechnen, und man findet für Ceres etwas weniger als 1/60 der Mondmasse, für Pallas 1/335 der Masse des Erdmondes; die dazugehörenden Dichtewerte liegen bei 2,1 Gramm pro Kubikzentimeter. Die Gesamtmasse der Asteroiden wird aufgrund dieser Werte zu weniger als einem Tausendstel der Erdmasse geschätzt.

Ursprung

Sollte es an dieser kleinen Gesamtmasse gelegen haben, daß aus den Asteroiden kein »richtiger Planet« heranwachsen konnte? Reichten die gegenseitigen Anziehungskräfte vielleicht nicht aus, um in diesem Raumbereich die gleichen Prozesse ablaufen zu lassen wie weiter innen oder weiter außen? Spielte möglicherweise die im Vergleich dazu gewaltige Masse des Jupiter eine zusätzliche, störende Rolle?

Die Detailaufnahme des Murchison-Meteoriten zeigt ein in Tone und Kohlenstoff eingelagertes Hochtemperatur-Kondensat.

Es gibt keinen vernünftigen Grund zu der Annahme, daß der Bereich zwischen Mars- und Jupiterbahn von Anfang an weniger Materie enthalten haben soll als die übrigen Gegenden. Als die Sonne vor etwa 4,6 Milliarden Jahren aus einer riesigen Gas- und Staubwolke entstand, bildete sich zunächst eine zentrale Verdichtung, auf die die weiter außen liegenden Bestandteile dieser Urwolke allmählich herunterstürzten – oder besser: sich ihr auf Spiralbahnen allmählich näherten. Die Eigendrehung des Gebildes führte zu einer raschen Abplattung, und so kam es im

Bereich des Sonnenäquators zu einer zunehmenden Verdichtung der Materie. Dieser Prozeß lief sicher überall im Sonnensystem gleichermaßen ab, ohne Bevorzugung oder Benachteiligung bestimmter Regionen – mit einer Ausnahme: nahe der entstehenden Sonne war die Temperatur so hoch, daß die gasförmigen Bestandteile der Urwolke (und sie stellten den Löwenanteil) gasförmig blieben, während sie weiter draußen, ab etwa der Jupiterentfernung, ausfrieren konnten und zu festen Partikeln wurden.

Gravitationsinstabilitäten führten dann sehr bald zur Entstehung von zunächst kleinen Brocken, die durch gegenseitige Anlagerung rasch zu Klumpen größeren Ausmaßes heranwuchsen. Weil dies aber von der Dichte der »festen« Teilchen abhing, setzte die Bildung größerer Körper im Bereich der heutigen Jupiterbahn nach Ansicht des russischen Wissenschaftlers Viktor Sergejewitsch Safranow um einiges früher ein als in der Asteroidenzone. Dieser zeitliche Vorsprung des Jupiter dürfte für die weitere Entwicklung der Asteroiden entscheidend gewesen sein.

Zunächst lief alles ähnlich, wenn auch zeitlich versetzt, ab. Aus den kleinen Klumpen entstanden größere Brocken, die sich schließlich zu Planetesimalen von einigen Kilometern Größe anlagerten. Enge Begegnungen auf nahezu kreisförmigen Bahnen führten zu einem weiteren Anwachsen, bis schließlich die ersten Objekte von mehreren hundert Kilometer Durchmesser erschienen.

Als die Asteroiden dieses Stadium erreichten, hatte weiter draußen, bei Jupiter, längst die letzte Phase der Entwicklung begonnen – die Vereinigung dieser großen Brocken zu einem Planeten. Je weiter die einzelnen Körper jedoch voneinander entfernt sind, desto schwieriger wird ein Einfang. Man braucht dann vielfach zwei oder drei Objekte, die nahezu gleichzeitig in den Einflußbereich vorstoßen und ihre überschüssige Energie austauschen können. Einer von ihnen wird dann vielleicht genügend abgebremst, so daß er auf die zentrale Masse stürzen kann, während die anderen aus dem System herausgeschleudert werden können ähnlich jenen, die einzeln in die Nähe des Protoplaneten gelangen.

Ein Großteil der ursprünglich vorhandenen Materie geriet auf diese Weise auf Bahnen, die aus dem Sonnensystem herausführten oder aber quer durch die Zone der Asteroiden nach innen, wo man ihre Spuren noch heute beobachten kann: die großen Mondmeere dürften durch den Aufschlag solcher einige hundert Kilometer großer Brocken entstanden sein. Aber auch die leicht flüchtigen Stoffe, vor allem Kohlendioxid und Wasser, könnten auf diese Weise von weiter draußen zurück ins Innere des Planetensystems gebracht worden sein. Wie sonst sollte man sich die bei uns vorhandenen Mengen dieser Elementverbindungen erklären, wenn es so nahe der Sonne für eine direkte Anlagerung eigentlich zu heiß gewesen sein dürfte?

Im Asteroidengürtel selbst haben diese aus der Jupiterbahn geschleuderten Objekte nach Ansicht von Safranow eine heillose Verwirrung angerichtet: Sowohl ihre im Vergleich zu den meisten dort vorhandenen Körpern größere Masse als auch die hohe Relativgeschwindigkeit haben einerseits zu äußerst heftigen Zusammenstößen geführt und andererseits die Bahnen der »verschont gebliebenen« Brocken so stark verändert, daß sie sich bei gegenseitigen Begegnungen nun nicht mehr weiter anlagern konnten, sondern vielmehr mit einer wechselseitigen Zertrümmerung begannen. Daß dabei natürlich auch ein nicht geringer Anteil aus dem Sonnensystem herausgeschleudert wurde, braucht nach dem Vorgesagten nur am Rande erwähnt zu werden.

Während dieses Szenario recht plausibel erscheint und auch in die Gesamtvorstellung paßt, die über die Entstehung des Planetensystems entwickelt worden ist, wirkt die im Zusammenhang mit den Kometen bereits erwähnte Hypothese, die Asteroiden seien Bruchstücke eines zerplatzten Großplaneten, eher unwahrscheinlich. Safranows Modell erklärt beispielsweise die stark unterschiedlichen Mitgliederzahlen der einzelnen Asteroidenfamilien zwanglos – es waren eben verschieden große Körper und verschieden heftige und häufige Zusammenstöße, die dazu geführt haben. Warum aber sollte bei einem auseinanderfliegenden Planeten nicht immer ähnlich viel Materie auf einander ähnliche Bahnen gebracht werden?

Das wohl gewichtigste Argument gegen die Explosion eines Planeten von 90facher Erdmasse ist die Tatsache, daß wir überhaupt keinen Prozeß kennen, der ein solches Ereignis auslösen könnte. Warum aber soll man einer unwahrscheinlichen Hypothese den Vorzug geben (selbst wenn sie einige Aspekte besser erklären zu können scheint), wenn es statt dessen auch »natürlichere« Möglichkeiten gibt?

Nach all dem, was wir bislang über Kometen und Asteroiden (samt Meteoriten) wissen, besitzen diese Objekte auch so genügend innere Beziehungen: Asteroiden und Kometen sind Überreste jener Materie, aus der das Planetensystem vor rund 4,5 Milliarden Jahren entstand. Die einen formierten sich innerhalb der Jupiterbahn aus Gesteinsbrocken und wurden schließlich von Überbleibseln der Jupiterbildung an der Verschmelzung zu einem »normalen« Planeten gehindert, die anderen entstanden jenseits der Jupiterbahn aus Eis- und Gesteinskörnern und wurden – möglicherweise ebenfalls durch (diesmal nach außen geschleuderte) Reste der Jupiterentstehung – aus ihrem »Nest« vertrieben und an den Rand des Sonnensystems gedrängt, von wo aus sie erst allmählich wieder in die Innenbezirke zurückkehren, von Jupiter wieder eingefangen werden und schließlich als erloschene Kometenkerne auf der Bahn eines Earth-Crossers ihrem endgültigen Schicksal entgegentaumeln, das da heißen kann »Zusammenstoß mit der Erde (oder einem anderen sonnennahen Planeten) oder Ausbruch aus dem Sonnensystem«. Meteorite schließlich sind Bruchstücke sowohl von Asteroiden als auch von erloschenen Kometenkernen.

Es sieht demnach so aus, daß die Materie zwischen den Planeten dort nicht ewig bleiben wird: Entweder findet sie – wenn auch sehr verspätet – den Weg zu ihrem ursprünglichen Ziel (der Anlagerung an einen Planeten), oder aber sie wird aus dem Sonnensystem herausgetrieben in den interstellaren Raum, wo sie vielleicht eines fernen Tages an der Entstehung eines neuen Planetensystems teilnimmt und dort zur »Ruhe« kommt . . .

Sachregister

Kursive Seitenzahlen verweisen auf Abbildungen.

Albedo 17
Allende-Meteorit 171 f.
Altersbestimmung an Meteoriten 157 ff.
Antischweif 109
Apollo-Amor-Objekte 188
Aquariden *147*
Astrobleme 189
Astronomische Einheit 15
astronomische Größenklasse 14
Asteroidendurchmesser 197 f.
Asteroidenfamilien 182 f.
Asteroidenklassen 180 f.
Asteroidenmasse 202
Asteroidenmonde 198 f.
Aufleuchthöhe von Meteoren 145

Bahnelemente *48*, 68
Bahnstörungen 16
Barringer-Krater 189
Bestrahlungsalter 164 f.

Ceres 177, 196 f.
Charge Coupled Device (CCD) 17, 132
chemische Differenzierung von Meteoriten 162
Chiron 194
Chondrite 155

Draconiden *147*

Earth-Crosser 188 f., 195 f.
Eisenmeteorite 154, *155*
Eos-Familie *181*, 182
Eros 187, 198

Finson-Probstein-Analyse 108

Gaschromatographie 171
Gasproduktionsrate 73
Gasschweif 44, 100
Giotto 128 f., *129, 130*

Herculina 198
Hidalgo 193
Hilda-Gruppe 184, *195*

International Halley Watch 135
Ionen 52
ISEE-3 127
Isomerie 168
Isotope 157 f.

Kalium-Argon-Uhr 158 f.
Keplersche Gesetze 68 f.
Kirkwood-Lücken 183
kohlige Chondrite 165 ff.
Koma 61
Komahülle 103 f.
Kometen
  Arend-Roland (1957 III) *41*, 108 f.
  Bennett (1970 II) *71*, 96, 105, 108
  P/Biela 76 f.
  Bowell (1982 I) 89 f.
  P/du Toit-Neujmin-Delporte 87
  P/Encke 64 ff., 69 f., 152, 195
  P/Giacobini-Zinner 127
  P/Grigg-Skjellerup 67
  P/Halley 11, 13 ff., *14*, 19, 36 ff., *38, 39*, 47 ff., *48, 131*, 136
  Humason (1962 VIII) *53*
  Ikeya-Seki (1965 VIII) *111*
  IRAS-Araki-Alcock 98
  Kobayashi-Berger-Milon (1975 IX) 97, *98*

Kohoutek (1973 XII) 11, 18, 97 f., *106,* 109
P/Lexell 89
Morehouse (1908 III) 49, 103
Mrkos (1957 V) *35*
Seki-Lines (1962 III) 109
P/Swift-Gehrels 67 f.
P/Swift-Tuttle 149
Tago-Sato-Kosaka (1969 IX) 96
P/Tempel-Tuttle 148 f.
West (1976 VI) *76, 95,* 101
P/Wild 2 88
P/Wolf-Harrington 88
Kometenangst 49 f.
Kometenbahnen 31 f., 59
Kometenbezeichnung 65 f.
Kometenentstehung 121
Kometenfamilien 85
Kometenleuchten 44 f.
Kometenkern 40, 60 f.
– Auflösung 74
– Lebenserwartung 74 f.
– Rotation 70 f.
– Teilungen 77 ff.
Kometenkopf 40
Kometenschauer 120
Kometenspektrum 43
Kometensuche 137 ff.
Kontaktfläche 102
Kreutz-Gruppe 112

Ladungsaustausch 100
Leoniden 146 ff.
Librationspunkte 185
Lichtdruck 36, 46 f., 107, 152
Lyriden 151

Meteorschauer 150 ff.
Murchison-Meteorit *169,* 170 f., *203*

Neumannsche Linien 154

nichtgravitative Kräfte 17, 64, 70 f., 77
Nysa-Familie *181*

Oortsche Wolke 82 f., 114 f., 119 f.
Orioniden *147*

Pallas 178, 197 f., 200
Parallaxe 58, 145
Perihel 19
Perseiden *144,* 149
Photodissoziation 97
Planet X 117

Radiant 146
Resonanzfluoreszenz 44
Rochesche Grenze 113

Sauriersterben 190 f.
Schockfront 101 f.
Schweifablösung *53,* 104 f.
Schweifform 36
Schweiflängen 23 f.
Schweiftypen 43
Sonnenpol-Mission 55
Speckle-Interferometrie 199 f.
Staubschweif 45, 107 f.
Steinmeteorite 154
Sungrazer 110 ff.
Supernova-Explosion 173
Swings-Effekt 45
Synchronen 108
Syndynamen 107 f.

Tauriden 151
Titius-Bodesche Reihe 176
Trojaner 184

Wasserstoffkorona 96
Weltäther 69
Widmanstättensche Figuren 154, *155*